Mathematik für Ingenieure und Naturwissenschaftler

Gert Bär

Geometrie

Gert Bär

Geometrie

Eine Einführung für Ingenieure und Naturwissenschaftler

2., überarbeitete und erweiterte Auflage

B. G. Teubner Stuttgart · Leipzig · Wiesbaden

Die Deutsche Bibliothek – CIP-Einheitsaufnahme
Ein Titeldatensatz für diese Publikation ist bei
Der Deutschen Bibliothek erhältlich.

Das Lehrwerk wurde 1972 begründet und wird herausgegeben von:
Prof. Dr. Otfried Beyer, Prof. Dr. Horst Erfurth,
Prof. Dr. Christian Großmann, Prof. Dr. Horst Kadner,
Prof. Dr. Karl Manteuffel, Prof. Dr. Manfred Schneider,
Prof. Dr. Günter Zeidler

Verantwortlicher Herausgeber dieses Bandes:
Prof. Dr. Christian Großmann

Autor:
Prof. Dr. Gert Bär
Technische Universität Dresden

Der Verlag Teubner ist ein Unternehmen der Fachverlagsgruppe BertelsmannSpringer.
www.teubner.de

ISBN-13: 978-3-519-20722-1 e-ISBN-13: 978-3-322-89136-5
DOI: 10.1007/ 978-3-322-89136-5

Vorwort

Nach dem griechischen Wortursprung bedeutet *Geometrie* zunächst *Landvermessung*. Die Geometrie des Anschauungsraumes entwickelte sich daraus als Erfahrungswissenschaft, die zeichnerische und rechnerische Modelle für technische und physikalische Objekte bereitstellt. Sie wurde als erste Wissenschaft axiomatisiert (EUKLID, 300 v. u. Z.), d. h. aus grundlegenden Begriffen und Aussagen aufgebaut, die eine Abstraktion der praktischen Erfahrungen darstellen. D. HILBERT gab 1899 mit seinem Axiomensystem eine exakte Begründung der Geometrie.

Wir wollen hier die geometrische Entwicklung nicht nachvollziehen, sondern an die Schulkenntnisse anknüpfen. Die Bestimmung geometrischer Objekte und ihrer Beziehungen zueinander erfolgt sofort im Bereich algebraischer Strukturen. Eine Gerade wird zum Beispiel mit Hilfe einer Gleichung definiert, nachdem man ein Koordinatensystem in der Ebene vereinbart hat. Diese rechnerische Methode, die *analytische* Geometrie, verdanken wir R. DESCARTES (1596 – 1650). Ihr Wesen besteht in der Übersetzung eines geometrischen Problems in eine algebraische Aufgabe, dem Bearbeiten der Aufgabe mit rechnerischen Verfahren und schließlich der Rückübersetzung der Resultate in die Sprache der Geometrie.

Technik, Informatik und Naturwissenschaften sind seither reich an geometrischen Modellen: Lagebeziehungen, Maße, Winkel, Bewegungen und Oberflächenformen sind für die Gestaltung und computerunterstützte Berechnung von Mechanismen, Robotern, Maschinenelementen, Bauwerken oder Karosserien, aber beispielsweise auch von Strahlenverläufen in der Photogrammetrie von unentbehrlicher Bedeutung.

Dieses Buch will in die vielfältigen Anwendungen der Geometrie einführen und ein solides Fundament an geometrischem Grundwissen zu geometrischen Formen, deren Erzeugungsweisen und Eigenschaften sowie zu metrischen Beziehungen vermitteln. Es behandelt die Bewegungen und deren Zusammensetzungen, Abbildungen, wie Parallel- und Zentralprojektion, und führt bis zu den Grundmethoden der rechnergestützten Konstruktion von Kurven und Flächen, die in der Computergraphik und im CAGD benötigt werden.

Das Buch kann bereits im ersten Semester studiert werden. Generell wird dann innerhalb paralleler mathematischer Lehrveranstaltungen in die Lineare Algebra eingeführt, die immer Matrizenrechnung beinhaltet. Mit Beginn des vierten Kapitels setzen wir solche Grundkenntnisse voraus, haben aber einen Anhang zum Nachschlagen angefügt. Determinanten, Lösungstheorie linearer Gleichungssysteme und Kenntnisse über dreidimensionale Eigenwertprobleme müssen ab Kapitel 7 vorausgesetzt werden für die Klassifikation affiner Abbildungen. Grundlagen aus der Differential- und Integralrechnung (9. Kapitel) haben auch immer rechtzeitig zur Verfügung gestanden.

Den künftigen Ingenieuren und Mathematikern, aber auch manchem Praktiker wird dieses Buch helfen, geometrische Formen und Vorgänge zu verstehen, zu gestalten, zu zeichnen und natürlich auch zu berechnen. Der eigene Studienstand sollte dabei kontinuierlich anhand der zahlreichen Übungsaufgaben und der Lösungshinweise getestet werden.

Mein Dank gilt vor allem Frau H. Mettke, die das Manuskript in die druckreife Form gebracht und auch einige Bildentwürfe realisiert hat. Für die Berechnung weiterer Figuren möchte ich Frau K. Nestler danken.

Herr Hans Havlicek (TU Wien) und Frau Susanne Harms (FHT Stuttgart) haben das Manuskript gelesen und zahlreiche Fehler gefunden. Durch ihre Hinweise und Anregungen haben sie dazu beigetragen, inhaltliche und methodische Verbesserungen zu erzielen. Dafür gebührt ihnen mein besonderer Dank.

Ferner danke ich Herrn J. Weiß von der B. G. Teubner Verlagsgesellschaft für die gute Zusammenarbeit.

Dresden, im Juni 1996 Gert Bär

Diese zweite, überarbeitete und erweiterte Auflage enthält zusätzlich die Themen: freie Perspektive, projektiver Raum, projektives Koordinatensystem, Kollineationen und Korrelationen sowie deren Anwendungen bei der Rekonstruktion ebener Figuren aus Fotografien und der Polarität an Kegelschnitten. Weiter sind jetzt Regelflächen, Torsenbedingung und Geschwindigkeitsverteilung einer ebenen Bewegung zu finden. Zugeordnete Normalrisse wurden jedoch gestrichen.

Der Text ist nun deutlicher strukturiert. Sonderzeichen markieren das Ende von Beweisen und Beispielen. Sätze sind unterabschnittsweise nummeriert, die Formeln kapitelweise. Das Sachregister ist erweitert.

Aufgaben und Lösungen sind entsprechend der Erweiterung ergänzt. Das Buch enthält nicht alle Lösungen. Diese finden Sie jedoch auf der Homepage zum Buch unter der Adresse

http://www.math.tu-dresden.de/~baer/geometriebuch

Dort können Sie auch erfahren, wie einige der Figuren des Buches mit dem Programm MATHEMATICA hergestellt und in Bewegung gesetzt wurden. Wer selbst Geometrie programmieren möchte, kann vorteilhafterweise die bereitgestellten Notebooks und Packages zu den Themen Analytische Geometrie, Kinematik und Differentialgeometrie benutzen.

Die hilfreiche Mitarbeit von Frau H. Mettke, Frau Dipl.-Math. K. Nestler, Frau Dr. G. Preißler und Herrn Dipl.-Math. W. Scheunpflug haben diese überarbeitete und erweiterte Auflage ermöglicht. Ihnen gilt mein herzlicher Dank.

Dresden, im August 2001 Gert Bär

Inhalt

1 Aus der analytischen Geometrie der Ebene

Wir beginnen mit ausgewählten Grundbegriffen der analytischen Geometrie der Ebene, um gleichzeitig Schulkenntnisse zu aktivieren und auch in die Symbolik der Vektoralgebra einzuführen, die später auf höhere Dimensionen verallgemeinert wird. Zu diesem Zweck werden z. B. Punktkoordinaten, Koordinatentransformationen, Kreis- und Geradengleichungen und die Kegelschnitte behandelt.

1.1 Koordinatensysteme

1.1.1 Koordinatensysteme auf der Geraden

Auf der Geraden E^1 wird ein beliebiger Punkt als *Nullpunkt* O und ein beliebiger anderer Punkt als *Einheitspunkt* E gewählt.

Dem Nullpunkt wird die Zahl 0 und dem Einheitspunkt die Zahl 1 zugeordnet und damit eine Maßeinheit festgelegt. Nach einer exakten Einführung der reellen Zahlen, z. B. durch Intervallschachtelungen, kann schließlich jedem Punkt X umkehrbar eindeutig eine reelle Zahl x, seine *Koordinate,* zugeordnet werden:

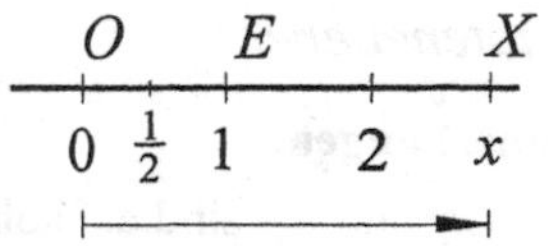

O E X

0 $\frac{1}{2}$ 1 2 x

Fig. 1.1

$$X \in E^1 \leftrightarrow x \in \mathbb{R}.$$

Die Koordinate x von X kann als vorzeichenfähiger Abstand des Punktes X vom Nullpunkt interpretiert werden, wobei $x > 0$ gilt, wenn X und E auf der gleichen Seite der Geraden bezüglich O liegen; andernfalls ist $x \leq 0$.
Die Gerade hat in Richtung wachsender Koordinaten einen positiven Durchlaufungssinn. Durch die Wahl von O und E wird sie zu einer orientierten Zahlengeraden bzw. *Koordinatenachse.*

1.1.2 Koordinatensysteme in der Ebene

In der Ebene E^2 betrachten wir zwei sich in einem Punkt O, dem gemeinsamen *Nullpunkt*, rechtwinklig schneidende Zahlengeraden OE_1 und OE_2, die so genannten *Koordinatenachsen* mit den Einheitspunkten E_1 und E_2.
Man nennt diese Konfiguration ein *kartesisches Koordinatensystem* $\mathrm{KS}(O;E_1,E_2)$ oder $\mathrm{KS}(O;x_1,x_2)$ der Ebene E^2, wobei zusätzlich vereinbart sei, dass E_1 durch eine positive Vierteldrehung (das ist eine $90°$-Drehung entgegen dem Uhrzeigersinn) um O in den Punkt E_2 übergeht. Ein solches $\mathrm{KS}(O;x_1,x_2)$ heiße *rechtsorientiert.*

Jedem Punkt X lässt sich dann umkehrbar eindeutig ein geordnetes Zahlenpaar, ein Zahlen-2-Tupel, zuordnen:

$$X \in E^2 \leftrightarrow \boldsymbol{x} = \begin{pmatrix} x_1 \\ x_2 \end{pmatrix} \in \mathbb{R}^2 = \left\{ \begin{pmatrix} x_1 \\ x_2 \end{pmatrix} : x_i \in \mathbb{R} \right\}. \tag{1.1}$$

Dazu hat man die Parallelen zu den Koordinatenachsen durch den Punkt X zu konstruieren. Diese schneiden die Koordinatenachsen in den Punkten X_1 und X_2, die den vorzeichenfähigen Abstand x_1 und x_2 vom Nullpunkt haben. Man nennt x_i die *i-te Koordinate* $(i = 1, 2)$ des Punktes X und $\boldsymbol{x} = \begin{pmatrix} x_1 \\ x_2 \end{pmatrix}$ seinen *Koordinatenvektor*. Mit diesen Festlegungen ist eine umkehrbar eindeutige Abbildung zwischen den Punkten der Ebene und den Koordinatenvektoren erreicht. $\mathbb{R}^2$ ist ein Modell der Ebene E^2, die *Koordinatenebene*.

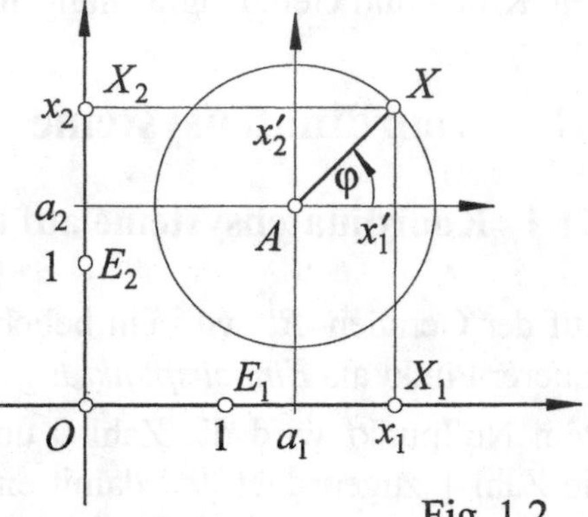

Fig. 1.2

Bemerkungen:

1. x_1 und x_2 sind auf höhere Dimensionen verallgemeinerungsfähige Bezeichnungen für die aus der Schule geläufigen x und y. Sie werden auch als *Abszisse* bzw. *Ordinate* von X bezeichnet.

2. Jeden Koordinatenvektor schreiben wir mit Rücksicht auf die später anzuwendende Matrizenrechnung als Spaltenvektor. Weiter wird mit $\mathbb{R}$ der Körper der reellen Zahlen und mit $\mathbb{R}^2$ die Menge aller geordneter Paare reeller Zahlen bezeichnet.

3. Man schreibt auch abkürzend $X = (x_1, x_2)$ oder $X(x_1, x_2)$ für die Zuordnung (1.1) und bezeichnet einen Koordinatenvektor $\boldsymbol{a}$ oder $\boldsymbol{x}$ sofort als Punkt A oder X, den er repräsentieren soll. Natürlich vergessen wir nicht, dass diese Zuordnung von dem hierfür vereinbarten Koordinatensystem abhängt.

1.2 Koordinatentransformation und Polarkoordinaten

Ein zweites $\text{KS}(A; x_1', x_2')$ mit dem Nullpunkt $A(a_1, a_2)$ wird betrachtet (vgl. Fig. 1.2), dessen Achsen x_1', x_2' parallel und gleichgerichtet zu denen von $\text{KS}(O; x_1, x_2)$ liegen. Nach dem oben beschriebenen Vorgehen hat ein Punkt X den Koordinatenvektor $\boldsymbol{x} = \begin{pmatrix} x_1 \\ x_2 \end{pmatrix}$ bzw. $\boldsymbol{x}' = \begin{pmatrix} x_1' \\ x_2' \end{pmatrix}$ bezüglich des $\text{KS}(O; x_1, x_2)$ bzw. des

$\text{KS}(A; x_1', x_2')$. Zwischen diesen Koordinaten besteht der Zusammenhang

$$\begin{aligned} x_1 &= a_1 + x_1' \\ x_2 &= a_2 + x_2' \end{aligned} \qquad \text{bzw.} \qquad \begin{aligned} x_1' &= x_1 - a_1 \\ x_2' &= x_2 - a_2. \end{aligned} \tag{1.2}$$

Dies motiviert, für die *Addition* oder *Subtraktion* von irgendwelchen Zahlen-2-Tupeln $\boldsymbol{a},\boldsymbol{b}\in\mathbb{R}^2$ zu vereinbaren:

$$\boldsymbol{a}\pm\boldsymbol{b}=\begin{pmatrix}a_1\\a_2\end{pmatrix}\pm\begin{pmatrix}b_1\\b_2\end{pmatrix}:=\begin{pmatrix}a_1\pm b_1\\a_2\pm b_2\end{pmatrix}. \tag{1.3}$$

Dann kann für die Koordinaten-Beziehungen (1.2) kurz geschrieben werden:

$$\boldsymbol{x}=\boldsymbol{a}+\boldsymbol{x}' \qquad \text{bzw.} \quad \boldsymbol{x}'=\boldsymbol{x}-\boldsymbol{a}.$$

Diese Beziehungen vermitteln eine *Koordinatentransformation*, bei der man den Koordinatenvektor $\boldsymbol{x}$ eines Punktes X bezüglich des $\mathrm{KS}(O;x_1,x_2)$ aus dem Koordinatenvektor $\boldsymbol{x}'$ desselben Punktes X bezüglich des $\mathrm{KS}(A;x_1',x_2')$ und dem Koordinatenvektor $\boldsymbol{a}$ des Nullpunktes A bezüglich des $\mathrm{KS}(O;x_1,x_2)$ berechnen kann und umgekehrt.

Mit dem Satz des PYTHAGORAS entnehmen wir der Fig. 1.2, dass

$$\overline{AX}=\sqrt{x_1'^2+x_2'^2}=\sqrt{(x_1-a_1)^2+(x_2-a_2)^2} \tag{1.4}$$

der *Abstand* der Punkte A und X ist. Man nennt

$$\|\boldsymbol{x}\|:=\sqrt{x_1^2+x_2^2}=\overline{OX} \tag{1.5}$$

die *Norm* (Länge) von $\boldsymbol{x}\in\mathbb{R}^2$. Wegen (1.4) ist dann

$$\|\boldsymbol{x}-\boldsymbol{a}\|=\sqrt{(x_1-a_1)^2+(x_2-a_2)^2}=\overline{AX}. \tag{1.6}$$

In der Ebene bildet eine von einem Punkt A, dem so genannten *Pol*, ausgehende Halbgerade a (*Polarachse*) ein *Polarkoordinatensystem* $\mathrm{PKS}(A,a)$, das jeden Punkt X ($\neq A$) durch seinen Abstand $r:=\overline{AX}$ vom Pol A und den vorzeichenfähigen *Polarwinkel* $\varphi:=\sphericalangle\,(a,AX)$ festlegt.

In Fig. 1.2 ist die positive Zahlengerade x_1' als Polarachse a gewählt und A als Pol. Damit gilt mit dem Polarwinkel φ von X bezüglich $\mathrm{PKS}(A,x_1')$:

$$\begin{aligned}x_1'&=r\cos\varphi\\x_2'&=r\sin\varphi\end{aligned} \qquad \text{bzw. mit (1.2)} \qquad \begin{aligned}x_1&=a_1+r\cos\varphi\\x_2&=a_2+r\sin\varphi.\end{aligned} \tag{1.7}$$

Wird die Vervielfachung eines beliebigen Zahlen-2-Tupels $\boldsymbol{x}=\binom{x_1}{x_2}\in\mathbb{R}^2$ mit irgendeiner Zahl r, die so genannte *Skalarmultiplikation*, gemäß

$$r\,\boldsymbol{x}=r\begin{pmatrix}x_1\\x_2\end{pmatrix}:=\begin{pmatrix}r\,x_1\\r\,x_2\end{pmatrix} \tag{1.8}$$

definiert, so kann (1.7) mit Koordinatenvektoren geschrieben werden:

$$\binom{x_1}{x_2} = \binom{a_1}{a_2} + r\binom{\cos\varphi}{\sin\varphi}. \tag{1.9}$$

Das ist die Berechnungsvorschrift, die uns gestattet, von *Polarkoordinaten* (r,φ) bezüglich $\mathrm{PKS}(A,x_1')$ zu kartesischen Koordinaten bezüglich $\mathrm{KS}(O;x_1,x_2)$ zu wechseln. Umgekehrt gilt bei $X \neq A$:

$$r = \sqrt{x_1'^2 + x_2'^2}$$

$$\varphi = \begin{cases} \arctan\frac{x_2'}{x_1'}, & \\ \pm\frac{\pi}{2}, & \text{wenn} \\ \arctan\frac{x_2'}{x_1'} \pm \pi, & \end{cases} \begin{cases} x_1' > 0 \\ x_1' = 0, x_2' \gtrless 0 \\ x_1' < 0 \text{ und } x_2' \gtreqless 0 \end{cases} \tag{1.10}$$

mit dem Resultat $-\pi \leq \varphi < \pi$.

1.3 Kreise und Drehungen

Die Punkte X gleichen festen Abstandes $r > 0$ von einem festen Punkt A liegen auf dem Kreis $k(A,r)$ mit dem *Radius* r und dem *Mittelpunkt* A, der mit den eingeführten Bezeichnungen nach Fig. 1.2 durch die *Kreisgleichung*

$$\|\boldsymbol{x} - \boldsymbol{a}\| = r \Leftrightarrow (x_1 - a_1)^2 + (x_2 - a_2)^2 = r^2 \tag{1.11}$$

beschrieben wird. Alle $\boldsymbol{x}$, die diese Gleichung erfüllen, sind Koordinatenvektoren von Punkten X, die auf dem Kreis $k(A,r)$ liegen, wofür wir symbolisch $X \in k(A,r)$ schreiben, wobei

$$k(A,r) = \{X : \overline{AX} = \|\boldsymbol{x} - \boldsymbol{a}\| = r\}, \quad A \text{ fest, } r = \text{const.}$$

Die Beziehung (1.9) ordnet bei festem $A(a_1,a_2)$ und $r = \overline{AX}$ umkehrbar eindeutig jedem Winkel $\varphi \in [-\pi,\pi)$ einen Punkt $X \in k(A,r)$ zu. Man nennt deshalb

$$k(A,r)\colon \boldsymbol{x} = \boldsymbol{x}(\varphi) = \boldsymbol{a} + r\binom{\cos\varphi}{\sin\varphi}, \quad \varphi \in [-\pi,\pi), \tag{1.12}$$

eine *Parameterdarstellung* des Kreises $k(A,r)$.

Speziell ist

$$k(O,1)\colon \boldsymbol{x}^O = \boldsymbol{x}^O(\varphi) = \binom{\cos\varphi}{\sin\varphi}, \quad \varphi \in [-\pi,\pi), \tag{1.13}$$

eine Parameterdarstellung des *Einheitskreises* vom Radius 1 um den Nullpunkt.

Jeder Vektor $\boldsymbol{x}^0 \in \mathbb{R}^2$ mit $\|\boldsymbol{x}^0\| = 1$ heißt *Einheitsvektor*. Die von Einheitsvektoren beschriebenen Punkte liegen auf dem Einheitskreis.

Jedem Vektor $\boldsymbol{x} \in \mathbb{R}^2$, $\boldsymbol{x} \neq \boldsymbol{o}$, ist der Einheitsvektor $\boldsymbol{x}^0$ zugeordnet, für den gilt:

$$\boldsymbol{x} = \|\boldsymbol{x}\| \boldsymbol{x}^0$$

$$\boldsymbol{x}^0 = \begin{pmatrix} \cos\varphi \\ \sin\varphi \end{pmatrix} \quad \text{mit} \quad \cos\varphi = \frac{x_1}{\|\boldsymbol{x}\|}, \quad \sin\varphi = \frac{x_2}{\|\boldsymbol{x}\|}. \tag{1.14}$$

Bei einer *Drehung* δ der Ebene durch den *Drehwinkel* φ um den *Drehpunkt* $A(a_1, a_2)$ wird jeder Punkt X auf einem Kreis $k(A, \overline{AX})$ zu dem gedrehten Punkt (Bildpunkt) X^δ bewegt ($X \neq A$, A bleibt fest).

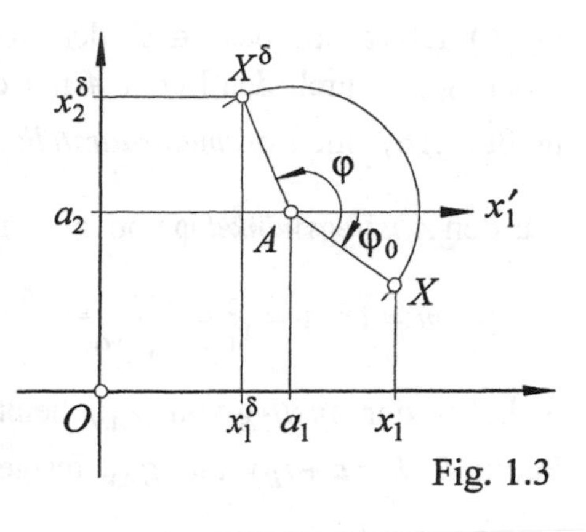

Fig. 1.3

Sind (r, φ_0) bzw. $(r, \varphi_0 + \varphi)$ mit $r = \overline{AX}$ die Polarkoordinaten von X bzw. X^δ bezüglich PKS(A, x_1') nach Fig. 1.3, dann gilt wegen (1.9)

$$\boldsymbol{x} = \begin{pmatrix} a_1 \\ a_2 \end{pmatrix} + r \begin{pmatrix} \cos\varphi_0 \\ \sin\varphi_0 \end{pmatrix} \quad \text{bzw.} \quad \boldsymbol{x}^\delta = \begin{pmatrix} a_1 \\ a_2 \end{pmatrix} + r \begin{pmatrix} \cos(\varphi_0 + \varphi) \\ \sin(\varphi_0 + \varphi) \end{pmatrix}.$$

Wenden wir die Additionstheoreme

$$\cos(\varphi_0 + \varphi) = \cos\varphi_0 \cos\varphi - \sin\varphi_0 \sin\varphi$$
$$\sin(\varphi_0 + \varphi) = \sin\varphi_0 \cos\varphi + \cos\varphi_0 \sin\varphi$$

der Kosinus- und Sinusfunktion hierauf an und beachten $x_1 - a_1 = r\cos\varphi_0$, $x_2 - a_2 = r\sin\varphi_0$, so ergibt sich die Berechnungsvorschrift für $\boldsymbol{x}^\delta$ aus $\boldsymbol{x}$ bei einer Drehung um $A(a_1, a_2)$ durch den Winkel φ:

$$\boldsymbol{x}^\delta = \begin{pmatrix} a_1 \\ a_2 \end{pmatrix} + \begin{pmatrix} r\cos\varphi_0 \cos\varphi - r\sin\varphi_0 \sin\varphi \\ r\sin\varphi_0 \cos\varphi + r\cos\varphi_0 \sin\varphi \end{pmatrix}$$

$$= \begin{pmatrix} a_1 \\ a_2 \end{pmatrix} + \begin{pmatrix} (x_1 - a_1)\cos\varphi - (x_2 - a_2)\sin\varphi \\ (x_1 - a_1)\sin\varphi + (x_2 - a_2)\cos\varphi \end{pmatrix}. \tag{1.15}$$

1.4 Parameterdarstellung und Gleichung einer Geraden

Wir kehren zur Umrechnungsvorschrift (1.9) von Polarkoordinaten in kartesische zurück, die in Fig. 1.2 illustriert ist. Halten wir den Polarwinkel φ fest, setzen also

$$\boldsymbol{v} = \begin{pmatrix} v_1 \\ v_2 \end{pmatrix} := \begin{pmatrix} \cos\varphi \\ \sin\varphi \end{pmatrix}$$

als festen Vektor, und lassen r variieren, dann lautet (1.9)

$$\boldsymbol{x} = \boldsymbol{a} + r\boldsymbol{v}, \quad -\infty < r < \infty. \tag{1.16}$$

(1.16) liefert für jedes $r \in \mathbb{R}$ den Koordinatenvektor $\boldsymbol{x}$ eines Punktes X auf der Geraden $g_{A,\boldsymbol{v}}$ durch den Punkt A mit dem so genannten *Richtungsvektor* $\boldsymbol{v}$. Deshalb heißt (1.16) eine *Parameterdarstellung* der Geraden $g_{A,\boldsymbol{v}}$.

Für den *Anstiegswinkel* φ von $g_{A,\boldsymbol{v}}$ gegenüber der x_1-Achse gilt bei $\varphi \neq \pm\frac{\pi}{2}$:

$$m := \tan\varphi = \frac{v_2}{v_1} = \frac{x_2 - a_2}{x_1 - a_1}, \tag{1.17}$$

wobei m der *Anstieg* von $g_{A,\boldsymbol{v}}$ heißt. Wird durch eine Zahl $r_B \neq 0$ mit (1.16) ein Punkt B: $\boldsymbol{b} = \boldsymbol{a} + r_B\boldsymbol{v}$ auf $g_{A,\boldsymbol{v}}$ festgelegt, dann ist $A \neq B$ und

$$m = \frac{b_2 - a_2}{b_1 - a_1}. \tag{1.18}$$

Aus (1.17) und (1.18) ergibt sich die *Zwei-Punkte-Gleichung* für eine Gerade g_{AB} durch zwei verschiedene Punkte A, B:

$$g_{AB}: (b_2 - a_2)(x_1 - a_1) - (b_1 - a_1)(x_2 - a_2) = 0, \tag{1.19}$$

sowie eine Parameterdarstellung für diese Gerade

$$g_{AB}: \boldsymbol{x} = \boldsymbol{a} + t(\boldsymbol{b} - \boldsymbol{a}), \quad -\infty < t < \infty. \tag{1.20}$$

Das Ausrechnen von (1.19) zeigt, dass die Punkte $X = (x_1, x_2)$ einer beliebigen Geraden eine lineare Gleichung

$$n_0 + n_1x_1 + n_2x_2 = 0 \tag{1.21}$$

mit Koeffizienten $n_0, n_1, n_2 \in \mathbb{R}$ erfüllen. Setzen wir in (1.20) speziell $t = \frac{1}{2}$, so folgt

$$\boldsymbol{m} = \tfrac{1}{2}(\boldsymbol{a} + \boldsymbol{b}) \tag{1.22}$$

als *Mittelpunkt* M der Strecke AB, denn es ist $\boldsymbol{m} - \boldsymbol{a} = \frac{1}{2}(\boldsymbol{b} - \boldsymbol{a})$ und damit $\overline{AM} = \|\boldsymbol{m} - \boldsymbol{a}\| = \frac{1}{2}\|\boldsymbol{b} - \boldsymbol{a}\| = \frac{1}{2}\overline{AB}$.

Durch elementare Rechnung bestätigt man die folgende Aussage über Parallelität und Gleichheit von Geraden:

Satz: *Zwei in Parameterdarstellung gegebene Geraden*

$$g: \boldsymbol{x} = \boldsymbol{a} + r\boldsymbol{v}, \quad -\infty < r < \infty,$$
$$h: \boldsymbol{x} = \boldsymbol{p} + t\boldsymbol{w}, \quad -\infty < t < \infty,$$

mit Richtungsvektoren $\boldsymbol{v}, \boldsymbol{w} \neq \boldsymbol{o}$ *sind*

a) *parallel* $(g \parallel h) \Leftrightarrow \boldsymbol{w} = s\boldsymbol{v}$ *für* $s \neq 0$,

b) *gleich* $(g = h) \Leftrightarrow g \parallel h$ *und für ein r gilt* $\boldsymbol{p} = \boldsymbol{a} + r\boldsymbol{v}$.

1.5 Kegelschnitte

1.5.1 Parabel

Die Menge aller Punkte einer Ebene, die von einem festen Punkt F und einer festen Geraden l der Ebene den gleichen Abstand haben, heißt eine *Parabel*

$$k_p = \{X : \overline{XF} = \overline{Xl}\}, \quad F \notin l. \tag{1.23}$$

Man benutzt folgende Bezeichnungen (Fig. 1.4):

F	Brennpunkt
l	Leitgerade
$a = F \perp l$	Achse
$p = \overline{FL}$	Parameter
S	Scheitel
s	Scheiteltangente
XG	Leitstrahl
XF	Brennstrahl ($X \in k_p$).

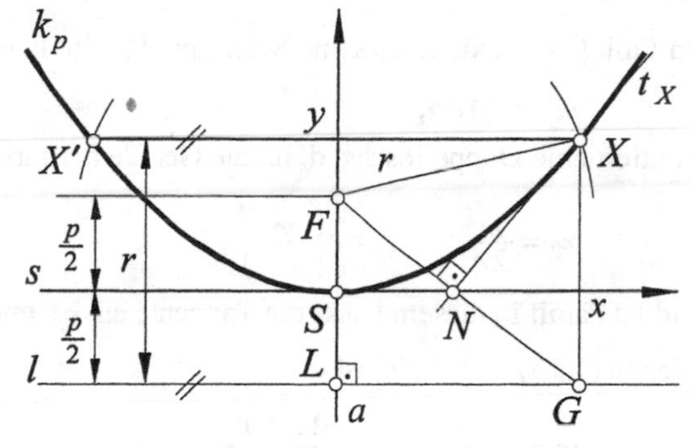

Fig. 1.4

Eine Parabel kann *punktweise konstruiert* werden, indem man ausnutzt, dass eine Parallele zu l im Abstand r $(\geq \frac{p}{2})$ und ein Kreis um F vom Radius r sich in Punkten X und X' der Parabel schneiden. Damit ist auch ersichtlich, dass eine Parabel bezüglich ihrer Achse a *symmetrisch* ist. Auf der Achse liegt der Scheitel S mit $\overline{SF} = \overline{Sl} = \frac{p}{2}$.

Benutzt man ein KS$(S; x, y)$ mit dem Brennpunkt F auf der positiven y-Achse, so gilt $y = r - \frac{p}{2}$ und $r^2 = x^2 + (y - \frac{p}{2})^2$, also

$$k_p: y = c x^2 \quad \text{mit} \quad c := \frac{1}{2p}, \tag{1.24}$$

die *Scheitelgleichung* einer Parabel.

Satz:

(1) *Es sei G der Lotfußpunkt eines Leitstrahls durch X auf der Leitgeraden l. Dann ist der Mittelpunkt N der Strecke $\overline{FG}$ der Schnittpunkt der Scheiteltangente s mit der Parabeltangente t_X.*

(2) *Die Parabeltangente t_X halbiert den Winkel zwischen dem Leitstrahl XG und dem Brennstrahl XF. (D. h., ein zur Parabelachse paralleler Lichtstrahl wird in einen durch den Brennpunkt verlaufenden reflektiert.)*

B e w e i s : Wir benötigen zunächst eine Gleichung für eine Parabeltangente t_X. Hierzu suchen wir zuerst die Schnittpunkte $S(x_i, y_i)$ einer Geraden $y = mx + n$ mit $k_p: y = cx^2$. Als Schnittbedingung folgt die quadratische Gleichung

$$cx^2 - mx - n = 0,$$

deren Diskriminante

$$D = m^2 + 4cn$$

das Schnittverhalten charakterisiert: Im Fall $D > 0$ existieren zwei Schnittpunkte $S(x_i, y_i)$ mit

$$x_{1,2} = \frac{m \pm \sqrt{D}}{2c}.$$

Im Fall $D < 0$ existieren keine Schnittpunkte. Im Fall $D = 0$, also

$$m^2 = -4cn, \tag{1.25}$$

existiert eine Doppellösung, d. h., die Gerade berührt die Parabel in dem Punkt (x_0, y_0) mit

$$x_0 = \frac{m}{2c}, \qquad y_0 = c\left(\frac{m}{2c}\right)^2, \tag{1.26}$$

und ist damit in diesem Punkt die Tangente an k_p mit der angesetzten Gleichung $y = mx + n$.
Wegen (1.25) und (1.26) ist

$$m = 2cx_0, \qquad n = \frac{(2cx_0)^2}{-4c} = -cx_0^2,$$

und damit folgt endlich die *Gleichung der Parabeltangente* t_X im Punkt (x_0, y_0):

$$y = (2cx_0)x - cx_0^2. \tag{1.27}$$

t_X schneidet s im Punkt $N(x_N, 0)$ mit

$$x_N = \frac{c{x_0}^2}{2cx_0} = \tfrac{1}{2}x_0.$$

Der Mittelpunkt der Strecke $\overline{FG}$ ist

$$\tfrac{1}{2}(f+g) = \tfrac{1}{2}\begin{pmatrix}0\\ \frac{p}{2}\end{pmatrix} + \tfrac{1}{2}\begin{pmatrix}x_0\\ -\frac{p}{2}\end{pmatrix} = \begin{pmatrix}\frac{1}{2}x_0\\ 0\end{pmatrix},$$

womit (1) bewiesen ist. Die Behauptung (2) folgt sofort aus (1), weil $t_X = XN$ als Seitenhalbierende gleichzeitig Winkelhalbierende durch X im gleichschenkligen Dreieck FXG mit $\overline{FX} = \overline{XG}$ ist.

□

1.5.2 Ellipse

Die Menge aller Punkte einer Ebene, die von zwei festen, verschiedenen Punkten $F_1,\ F_2$ dieser Ebene eine konstante Abstandssumme haben, heißt eine *Ellipse*

$$k_e = \{X : \overline{XF_1} + \overline{XF_2} = 2a\}, \quad 0 < \overline{F_1F_2} < 2a = \text{const.} \tag{1.28}$$

Man benutzt folgende Bezeichnungen (Fig. 1.5)

$F_1,\ F_2$	Brennpunkte
$h = F_1F_2$	Hauptachse
M	Mittelpunkt (der Strecke $\overline{F_1F_2}$ und der Ellipse)
$e := \overline{MF_1} = \overline{MF_2}$	lineare Exzentrizität
$n := M \perp F_1F_2$	Nebenachse
A_1, A_2	Hauptscheitel
B_1, B_2	Nebenscheitel
$a := \overline{MA_1} = \overline{MA_2}$	halbe Hauptachsenlänge
$b := \overline{MB_1} = \overline{MB_2}$	halbe Nebenachsenlänge.

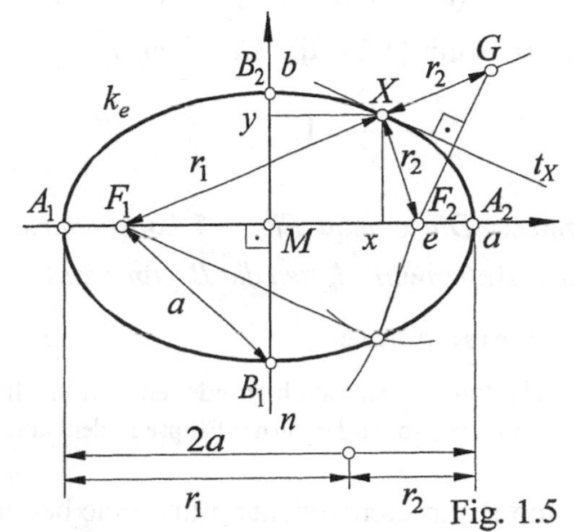

Fig. 1.5

Nach Definition (1.28) ist $\overline{F_1B_1} = \overline{F_2B_2} = a$ und damit

$$a^2 = e^2 + b^2. \tag{1.29}$$

Nach APPOLONIUS (4 v. Chr. bis 100 n. Chr.) wird ein Ellipsenpunkt X konstruiert, indem man eine Strecke der Länge $2a$ in zwei Teilstrecken der Länge r_1 und r_2 teilt und Kreise um F_1 bzw. F_2 mit diesen Radien zeichnet (Zwei-Kreise-Konstruktion). Sie schneiden sich in Ellipsenpunkten. Nach der *Gärtnerkonstruktion* wird eine Fadenschlinge der Länge $2a+2e$ um die „Pflöcke" $F_1,\ F_2$ gelegt und mit einer „Stockspitze" X gespannt. Die bewegte Stockspitze beschreibt dann eine Ellipse.

Wir erkennen aufgrund der Zwei-Kreise-Konstruktion, dass eine Ellipse k_e *axialsymmetrisch* bezüglich h und n sowie *zentralsymmetrisch* bezüglich M ist.

Zur Herleitung einer analytischen Darstellung ist ein $\text{KS}(M;x,y)$ in *Mittelpunktslage* vorteilhaft, bei der die x- bzw. y-Achse gleich der Haupt- und Nebenachse gewählt werden.

Für einen Ellipsenpunkt $X(x,y)$ gilt $\overline{XF_1} + \overline{XF_2} = r_1 + r_2 = 2a$, d. h.

$$\sqrt{(e+x)^2 + y^2} + \sqrt{(e-x)^2 + y^2} = 2a.$$

Umstellen und Quadrieren ergibt

$$e^2+2ex+x^2+y^2=4a^2-4a\sqrt{(e-x)^2+y^2}+e^2-2ex+x^2+y^2,$$

was vereinfacht werden kann zu

$$ex-a^2=-a\sqrt{(e-x)^2+y^2}.$$

Nochmaliges Quadrieren ergibt

$$(a^2-e^2)x^2+a^2y^2=a^2(a^2-e^2),$$

woraus mit (1.29) die *Mittelpunktsgleichung* einer Ellipse folgt:

$$\frac{x^2}{a^2}+\frac{y^2}{b^2}=1. \qquad (1.30)$$

Satz: *Die gemäß Fig. 1.5 konstruierte Ellipsentangente t_X im Punkt X halbiert den Außenwinkel, den die Brennstrahlen F_1X und F_2X bilden.*

Beweis: Aufgabe

Bemerkung: Der Satz begründet eine physikalische Eigenschaft: Geht ein Lichtstrahl durch einen Brennpunkt, so wird er an der Ellipse in dem anderen Brennpunkt reflektiert.

Eine Parameterdarstellung und eine bequeme Punktkonstruktion für eine Ellipse erhalten wir, wenn als Hilfsmittel der *Hauptscheitelkreis* k_a bzw. der *Nebenscheitelkreis* k_b um M mit dem Radius a bzw. b betrachtet werden (Fig.1.6).

X_a bzw. X_b auf k_a bzw. k_b mögen den gleichen Polarwinkel φ besitzen, d. h.

$$\boldsymbol{x}_a=\begin{pmatrix}a\cos\varphi\\ a\sin\varphi\end{pmatrix},\quad \boldsymbol{x}_b=\begin{pmatrix}b\cos\varphi\\ b\sin\varphi\end{pmatrix}\quad \text{mit } 0\le\varphi<2\pi.$$

Der Punkt $X(x,y)$, der die gleiche Abszisse wie X_a und die gleiche Ordinate wie X_b besitzt, hat den Koordinatenvektor

$$\boldsymbol{x}=\begin{pmatrix}x(\varphi)\\ y(\varphi)\end{pmatrix}=\begin{pmatrix}a\cos\varphi\\ b\sin\varphi\end{pmatrix},\qquad 0\le\varphi<2\pi. \qquad (1.31)$$

Dieser Punkt liegt auf der Ellipse k_e, denn es gilt nach (1.31), dass

$$\frac{x^2}{a^2}+\frac{y^2}{b^2}=\frac{a^2\cos^2\varphi}{a^2}+\frac{b^2\sin^2\varphi}{b^2}=\cos^2\varphi+\sin^2\varphi=1;$$

also ist die Mittelpunktsgleichung erfüllt.

Mit (1.31) haben wir eine *Parameterdarstellung* der Ellipse (1.30).
Jeder Winkel (Kurvenparameter) $\varphi\in[0,2\pi)$ bestimmt einen Ellipsenpunkt.

Betrachten wir eine Parallele zu MX_a durch X. Sie schneidet die Haupt- bzw. Nebenachse im Punkt H bzw. N. Es gilt $\overline{NX} = a$ und $\overline{HX} = b$ (Parallelogrammeigenschaft). Wir folgern daraus die *Papierstreifenkonstruktion* einer Ellipse:

Auf einer Papierstreifenkante werden die Punkte N, H und X aufgezeichnet, so dass $\overline{NX} = a$ und $\overline{HX} = b$ gilt. Führt man den Papierstreifen derart auf der Haupt- und Nebenachse, dass $H \in h$ und $N \in n$ gilt, und überträgt in jeder Lage den Punkt X auf die Zeichenebene, so ergeben sich die Punkte der Ellipse (1.31).

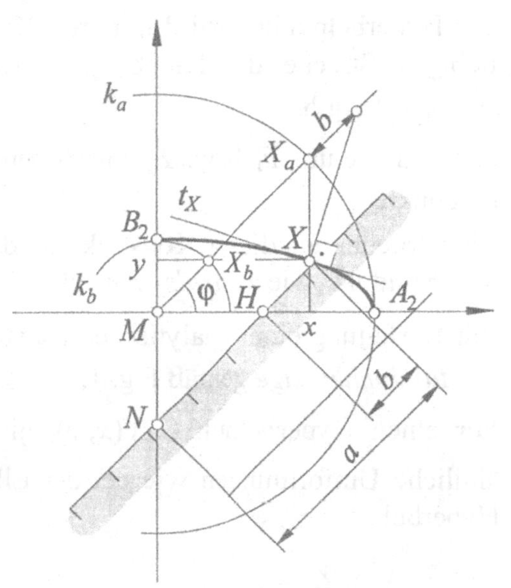

Fig. 1.6

1.5.3 Hyperbel

Die Menge aller Punkte einer Ebene, die von zwei festen, verschiedenen Punkten F_1, F_2 dieser Ebene eine betragsmäßig konstante Abstandsdifferenz haben, heißt eine *Hyperbel*

$$k_h = \{X : |\overline{XF_1} - \overline{XF_2}| = 2a\}, \qquad (1.32)$$
$$0 < 2a < \overline{F_1F_2}, \; a = \text{const.}$$

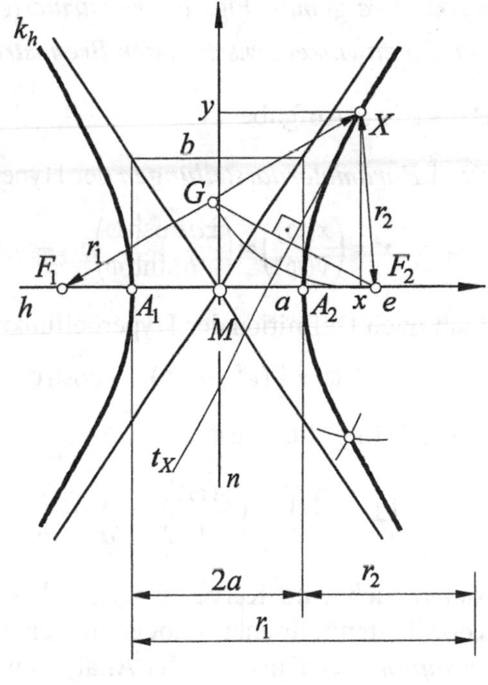

Fig. 1.7

Folgende Bezeichnungen sind üblich (Fig. 1.7):

F_1, F_2	Brennpunkte
$h = F_1F_2$	Hauptachse
M	Mittelpunkt (der Strecke $\overline{F_1F_2}$ und der Hyperbel)
$n := M \perp F_1F_2$	Nebenachse
$e := \overline{MF_1} = \overline{MF_2}$	lineare Exzentrizität
A_1, A_2	Scheitel
$a := \overline{MA_1} = \overline{MA_2}$	halbe Hauptachsenlänge
$b := \sqrt{e^2 - a^2}$	halbe Nebenachsenlänge. (1.33)

Ein Hyperbelpunkt X wird mit zwei Kreisen konstruiert, indem man von einer beliebigen Strecke der Länge r_1 $(>2a)$ eine der Länge r_2 abgreift, so dass $r_1 - r_2 = 2a$ gilt.

Zwei Kreise um F_1 bzw. F_2 mit diesen Radien r_1 und r_2 schneiden sich in Hyperbelpunkten.

Man erkennt aus dieser Konstruktion, dass eine Hyperbel *axialsymmetrisch* bezüglich h und n sowie *zentralsymmetrisch* bezüglich M ist.

Zur Herleitung einer analytischen Darstellung von k_h wählen wir ein KS$(M;x,y)$ in *Mittelpunktslage* gemäß Fig. 1.7.

Für einen Hyperbelpunkt $X(x,y)$ gilt $\left(\overline{XF_1} - \overline{XF_2}\right)^2 = (r_1 - r_2)^2 = (2a)^2$. Durch ähnliche Umformungen wie bei der Ellipse folgt die *Mittelpunktsgleichung* einer Hyperbel:

$$\frac{x^2}{a^2} - \frac{y^2}{b^2} = 1. \tag{1.34}$$

Satz: *Die gemäß Fig. 1.7 konstruierte Hyperbeltangente t_X im Punkt X halbiert den Innenwinkel zwischen den Brennstrahlen F_1X und F_2X.*

Beweis: Aufgabe

Zwei *Parameterdarstellungen* der Hyperbeläste sind

$$\mathbf{x} = \begin{pmatrix} x(\varphi) \\ y(\varphi) \end{pmatrix} = \begin{pmatrix} \pm a\cosh\varphi \\ b\sinh\varphi \end{pmatrix}, \quad -\infty < \varphi < \infty, \tag{1.35}$$

denn nach Definition der Hyperbelfunktionen gilt

$$\sinh\varphi = \tfrac{1}{2}(e^{\varphi} - e^{-\varphi}), \quad \cosh\varphi = \tfrac{1}{2}(e^{\varphi} + e^{-\varphi}) \text{ und } \cosh^2\varphi - \sinh^2\varphi = 1.$$

Deshalb folgt für alle φ:

$$\left(\pm\frac{x(\varphi)}{a}\right)^2 - \left(\frac{y(\varphi)}{b}\right)^2 = \frac{x^2}{a^2} - \frac{y^2}{b^2} = 1.$$

Nähert sich eine Kurve $y = y(x)$ bei immer größer werdender Entfernung vom Koordinatennullpunkt unbegrenzt einer Geraden $y = mx + n$, dann heißt diese *Asymptote* der Kurve. In der Analysis wird zu ihrer Bestimmung gezeigt, dass dann für ihren Anstieg

$$m = \lim_{x\to\infty} \frac{y(x)}{x} \tag{1.36}$$

gilt.

Zur Anwendung dieser Aussage formen wir (1.34) in

$$y(x)=\frac{b}{a}x\sqrt{1-\frac{a^2}{x^2}}, \quad x\geq a,$$

um, d. h., wir betrachten nur das Hyperbelkurvenstück im ersten Quadranten.

Nach der Berechnung des Grenzwertes (1.36) und unter Berücksichtigung von Symmetrieeigenschaften finden wir dann als *Asymptoten* einer Hyperbel:

$$y=\pm\frac{b}{a}x, \tag{1.37}$$

dies sind gerade die Diagonalen des achsenparallelen Rechtecks mit den Seitenlängen $2a$ und $2b$, das M zum Mittelpunkt hat.

Aufgaben

1.1 Die Punkte $A=(1,1)$, $B=(2,2)$ und $C=(2,3)$ seien gegeben. Man bestimme

a) die Seitenlängen und Innenwinkel des Dreiecks ABC,

b) eine Gleichung des Kreises durch C mit dem Mittelpunkt A,

c) die Ecken des Dreiecks $A^\delta B^\delta C^\delta$, das aus dem Dreieck ABC vermittels einer Drehung δ um den Punkt A durch 60° hervorgeht,

d) eine Gleichung und eine Parameterdarstellung der Geraden AC,

e) den Schnittpunkt der Geraden AC mit der x_1-Achse.

1.2 Welche Geraden können nicht in der expliziten Form $y=mx+n$ der Geradengleichung bzw. in der *Achsenabschnittsgleichung* $\frac{x}{a}+\frac{y}{b}=1$ beschrieben werden?

Welche geometrische Bedeutung haben die Zahlen m, n und a, b?

1.3 Man beweise:

a) Zwei Geraden $y=mx+n$ und $y=m'x+n'$ stehen senkrecht zueinander, wenn $mm'=-1$ ist.

b) Zwei Geraden $ax+by+c=0$ und $a'x+b'y+c'=0$ stehen senkrecht zueinander, wenn $aa'+bb'=0$ ist.

1.4 Bezüglich PKS($O;x_1$) haben die Punkte P_1 und P_2 die Polarkoordinaten (r_1,φ_1) und (r_2,φ_2). Man drücke mit diesen Größen den Punktabstand $\overline{P_1P_2}$ aus!

1.5 Man zeige, dass ein Drehzylinder vom Radius r von einer Ebene, die den Neigungswinkel β gegenüber der Drehzylinderachse besitzt, in einer Ellipse geschnitten wird. Geben Sie deren Halbachsenlängen an!

1.6 Man zeige, dass ein Drehkegel mit dem halben Öffnungswinkel α von einer Ebene, die den Neigungswinkel β gegenüber der Drehkegelachse besitzt und nicht durch die Kegelspitze verläuft, in einer Ellipse $(\alpha<\beta)$, Parabel $(\alpha=\beta)$ bzw. Hyperbel $(\alpha>\beta)$ geschnitten wird!

1.7

a) Welche Kegelschnitte definieren die folgenden Gleichungen:

(1) $x^2+4y^2=16$, (2) $2y^2-8x=0$,

(3) $16x^2-9y^2=144$, (4) $4x^2-4x+1=0$?

b) Skizzieren Sie die Kegelschnitte!

c) Bestimmen Sie die Koordinaten p, q jeweils derart, dass die Punkte $P=(3,p)$, und $Q=(q,\frac{1}{2})$ auf den Kegelschnitten liegen!

d) Bestimmen Sie die Schnittpunkte von Kegelschnitt (1) mit den anderen!

1.8 Mit Hilfe von 3 Messstationen $F_1=(10,0)$, $F_2=(-40,0)$ und $F_3=(0,0)$ (bezüglich der Längeneinheit 1 km) soll ein Sender Q geortet werden.
Ein Signal mit der Geschwindigkeit $c=300000\ \mathrm{kms}^{-1}$ aus Q legt die Wege zu den Messstationen in den Zeiten t_1, t_2 bzw. t_3 zurück, jedoch kann man nur die Laufzeitunterschiede $\Delta_1=t_3-t_1=10^{-5}$ s und $\Delta_2=t_2-t_3=10^{-4}$ s messen. Welche Koordinaten hat der Sender Q?

1.9 In Anlehnung an den Beweis des Satzes über die Parabeltangente in 1.5.1 beweise man die Konstruktionen für die

a) Ellipsentangente t_X in Fig. 1.5 (bzw. Fig. 1.6),

b) Hyperbeltangente t_X in Fig. 1.7.

1.10 In der Ebene sei ein KS$(O;x,y)$ und das Polarkoordinatensystem PKS(O,x) gegeben. Eine Kurve kann durch eine Gleichung $F(x,y)=0$ bzw. $G(r,\varphi)=0$ festgelegt werden, welche die kartesischen Koordinaten (x,y) bzw. Polarkoordinaten (r,φ) ihrer Punkte erfüllen müssen.

a) Aus der Gleichung der Zissoide $x^3+y^2(x-2)=0$ bestimme man die Gleichung dieser Kurve in Polarkoordinaten.

b) Aus der Gleichung $r(1-\cos\varphi)-2=0$ einer Kurve in Polarkoordinaten bestimme man ihre Gleichung in kartesischen Koordinaten.

2 Grundbegriffe der analytischen Geometrie

Die geometrischen Punkträume unserer physikalischen Erfahrungswelt sind die (abstrakte) Gerade E^1, die Ebene E^2 und der Raum E^3. Allgemein bezeichnen wir mit E^d den d-dimensionalen euklidischen Punktraum. Die Beschreibung geometrischer Punkträume durch Vektorräume wird bereitgestellt und damit die Verbindung zur Linearen Algebra geknüpft.

Die Berechnung von Abständen zwischen Punkten, den Winkeln zwischen Geraden und von Inhalten elementarer Körper wird auf das Skalarprodukt als grundlegende Abbildung zurückgeführt. Die Linearkombination eines Vektors aus Basisvektoren und die Orthogonalprojektion eines Vektors werden als wichtiges Handwerkszeug aufbereitet, mit dessen Hilfe dann metrische Grundaufgaben mit Geraden und Ebenen bequem gelöst werden können.

2.1 Geometrische Punkt- und Vektorräume

2.1.1 Koordinatensysteme im Raum

Jedem Punkt X der Ebene E^2 wurde sein Koordinatenvektor $\boldsymbol{x} = \begin{pmatrix} x_1 \\ x_2 \end{pmatrix}$ bezüglich eines $\mathrm{KS}(O; E_1, E_2)$ zugeordnet. Dies soll jetzt im Raum E^3 analog erreicht werden. Hierzu werden drei sich in einem gemeinsamen *Nullpunkt* O paarweise rechtwinklig schneidende Koordinatenachsen mit den Einheitspunkten E_1, E_2 und E_3 gewählt.

Diese Konfiguration heißt ein *kartesisches Koordinatensystem* $\mathrm{KS}(O; E_1, E_2, E_3)$ oder $\mathrm{KS}(O; x_1, x_2, x_3)$ des Raumes E^3, wenn bei der gegen die (positive) Orientierung der x_3-Achse eingestellten Blickrichtung der Punkt E_1 durch eine positive Vierteldrehung um O in E_2 übergeht. Ein solches $\mathrm{KS}(O; x_1, x_2, x_3)$ heißt *rechtsorientiert* (*Rechtsdreibein*).

Die von jeweils zwei Koordinatenachsen aufgespannten Ebenen heißen *Koordinatenebenen.*

Die Parallelebenen zu den Koordinatenebenen durch den Punkt X schneiden die i-te Koordinatenachse in dem Punkt X_i, der den vorzeichenfähigen Abstand x_i vom Nullpunkt hat (vgl. Fig. 2.1).

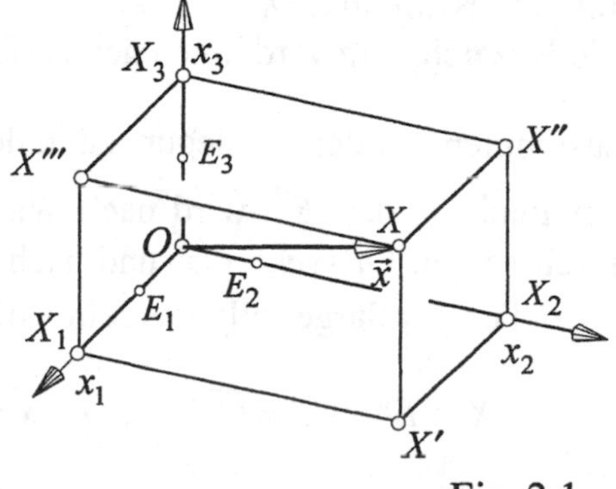

Fig. 2.1

Man nennt x_i die *i-te Koordinate* ($i=1,2,3$) des Punktes X und $\boldsymbol{x}$ seinen *Koordinatenvektor*.

Jedem Punkt X lässt sich dann umkehrbar eindeutig ein Zahlen-3-Tupel zuordnen:

$$X \in E^3 \leftrightarrow \boldsymbol{x} = \begin{pmatrix} x_1 \\ x_2 \\ x_3 \end{pmatrix} \in \mathbb{R}^3. \tag{2.1}$$

Man schreibt wieder kurz $X=(x_1,x_2,x_3)$ oder $X(x_1,x_2,x_3)$ anstelle der Zuordnung (2.1) und identifiziert X mit $\boldsymbol{x}$.

Beispielsweise haben die Einheitspunkte E_1, E_2 bzw. E_3 die Koordinatenvektoren

$$\boldsymbol{e}_1 = \begin{pmatrix} 1 \\ 0 \\ 0 \end{pmatrix}, \quad \boldsymbol{e}_2 = \begin{pmatrix} 0 \\ 1 \\ 0 \end{pmatrix} \quad \text{bzw.} \quad \boldsymbol{e}_3 = \begin{pmatrix} 0 \\ 0 \\ 1 \end{pmatrix}. \tag{2.2}$$

In Physik und Technik treten Größen (Geschwindigkeit, Kraft, Feldstärke, ...) auf, die durch einen Absolutbetrag und mit einem Richtungssinn beschrieben werden müssen.

Zu ihrer Darstellung sind Pfeile gut geeignet: Der Absolutbetrag wird durch die Länge eines Pfeils ausgedrückt. Der Richtungssinn entspricht der Orientierung eines Pfeils von seinem Anfangs- zum Endpunkt hin. Wir wollen deshalb zunächst bestimmte Pfeile in unsere Betrachtungen aufnehmen:

Für jeden Punkt X des E^d ($d=1,2$ oder 3) wird der Pfeil $\overrightarrow{OX} =: \vec{x}$ mit dem Nullpunkt O als Anfangspunkt und dem Endpunkt X der *Ortsvektor* von X genannt.

Die Zuordnung $X \leftrightarrow \overrightarrow{OX}$ ist umkehrbar eindeutig. Die Menge aller dieser Pfeile heißt der *Ortsvektorraum*

$$V_O^d := \{\overrightarrow{OX} : X \in E^d\}$$

mit dem Nullpunkt O.
Die Bezeichnung wird unten gerechtfertigt.

Zusammen mit den Festlegungen in der Ebene E^2 kann jetzt festgestellt werden:

Ein Punkt X des E^d wird nach Wahl eines Nullpunktes O umkehrbar eindeutig durch seinen Ortsvektor $\vec{x}$ und nach Wahl eines KS$(O;x_1,\ldots,x_d)$ durch ein Zahlen-d-Tupel $\boldsymbol{x}$ dargestellt, das sein Koordinatenvektor heißt:

$$X \in E^d \leftrightarrow \vec{x} = \overrightarrow{OX} \in V_O^d \leftrightarrow \boldsymbol{x} = \begin{pmatrix} x_1 \\ \vdots \\ x_d \end{pmatrix} \in \mathbb{R}^d.$$

Dabei bezeichnet $\mathbb{R}^d$ die Menge der Zahlen-d-Tupel.

2.1.2 Addition von Vektoren

In der Menge $\mathbb{R}^d$ $(d > 1)$ wird eine *Addition* erklärt, indem die *Summe* zweier beliebiger Zahlen-d-Tupel $\boldsymbol{a}$ und $\boldsymbol{b}$ durch koordinatenweises Addieren entstehen soll:

$$\boldsymbol{a}+\boldsymbol{b}=\begin{pmatrix} a_1 \\ \vdots \\ a_d \end{pmatrix}+\begin{pmatrix} b_1 \\ \vdots \\ b_d \end{pmatrix}=\begin{pmatrix} a_1+b_1 \\ \vdots \\ a_d+b_d \end{pmatrix}. \tag{2.3}$$

Eine geometrische Deutung dieser Addition mit Ortsvektoren $\vec{a}$, $\vec{b}$ zeigt Fig. 2.2:

Haben die Punkte A bzw. B die Koordinatenvektoren $\boldsymbol{a}$ bzw. $\boldsymbol{b}$, so ist $\boldsymbol{s}=\boldsymbol{a}+\boldsymbol{b}$ der Koordinatenvektor eines Punktes S, der das Dreieck OAB zu einem Parallelogramm $OASB$ ergänzt.

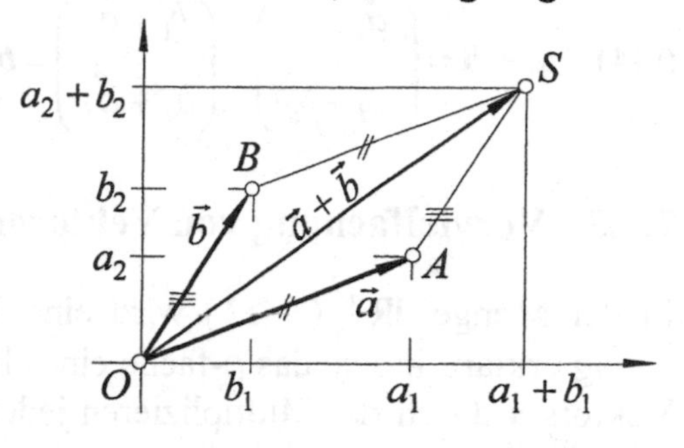

Fig. 2.2

Betrachtet man die zugehörigen Ortsvektoren $\vec{a}=\overrightarrow{OA}$, $\vec{b}=\overrightarrow{OB}$, so kann für die Addition von Ortsvektoren formuliert werden:

Parallelogrammregel: *Ergänzt man das von Ortsvektoren $\vec{a}$ und $\vec{b}$ aufgespannte Dreieck zu einem Parallelogramm, so ist der von O ausgehende Diagonalpfeil des Parallelogramms die Summe $\vec{a}+\vec{b}$.*

Mit den Rechengesetzen der reellen Zahlen $\mathbb{R}$, die ja in jeder Koordinate angewendet werden können, bestätigt man nun die Gültigkeit der folgenden Gesetze:

(G1) $$(\boldsymbol{a}+\boldsymbol{b})+\boldsymbol{c}=\begin{pmatrix} (a_1+b_1)+c_1 \\ \vdots \\ (a_d+b_d)+c_d \end{pmatrix}=\begin{pmatrix} a_1+(b_1+c_1) \\ \vdots \\ a_d+(b_d+c_d) \end{pmatrix}=\boldsymbol{a}+(\boldsymbol{b}+\boldsymbol{c}).$$

(G2) Offenbar ist $\boldsymbol{o}=\begin{pmatrix} 0 \\ \vdots \\ 0 \end{pmatrix}$ das neutrale Element der Addition, denn

$$\boldsymbol{a}+\boldsymbol{o}=\begin{pmatrix} a_1+0 \\ \vdots \\ a_d+0 \end{pmatrix}=\boldsymbol{a}.$$

Man nennt das d-Tupel $\boldsymbol{o}$ aus lauter Nullen den *Nullvektor* des $\mathbb{R}^d$.

Den zugehörigen Ortsvektor kann man sich als Pfeil $\vec{o}=\overrightarrow{OO}$ vorstellen.

(G3) Zu $\boldsymbol{a} = \begin{pmatrix} a_1 \\ \vdots \\ a_d \end{pmatrix}$ ist $-\boldsymbol{a} := \begin{pmatrix} -a_1 \\ \vdots \\ -a_d \end{pmatrix}$ das *entgegengesetzte d-Tupel*,

kurz *Gegenvektor* von $\boldsymbol{a}$ genannt, denn

$$\boldsymbol{a} + (-\boldsymbol{a}) = \begin{pmatrix} a_1 + (-a_1) \\ \vdots \\ a_d + (-a_d) \end{pmatrix} = \begin{pmatrix} 0 \\ \vdots \\ 0 \end{pmatrix} = \boldsymbol{o}.$$ (Existenz des Gegenvektors zu jedem Vektor)

(G4) $$\boldsymbol{a} + \boldsymbol{b} = \begin{pmatrix} a_1 + b_1 \\ \vdots \\ a_d + b_d \end{pmatrix} = \begin{pmatrix} b_1 + a_1 \\ \vdots \\ b_d + a_d \end{pmatrix} = \boldsymbol{b} + \boldsymbol{a}.$$ (Kommutativgesetz)

2.1.3 Vervielfachung von Vektoren

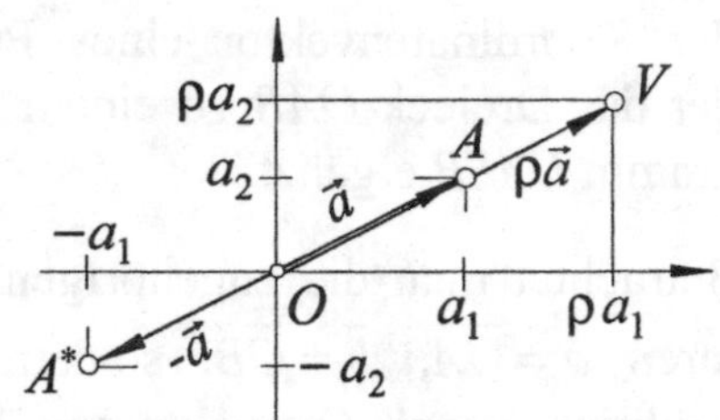

Fig. 2.3

In der Menge $\mathbb{R}^d$ $(d \geq 1)$ wird eine *Vervielfachung* erklärt, indem das ρ-fache eines beliebigen Vektors $\boldsymbol{a}$ durch das Multiplizieren jeder Koordinate mit dieser Zahl ρ entsteht:

$$\rho\boldsymbol{a} = \rho \begin{pmatrix} a_1 \\ \vdots \\ a_d \end{pmatrix} = \begin{pmatrix} \rho a_1 \\ \vdots \\ \rho a_d \end{pmatrix}. \tag{2.4}$$

Fig. 2.3 stellt eine geometrische Deutung dieser Vervielfachung für $d = 2$ dar.

Entsprechend wird im Ortsvektorraum V_O^d erklärt:

Zu einer Zahl ρ und einem Ortsvektor $\vec{a} = \overrightarrow{OA}$ sei das *Vielfache*

$$\rho\vec{a} := \overrightarrow{OV} \tag{2.5}$$

jener Ortsvektor, für dessen Endpunkt V gilt:

a) Wenn $\rho = 0$ oder $\vec{a} = \vec{o}$, dann sei $V = O$ bzw. $\rho\vec{a} = \vec{o}$.

b) Wenn $\vec{a} \neq \vec{o}$ $(A \neq O)$, dann liege V auf der Geraden OA, und zwar so, dass die Punkte A und V

- im Fall $\rho > 0$ auf derselben Seite von O liegen;
- im Fall $\rho < 0$ auf verschiedenen Seiten von O liegen

und in jedem Fall $\overline{OV} = |\rho|\overline{OA}$ gilt.

Für $\rho = -1$ ergibt sich $\overrightarrow{OA^*} = -\overrightarrow{OA}$, der zu $\overrightarrow{OA}$ *entgegengesetzte Ortsvektor*.

Die Vektorvervielfachung im $\mathbb{R}^d$ bzw. V_O^d benutzen wir jeweils für eine

Parallelitätsdefinition: Es seien $\begin{cases} \boldsymbol{v} = \rho \boldsymbol{a} \in \mathbb{R}^d, \boldsymbol{a} \neq \boldsymbol{o}, \\ \vec{v} = \rho \vec{a} \in V_O^d, \vec{a} \neq \vec{o}, \end{cases}$ und $\rho \neq 0$, dann heißen $\begin{cases} \boldsymbol{v} \text{ und } \boldsymbol{a} \\ \vec{v} \text{ und } \vec{a} \end{cases}$ parallel, in Zeichen $\begin{cases} \boldsymbol{v} \parallel \boldsymbol{a} \\ \vec{v} \parallel \vec{a} \end{cases}$. Sie heißen *gleich-* bzw. *gegensinnig parallel*, wenn dabei $\rho > 0$ bzw. $\rho < 0$ gilt.

Mit den Rechengesetzen der reellen Zahlen $\mathbb{R}$ bestätigen wir die Gültigkeit der folgenden Gesetze für alle $\lambda, \mu \in \mathbb{R}$ und $\boldsymbol{a}, \boldsymbol{b} \in \mathbb{R}^d$:

$$\text{(G5)} \quad \lambda(\mu \boldsymbol{a}) = \lambda \begin{pmatrix} \mu a_1 \\ \vdots \\ \mu a_d \end{pmatrix} = \begin{pmatrix} \lambda(\mu a_1) \\ \vdots \\ \lambda(\mu a_d) \end{pmatrix} = \begin{pmatrix} (\lambda\mu) a_1 \\ \vdots \\ (\lambda\mu) a_d \end{pmatrix} = (\lambda\mu)\boldsymbol{a};$$

$$\text{(G6)} \quad (\lambda + \mu)\boldsymbol{a} = \begin{pmatrix} (\lambda+\mu) a_1 \\ \vdots \\ (\lambda+\mu) a_d \end{pmatrix} = \begin{pmatrix} \lambda a_1 + \mu a_1 \\ \vdots \\ \lambda a_d + \mu a_d \end{pmatrix} = \lambda \boldsymbol{a} + \mu \boldsymbol{a};$$

$$\text{(G7)} \quad \lambda \cdot (\boldsymbol{a} + \boldsymbol{b}) = \lambda \begin{pmatrix} a_1 + b_1 \\ \vdots \\ a_d + b_d \end{pmatrix} = \begin{pmatrix} \lambda(a_1 + b_1) \\ \vdots \\ \lambda(a_d + b_d) \end{pmatrix} = \begin{pmatrix} \lambda a_1 + \lambda b_1 \\ \vdots \\ \lambda a_d + \lambda b_d \end{pmatrix} = \begin{pmatrix} \lambda a_1 \\ \vdots \\ \lambda a_d \end{pmatrix} + \begin{pmatrix} \lambda b_1 \\ \vdots \\ \lambda b_d \end{pmatrix}$$

$$= \lambda \boldsymbol{a} + \lambda \boldsymbol{b};$$

$$\text{(G8)} \quad 1 \cdot \boldsymbol{a} = \begin{pmatrix} 1 a_1 \\ \vdots \\ 1 a_d \end{pmatrix} = \begin{pmatrix} a_1 \\ \vdots \\ a_d \end{pmatrix} = \boldsymbol{a}.$$

Weiter gilt für alle $\boldsymbol{a} \in \mathbb{R}^d$

$$(-1)\boldsymbol{a} = -\boldsymbol{a}.$$

Deshalb kann man formal eine *Subtraktion* von Zahlen-*d*-Tupeln definieren:

$$\boldsymbol{a} - \boldsymbol{b} := \boldsymbol{a} + (-\boldsymbol{b}). \tag{2.6}$$

2.1.4 Vektorräume

Der Vektorbegriff ist von zentraler Bedeutung in der Mathematik, wobei Vektoren stets Elemente eines Vektorraums sind. Vektorräume treten in verschiedenen Typen auf.

Allgemein gilt:
Eine nichtleere Menge V von *Vektoren* genannten mathematischen Elementen heißt *reeller Vektorraum*, wenn

(1) für zwei beliebige Vektoren $\vec{a},\vec{b} \in V$ stets die *Summe* $\vec{a}+\vec{b} \in V$ erklärt ist und die folgenden Gesetze der Addition für beliebige $\vec{a},\vec{b},\vec{c} \in V$ gelten:

(V1) Assoziativgesetz: $(\vec{a}+\vec{b})+\vec{c} = \vec{a}+(\vec{b}+\vec{c})$;

(V2) es gibt einen *Nullvektor* $\vec{o} \in V$ mit $\vec{a}+\vec{o}=\vec{a}$ für alle $\vec{a} \in V$;

(V3) zu jedem $\vec{a} \in V$ existiert der *entgegengesetzte Vektor* $-\vec{a} \in V$, so dass $\vec{a}+(-\vec{a})=\vec{o}$;

(V4) Kommutativgesetz: $\vec{a}+\vec{b}=\vec{b}+\vec{a}$;

(2) für eine beliebige reelle Zahl (*Skalar*) $\lambda \in \mathbb{R}$ und für ein beliebiges $\vec{a} \in V$ stets die *Vervielfachung* (*Skalarmultiplikation*) $\lambda\vec{a} \in V$ erklärt ist und die folgenden Gesetze für beliebige $\lambda,\mu \in \mathbb{R}$ gelten:

(V5) $\lambda\cdot(\mu\cdot\vec{a}) = (\lambda\cdot\mu)\cdot\vec{a}$

(V6) $\lambda\cdot(\vec{a}+\vec{b}) = \lambda\vec{a}+\lambda\vec{b}$

(V7) $(\lambda+\mu)\cdot\vec{a} = \lambda\vec{a}+\mu\vec{a}$

(V8) $1\cdot\vec{a}=\vec{a}$.

Für die Addition und Vervielfachung von Zahlen-d-Tupeln gelten, wie oben vorgerechnet wurde, die Gesetze (G1) bis (G8) in der Reihenfolge der geforderten Vektorraumaxiome (V1) bis (V8).

Die Addition von Ortsvektoren nach der Parallelogrammregel und die oben erklärte Vervielfachung (2.5) von Ortsvektoren mit reellen Zahlen genügen ebenfalls den Vektorraumaxiomen.

Deshalb halten wir fest:

Satz 1:

(1) *Mit der durch* (2.3) *und* (2.4) *erklärten Addition und Skalarmultiplikation von d-Tupeln ist* $\mathbb{R}^d$ *ein reeller Vektorraum, der so genannte d-dimensionale Koordinatenvektorraum.*

(2) *Mit der durch die Parallelogrammregel erklärten Addition und der Vervielfachung* (2.5) *ist* V_O^d *ein reeller Vektorraum.*

Für einige ingenieurwissenschaftliche Aufgabenstellungen ist der Begriff des freien Vektors, kurz *Vektor* genannt, und des aus freien Vektoren gebildeten Vektorraumes von Bedeutung. Er soll deshalb eingeführt werden.

Ein *Pfeil* $\overrightarrow{AB}$ ist ein geordnetes Punktepaar mit A als *Anfangspunkt*, B als *Endpunkt* ($A, B \in E^d$). Damit ist $\overrightarrow{AB}$ von A nach B gerichtet. Zwei Pfeile $\overrightarrow{AB}$ und $\overrightarrow{CD}$ heißen *parallelgleich*, in Zeichen $\overrightarrow{AB} = \overrightarrow{CD}$, wenn es eine Parallelverschiebung τ gibt, so dass $\tau(A) = C$, $\tau(B) = D$ gilt (Fig. 2.4).

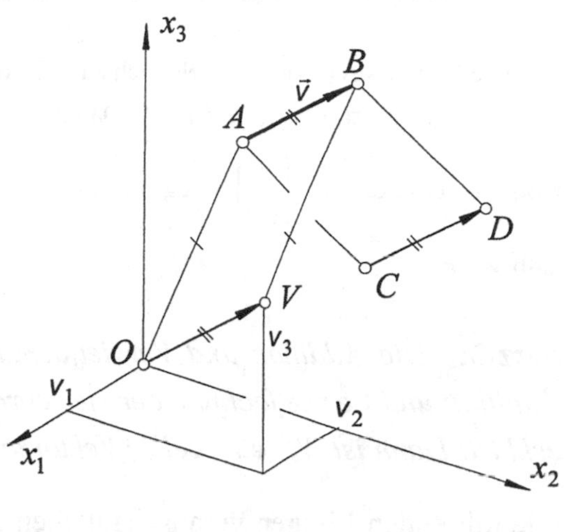

Fig. 2.4

Eine Parallelverschiebung ist eine kongruente, orientierungserhaltende Abbildung. Deshalb gilt bezüglich eines $KS(O; x_1, \ldots, x_d)$: Zu jedem $\overrightarrow{AB}$ kann der Ortsvektor $\overrightarrow{OV} = \overrightarrow{AB}$ eindeutig bestimmt werden – und zu dem Punkt V wiederum eindeutig sein Koordinatenvektor $\mathbf{v} = \begin{pmatrix} v_1 \\ \vdots \\ v_d \end{pmatrix}$. Umgekehrt legt ein Koordinatenvektor $\mathbf{v}$ eindeutig einen Punkt V fest.

Weiter kann $\overrightarrow{OV}$ alle zu $\overrightarrow{OV}$ parallelgleichen Pfeile eindeutig festlegen. Deshalb kann definiert werden:

Ein *Vektor* $\vec{v}$ ist die Klasse aller zu $\overrightarrow{OV}$ parallelgleichen Pfeile $\overrightarrow{AB}$, in Zeichen $\vec{v} = \overrightarrow{AB}$, wenn $\overrightarrow{AB}$ aus der Klasse $\vec{v}$ ist, d. h., wenn $\overrightarrow{AB}$ die Klasse repräsentiert (darstellt). Mit V^d bezeichnen wir die *Menge* aller Vektoren im E^d.

Konsequenterweise hat ein Koordinatenvektor damit zwei geometrische Interpretationen:

Ein Zahlen-d-Tupel $\mathbf{v} = \begin{pmatrix} v_1 \\ \vdots \\ v_d \end{pmatrix} \in \mathbb{R}^d$ bestimmt bezüglich eines $KS(O; x_1, \ldots, x_d)$ genau einen $\begin{cases} \text{Punkt } V \in E^d \\ \text{Vektor } \vec{v} \in V^d \end{cases}$ und ist deshalb der Koordinatenvektor des $\begin{cases} \text{Punktes } V \\ \text{Vektors } \vec{v}. \end{cases}$

Zur Unterscheidung dieser Interpretationen heiße $\mathbf{v}$ der *Ortsvektor* von $V \in E^d$ bzw. der *Richtungsvektor* von $\vec{v} \in V^d$.

Satz 2: *Wenn $\boldsymbol{a}, \boldsymbol{b} \in \mathbb{R}^d$ die Ortsvektoren von Punkten $A, B \in E^d$ sind, dann ist*

$$\boldsymbol{v} = \boldsymbol{b} - \boldsymbol{a} \in \mathbb{R}^d \tag{2.7}$$

der Richtungsvektor des Vektors $\vec{v} = \overrightarrow{AB} \in V^d$.

B e w e i s : Es sei $\overrightarrow{OV}$ parallelgleich zu $\overrightarrow{AB}$, d. h. $\vec{v} := \overrightarrow{AB} = \overrightarrow{OV}$; dann existiert eine Parallelverschiebung τ mit $\tau(A) = O$, $\tau(B) = V$. Damit ist V gefunden. V hat bezüglich $\mathrm{KS}(O; x_1, \ldots, x_d)$ den Koordinatenvektor $\boldsymbol{v} = \begin{pmatrix} v_1 \\ \vdots \\ v_d \end{pmatrix}$. Wegen (2.3), Parallelogrammregel und (2.6) folgt $\boldsymbol{a} + \boldsymbol{v} = \boldsymbol{b}$ und deshalb $\boldsymbol{v} = \boldsymbol{b} - \boldsymbol{a}$. □

Satz 3: *Die Addition und Vervielfachung von Vektoren $\vec{u}, \vec{v} \in V^d$ sei durch die Addition und Vervielfachung der sie repräsentierenden Ortsvektoren $\overrightarrow{OU}, \overrightarrow{OV} \in V_O^d$ erklärt. Dann ist V^d ein reeller Vektorraum.*

Die folgenden Figuren veranschaulichen das Rechnen mit Vektoren.

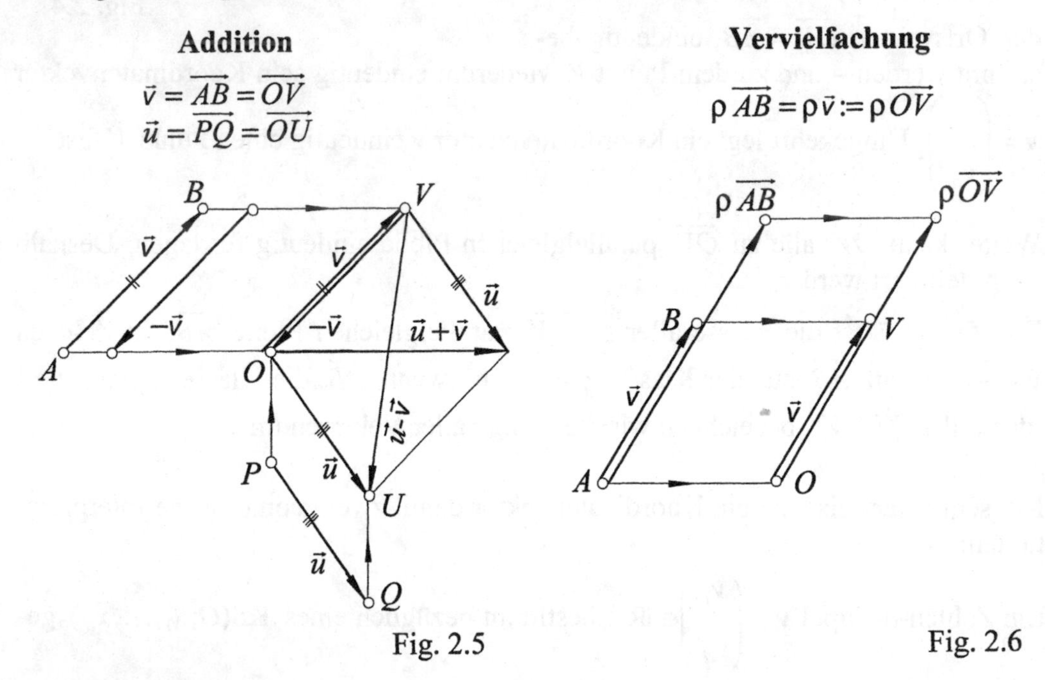

Fig. 2.5 Fig. 2.6

Wir werden Vektoren $\vec{u}, \vec{v} \in V^d$ *parallel* nennen, in Zeichen $\vec{u} \parallel \vec{v}$, wenn ihre repräsentierenden Ortsvektoren parallel sind.

Aufgrund der Parallelitätsdefinition von Orts- und Koordinatenvektoren in Abschnitt 2.1.3 und (2.7) folgt damit das folgende Kriterium.

Parallelitätskriterium: *Sind* $\boldsymbol{u} = \boldsymbol{q} - \boldsymbol{p}$, $\boldsymbol{v} = \boldsymbol{b} - \boldsymbol{a}$ *die Richtungsvektoren von* $\vec{u} = \overrightarrow{PQ}$, $\vec{v} = \overrightarrow{AB}$ $(P \neq Q,\ A \neq B)$ *bezüglich eines* $\mathrm{KS}(O; x_1, \ldots, x_d)$, *dann gilt:*

$$\vec{u} \parallel \vec{v} \Leftrightarrow \boldsymbol{v} = \rho\, \boldsymbol{u} \quad \text{mit} \quad \rho \neq 0. \tag{2.8}$$

2.1.5 Geraden und Ebenen

Im Folgenden sei ein $\mathrm{KS}(O; x_1, \ldots, x_d)$ des E^d $(d \geq 2)$ bis auf Widerruf vereinbart. In Verallgemeinerung von (1.16) wird im E^d definiert: Ein Punkt X liegt auf einer Geraden g (kurz $X \in g$), die durch einen Punkt A parallel zu einem Vektor $\boldsymbol{v}$ $(\neq \boldsymbol{o})$ verläuft, wenn es eine Zahl λ gibt, so dass gilt:

$$\boldsymbol{x} = \boldsymbol{a} + \lambda \boldsymbol{v}, \quad \lambda \in \mathbb{R}. \tag{2.9}$$

Es heißt (2.9) eine *Parameterdarstellung* der Geraden $g = g_{A,v}$ durch A parallel zu dem *Richtungsvektor* $\boldsymbol{v}$ (vgl. Fig. 2.4). Nach dem Parallelitätskriterium (2.8) sind zwei Geraden

$$\begin{aligned} g&: \boldsymbol{x} = \boldsymbol{a} + \lambda \boldsymbol{v}, \quad \lambda \in \mathbb{R}, \\ h&: \boldsymbol{x} = \boldsymbol{p} + \lambda' \boldsymbol{w}, \quad \lambda' \in \mathbb{R}, \end{aligned} \tag{2.10}$$

$(\boldsymbol{v}, \boldsymbol{w} \neq \boldsymbol{o})$ genau dann *parallel*, in Zeichen $g \parallel h$, wenn für ihre Richtungsvektoren gilt:

$$\boldsymbol{w} = \mu \boldsymbol{v}, \quad \mu \neq 0. \tag{2.11}$$

Hilfssatz: *Zwei Geraden g, h nach* (2.10) *sind genau dann gleich, wenn es Zahlen* $\lambda, \mu \neq 0$ *gibt, so dass gilt:*

$$\boldsymbol{p} = \boldsymbol{a} + \lambda \boldsymbol{v} \quad \textit{und} \quad \boldsymbol{w} = \mu \boldsymbol{v}.$$

B e w e i s :
"$\Rightarrow$": Wenn $g_{A,v} = g_{P,w}$, dann $g_{A,v} \supset g_{P,w}$, also gibt es zu jedem λ' ein λ, so dass

$$\boldsymbol{a} + \lambda \boldsymbol{v} = \boldsymbol{p} + \lambda' \boldsymbol{w}. \tag{2.12}$$

Für $\lambda' = 0$ folgt aus (2.12) $\boldsymbol{a} + \lambda_0 \boldsymbol{v} = \boldsymbol{p}$, hingegen für $\lambda' = 1$ folgt $\boldsymbol{a} + \lambda_1 \boldsymbol{v} = \boldsymbol{p} + \boldsymbol{w}$. Subtraktion dieser Beziehungen liefert $\boldsymbol{w} = (\lambda_1 - \lambda_0)\boldsymbol{v} = \mu \boldsymbol{v}$ mit $\mu = \lambda_1 - \lambda_0$. Daraus erhalten wir mit (2.12) $\boldsymbol{p} = \boldsymbol{a} + \lambda \boldsymbol{v} - \lambda' \boldsymbol{w} = \boldsymbol{p} + \lambda'' \boldsymbol{v}$.
"$\Leftarrow$": Wenn $\boldsymbol{p} = \boldsymbol{a} + \lambda \boldsymbol{v}$ und $\boldsymbol{w} = \mu \boldsymbol{v}$, dann ist $g_{A,v} \supset g_{P,w}$ und auch $g_{A,v} \subset g_{P,w}$ zu zeigen, d. h., zu jedem λ' existiert ein λ, so dass (2.12) gilt, und auch zu jedem λ existiert ein λ', so dass (2.12) gilt. Dies rechnet man durch Umformung der Voraussetzung einfach nach.

□

Eine Gerade g kann durch zwei verschiedene Punkte A und B festgelegt werden, die auf ihr liegen sollen. Man nennt sie dann die *Verbindungsgerade* $g = g_{AB}$ von A und B.

Es gilt:

Satz 1: *Zu zwei verschiedenen Punkten A, B ist die Verbindungsgerade g_{AB} eindeutig bestimmt und hat als Parameterdarstellungen*

$$\begin{aligned} &(1)\quad \boldsymbol{x}=\boldsymbol{a}+\lambda(\boldsymbol{b}-\boldsymbol{a}), && \lambda\in\mathbb{R};\\ &(2)\quad \boldsymbol{x}=\rho\boldsymbol{a}+\sigma\boldsymbol{b}, && \rho,\sigma\in\mathbb{R} \text{ mit } \rho+\sigma=1;\\ &(3)\quad \boldsymbol{x}=\tfrac{1}{\alpha+\beta}(\alpha\boldsymbol{a}+\beta\boldsymbol{b}), && \alpha,\beta\in\mathbb{R} \text{ mit } \alpha+\beta\neq 0. \end{aligned} \tag{2.13}$$

Beweis: Mit $\boldsymbol{v}:=\boldsymbol{b}-\boldsymbol{a}$ als Richtungsvektor ist (1) eine Parameterdarstellung für eine Gerade g durch A. Für $\lambda=1$ folgt $\boldsymbol{x}=\boldsymbol{b}$, also liegt B auf dieser Geraden. Somit ist $g=g_{AB}$. Aus (1) ⇒ (2), denn $\boldsymbol{x}=\boldsymbol{a}+\lambda(\boldsymbol{b}-\boldsymbol{a})=(1-\lambda)\boldsymbol{a}+\lambda\boldsymbol{b}=\rho\boldsymbol{a}+\sigma\boldsymbol{b}$ mit $\rho:=1-\lambda$, $\sigma:=\lambda$ und $\rho+\sigma=1$. Aus (2) ⇒ (3), denn setzt man $\rho:=\dfrac{\alpha}{\alpha+\beta}$, $\sigma:=\dfrac{\beta}{\alpha+\beta}$, dann folgt $\rho+\sigma=1$ und $\boldsymbol{x}=\rho\boldsymbol{a}+\sigma\boldsymbol{b}=\dfrac{1}{\alpha+\beta}(\alpha\boldsymbol{a}+\beta\boldsymbol{b})$.

□

Bemerkungen:

1. Durchläuft der Parameter λ die reellen Zahlen im wachsenden Sinn, dann durchläuft der zugehörige Punkt X die Gerade g_{AB} in der durch $\overrightarrow{AB}$ gegebenen Richtung (Orientierung). Deshalb ergeben Parametereinschränkungen Teilmengen von g_{AB}:
   a) $0\leq\lambda\leq 1$: die Strecke AB
   b) $0\leq\lambda$: die Halbgerade AB^+
   c) $\lambda\leq 0$: die Halbgerade AB^-.
2. Es heißt λ die *affine Koordinate* von X bezüglich des Nullpunkts A und der Einheitsstrecke $\overline{AB}$.
3. Es heißen (α,β) die *baryzentrischen Koordinaten* von X auf g_{AB} bezüglich der Punkte A und B. Sie legen den Punkt X als Schwerpunkt des Systems der Massenpunkte A, B mit den (positiven oder negativen) Gewichten α, β fest.

Die durch die Beziehung $\boldsymbol{a}-\boldsymbol{x}=\tau(\boldsymbol{b}-\boldsymbol{x})$ festgelegte Zahl τ heißt das *Teilverhältnis* $\mathrm{TV}(A,B;X)$ der Punkte A, B und X ($A\neq B$, $B\neq X$) einer Geraden.

Satz 2: *Ist* $\tau=\mathrm{TV}(A,B;X)$ *und* λ *die affine Koordinate von* X *bezüglich* $\mathrm{KS}(A;\boldsymbol{b}-\boldsymbol{a})$, *dann gilt:*

a) $\lambda=\dfrac{\tau}{\tau-1}$ *bzw.* $\tau=\dfrac{\lambda}{\lambda-1}$

b) $\lim\limits_{\lambda\to\infty}\tau(\lambda)=1$

c) *Für den Mittelpunkt M der Strecke AB ist* $\mathrm{TV}(A,B;M)=-1$.

Beweis: Aufgabe

Man nennt Punkte, die auf ein und derselben Geraden liegen, *kollinear*.
Drei Punkte heißen Ecken eines *Dreiecks*, wenn sie nicht kollinear liegen.
Mit dem folgenden Kriterium kann man z. B. prüfen, ob drei gegebene Punkte ein Dreieck bilden.

Kollinearitätskriterium: Drei Punkte A, B und C liegen genau dann kollinear, wenn es ein Zahlentripel $(\alpha,\beta,\gamma)\neq(0,0,0)$ gibt, so dass gilt:

$$\alpha\boldsymbol{a}+\beta\boldsymbol{b}+\gamma\boldsymbol{c}=\boldsymbol{o} \text{ mit } \alpha+\beta+\gamma=0. \tag{2.14}$$

Beweis: "$\Rightarrow$": 1. Fall: $\boldsymbol{a}=\boldsymbol{b}$, dann folgt (2.14) aus $\alpha:=1$, $\beta:=-1$, $\gamma:=0$.

2. Fall: $\boldsymbol{a}\neq\boldsymbol{b}$, dann gibt es nach (2.13) $\rho,\sigma\in\mathbb{R}$, so dass $\boldsymbol{c}=\rho\boldsymbol{a}+\sigma\boldsymbol{b}$ mit $\rho+\sigma=1$ gilt und damit $\rho\boldsymbol{a}+\sigma\boldsymbol{b}-1\boldsymbol{c}=\boldsymbol{o}$, womit (2.14) gezeigt ist.

"$\Leftarrow$": O. B. d. A. sei $\gamma\neq 0$, dann folgt aus (2.14) $\boldsymbol{c}=-\frac{\alpha}{\gamma}\boldsymbol{a}-\frac{\beta}{\gamma}\boldsymbol{b}$ mit $\alpha+\beta+\gamma=0$. Mit $\rho:=-\frac{\alpha}{\gamma}$, $\sigma:=-\frac{\beta}{\gamma}$ gilt $(\rho+\sigma)\gamma=-\alpha-\beta$, woraus $\rho+\sigma=1$ folgt. Deshalb gilt $\boldsymbol{c}=\rho\boldsymbol{a}+\sigma\boldsymbol{b}$ mit $\rho+\sigma=1$, d. h. nach (2.13), dass $\boldsymbol{a}$, $\boldsymbol{b}$, $\boldsymbol{c}$ kollinear sind. □

In Verallgemeinerung von (2.9) definieren wir:
Ein Punkt X liegt in einer Ebene Σ, die durch den Punkt A parallel zu den Vektoren $\boldsymbol{v}$, $\boldsymbol{w}$ ($\boldsymbol{v},\boldsymbol{w}\neq\boldsymbol{o}$, $\boldsymbol{v}\nparallel\boldsymbol{w}$) verläuft, wenn Zahlen λ, μ existieren, so dass gilt:

$$\boldsymbol{x}=\boldsymbol{a}+\lambda\boldsymbol{v}+\mu\boldsymbol{w}, \quad \lambda,\mu\in\mathbb{R}. \tag{2.15}$$

Man sagt, dass $\boldsymbol{v}$ und $\boldsymbol{w}$ die Ebene Σ „aufspannen“ (Fig. 2.7).

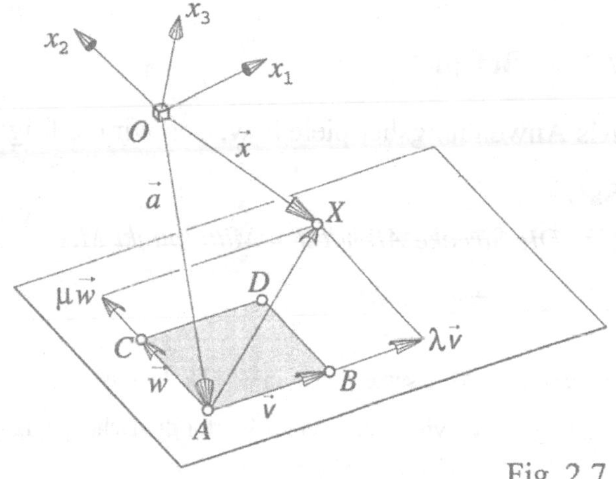

Fig. 2.7

Einem Paar (λ,μ) entspricht umkehrbar eindeutig ein Punkt X der Ebene Σ.

Es heißt (2.15) eine *Parameterdarstellung* von $\Sigma=\Sigma_{A,\boldsymbol{v},\boldsymbol{w}}$.

Satz 3: *Ein Dreieck ABC bestimmt genau die so genannte Verbindungsebene Σ_{ABC} mit den Parameterdarstellungen*

(1) $\boldsymbol{x}=\boldsymbol{a}+\lambda(\boldsymbol{b}-\boldsymbol{a})+\mu(\boldsymbol{c}-\boldsymbol{a})$, $\quad -\infty<\lambda,\mu<\infty$,:

(2) $\boldsymbol{x}=\frac{1}{\alpha+\beta+\gamma}(\alpha\boldsymbol{a}+\beta\boldsymbol{b}+\gamma\boldsymbol{c})$, $\quad \alpha,\beta,\gamma\in\mathbb{R}$, $\alpha+\beta+\gamma\neq 0$. (2.16)

B e w e i s : (2.16) ist nach (2.15) eine Parameterdarstellung einer Ebene, wenn die Voraussetzung erfüllt ist, dass $\boldsymbol{v} := \boldsymbol{b} - \boldsymbol{a}$ und $\boldsymbol{w} := \boldsymbol{c} - \boldsymbol{a}$ nicht parallel sind. Dies ist in der Tat erfüllt, was man indirekt zeigt: Angenommen $\boldsymbol{v} \parallel \boldsymbol{w}$, dann $\boldsymbol{w} = \mu \boldsymbol{v}$, dann $\boldsymbol{c} - \boldsymbol{a} = \mu(\boldsymbol{b} - \boldsymbol{a})$, also $(\mu - 1)\boldsymbol{a} - \mu \boldsymbol{b} + \boldsymbol{c} = 0$, d. h. nach dem Kollinearitätskriterium (2.14) gilt, dass A, B, C kollinear liegen, im Widerspruch dazu, dass sie nach Voraussetzung ein Dreieck bilden. Eine einfache Umformung ergibt die zweite Parameterdarstellung.

□

Bemerkungen:

1. Die Parameter λ, μ heißen die *affinen Koordinaten* von $X \in \Sigma_{ABC}$ bezüglich des affinen Koordinatensystems $\mathrm{KS}(A; \boldsymbol{v}, \boldsymbol{w})$ für die Ebene $\Sigma_{A,\boldsymbol{v},\boldsymbol{w}}$.
2. Parametereinschränkungen ergeben Teilmengen von Σ_{ABC}, beispielsweise
   a) $\lambda = \mu = 1$: der Punkt D mit $\boldsymbol{d} = \boldsymbol{b} + \boldsymbol{c} - \boldsymbol{a}$
   b) $\lambda + \mu = 1$: die Gerade BC
   c) $0 \le \lambda, \mu \le 1$: die Parallelogrammfläche $ABDC$.
3. Es heißen (α, β, γ) *baryzentrische Koordinaten* von X bezüglich des Dreiecks ABC. Sie legen den Punkt X als Schwerpunkt des Systems der Massenpunkte A, B, C mit den (positiven oder negativen) Gewichten α, β, γ fest.

2.1.6 Beispiele

Als Anwendungsbeispiele beweisen wir die folgenden drei

Sätze:

(1) *Die Strecke AB hat den Mittelpunkt M:*

$$\boldsymbol{m} = \tfrac{1}{2}(\boldsymbol{a} + \boldsymbol{b}).$$

B e w e i s : Man setze $\lambda = \frac{1}{2}$ in (2.13), dann ist $\boldsymbol{m} - \boldsymbol{a} = \frac{1}{2}(\boldsymbol{b} - \boldsymbol{a})$, was mit der geometrischen Bedeutung der Vervielfachung eines Vektor die Behauptung gibt. □

(2) *In einem Parallelogramm halbieren sich dessen Diagonalen gegenseitig.*

B e w e i s : Mit den Bezeichnungen von Fig. 2.7 und **(1)** gilt für den Mittelpunkt M der Strecke AD (die eine Diagonale im Parallelogramm $ABDC$):

$$\boldsymbol{m} = \tfrac{1}{2}(\boldsymbol{a} + \boldsymbol{d}) = \tfrac{1}{2}(\boldsymbol{a} + \boldsymbol{b} + \boldsymbol{c} - \boldsymbol{a}) = \tfrac{1}{2}(\boldsymbol{b} + \boldsymbol{c}).$$

Die Strecke BC (die andere Diagonale) hat wegen **(1)** den Mittelpunkt $\boldsymbol{m}^* = \frac{1}{2}(\boldsymbol{b} + \boldsymbol{c})$. Deshalb gilt, wie behauptet, $\boldsymbol{m} = \boldsymbol{m}^*$.

□

(3) *Die Verbindungsstrecken der Ecken* A, B, C *eines Dreiecks mit den gegenüberliegenden Seitenmitten heißen* Schwerlinien *und schneiden sich in einem Punkt, dem* Schwerpunkt S: $\boldsymbol{s} = \frac{1}{3}(\boldsymbol{a}+\boldsymbol{b}+\boldsymbol{c})$ *des Dreiecks, der jede Schwerlinie im Verhältnis* $1:2$ *teilt, wobei ihre Ecke zur längeren Teilstrecke gehört.*

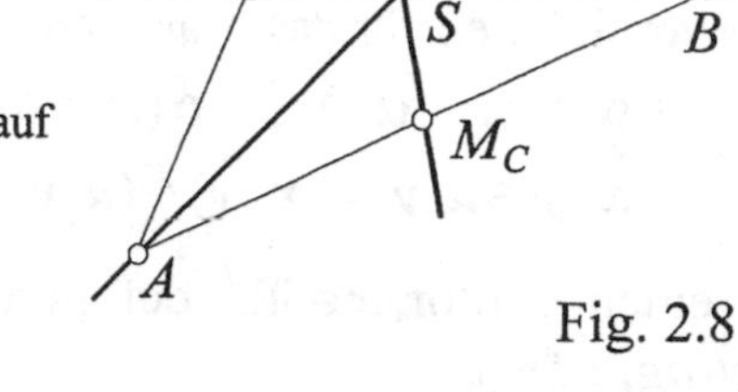

Fig. 2.8

B e w e i s: Die Schwerlinien durch A, B bzw. C liegen auf den Geraden s_A, s_B, s_C mit den Parameterdarstellungen

$$s_A: \boldsymbol{x} = \boldsymbol{a} + \lambda(\tfrac{1}{2}(\boldsymbol{b}+\boldsymbol{c}) - \boldsymbol{a})$$
$$s_B: \boldsymbol{x} = \boldsymbol{b} + \lambda(\tfrac{1}{2}(\boldsymbol{a}+\boldsymbol{c}) - \boldsymbol{b})$$
$$s_C: \boldsymbol{x} = \boldsymbol{c} + \lambda(\tfrac{1}{2}(\boldsymbol{a}+\boldsymbol{b}) - \boldsymbol{c}).$$

Für $\lambda = \frac{2}{3}$ erhält man auf s_A den Punkt X_1 mit

$$\boldsymbol{x}_1 = \boldsymbol{a} + \tfrac{2}{3}(\tfrac{1}{2}(\boldsymbol{b}+\boldsymbol{c}) - \boldsymbol{a}) = \boldsymbol{a} + \tfrac{1}{3}(\boldsymbol{b}+\boldsymbol{c}) - \tfrac{2}{3}\boldsymbol{a} = \tfrac{1}{3}(\boldsymbol{a}+\boldsymbol{b}+\boldsymbol{c}).$$

Analog erhält man für $\lambda = \frac{2}{3}$ auf s_B bzw. s_C die Punkte X_2 und X_3 mit

$$\boldsymbol{x}_2 = \boldsymbol{b} + \tfrac{2}{3}(\tfrac{1}{2}(\boldsymbol{a}+\boldsymbol{c}) - \boldsymbol{b}) = \tfrac{1}{3}(\boldsymbol{a}+\boldsymbol{b}+\boldsymbol{c})$$
$$\boldsymbol{x}_3 = \boldsymbol{c} + \tfrac{2}{3}(\tfrac{1}{2}(\boldsymbol{a}+\boldsymbol{b}) - \boldsymbol{c}) = \tfrac{1}{3}(\boldsymbol{a}+\boldsymbol{b}+\boldsymbol{c}).$$

Also ist S: $\boldsymbol{s} := \boldsymbol{x}_1 = \boldsymbol{x}_2 = \boldsymbol{x}_3$ der gemeinsame Schnittpunkt der Schwerlinien. Es gilt dabei auf s_A:

$$\boldsymbol{s} - \boldsymbol{a} = \tfrac{2}{3}(\tfrac{1}{2}(\boldsymbol{b}+\boldsymbol{c}) - \boldsymbol{a}) = \tfrac{2}{3}(\boldsymbol{m}_A - \boldsymbol{a}).$$

Der Schwerpunkt S teilt demnach die Schwerlinie im Verhältnis $1:2$.
Analog sieht man dies für s_B und s_C.

□

2.2 Abstände, Winkel und Inhalte

2.2.1 Skalarprodukt

Die Abbildung, die zwei Vektoren $\boldsymbol{x} = \begin{pmatrix} x_1 \\ \vdots \\ x_d \end{pmatrix}, \boldsymbol{y} = \begin{pmatrix} y_1 \\ \vdots \\ y_d \end{pmatrix} \in \mathbb{R}^d$ die reelle Zahl

$$\boldsymbol{x} \cdot \boldsymbol{y} := x_1 y_1 + \ldots + x_d y_d$$

zuordnet, heißt *Skalarprodukt* (*inneres Produkt*) und ist (bitte nachrechnen)

a) *symmetrisch*, d. h.

$$\boldsymbol{x} \cdot \boldsymbol{y} = \boldsymbol{y} \cdot \boldsymbol{x};$$

b) *bilinear*, d. h. in jedem Argument linear:

$$\begin{aligned}(\alpha \boldsymbol{x}+\beta \boldsymbol{y})\cdot \boldsymbol{z} &= \alpha(\boldsymbol{x}\cdot \boldsymbol{z})+\beta(\boldsymbol{y}\cdot \boldsymbol{z}) \\ \boldsymbol{x}\cdot(\beta \boldsymbol{y}+\gamma \boldsymbol{z}) &= \beta(\boldsymbol{x}\cdot \boldsymbol{y})+\gamma(\boldsymbol{x}\cdot \boldsymbol{z})\end{aligned} \qquad \text{für } \alpha,\beta,\gamma \in \mathbb{R};$$

c) *positiv definit*, d. h.

$$\boldsymbol{x}\cdot \boldsymbol{x} > 0 \quad \text{für} \quad \boldsymbol{x} \neq \boldsymbol{o}.$$

Wir vereinbaren für das praktische Rechnen die Vorrangregeln:

$$\alpha \boldsymbol{x}\cdot \boldsymbol{z} := (\alpha \boldsymbol{x})\cdot \boldsymbol{z} = \alpha(\boldsymbol{x}\cdot \boldsymbol{z})$$

$$\boldsymbol{x}\cdot \boldsymbol{y}+\boldsymbol{u}\cdot \boldsymbol{v} := (\boldsymbol{x}\cdot \boldsymbol{y})+(\boldsymbol{u}\cdot \boldsymbol{v}).$$

Für einen Vektor $\boldsymbol{x}\in \mathbb{R}^d$ definiert man in Verallgemeinerung von (1.5) die *Norm* (*Betrag, Länge*)

$$\| \boldsymbol{x} \| := \sqrt{\boldsymbol{x}\cdot \boldsymbol{x}} = \sqrt{x_1^2+\ldots+x_d^2}. \tag{2.17}$$

Jeder Vektor $\boldsymbol{x}^0 \in \mathbb{R}^d$ mit $\|\boldsymbol{x}^0\| = 1$ heißt *Einheitsvektor*.

Eigenschaften der Norm: Es gilt für beliebige $\boldsymbol{x}, \boldsymbol{y} \in \mathbb{R}^d$ und $\alpha \in \mathbb{R}$:

(1) $\| \boldsymbol{o} \| = 0,$

(2) $\| \boldsymbol{x} \| > 0$ für $\boldsymbol{x} \neq \boldsymbol{o},$

(3) $\| \alpha \boldsymbol{x} \| = |\alpha| \cdot \| \boldsymbol{x} \|,$

(4) $\| \boldsymbol{x}+\boldsymbol{y} \|^2 = \| \boldsymbol{x} \|^2 + 2\boldsymbol{x}\cdot \boldsymbol{y} + \| \boldsymbol{y} \|^2,$ (2.18)

(5) $(\boldsymbol{x}\cdot \boldsymbol{y})^2 \le \| \boldsymbol{x} \|^2 \| \boldsymbol{y} \|^2$ (CAUCHY-SCHWARZsche Ungleichung), (2.19)

(6) $\| \boldsymbol{x}+\boldsymbol{y} \| \le \| \boldsymbol{x} \| + \| \boldsymbol{y} \|$ (Dreiecksungleichung für die Norm).

B e w e i s : Die Gleichungen (1) bis (4) sind leicht nachzuprüfen.
Für die wichtigen Ungleichungen (5) und (6) soll ein Beweis gegeben werden.
Zu (5): Die Ungleichung ist trivial, wenn $\boldsymbol{x} = \boldsymbol{o}$ oder $\boldsymbol{y} = \boldsymbol{o}$ gilt. Es sei dies jetzt nicht der Fall.
Dann gilt für beliebige $\lambda \in \mathbb{R}$ wegen Definition (b) und (a):

$$0 \le (\boldsymbol{x}+\lambda \boldsymbol{y})\cdot(\boldsymbol{x}+\lambda \boldsymbol{y}) = \boldsymbol{x}\cdot(\boldsymbol{x}+\lambda \boldsymbol{y})+\lambda \boldsymbol{y}\cdot(\boldsymbol{x}+\lambda \boldsymbol{y}) = \boldsymbol{x}\cdot \boldsymbol{x}+2\lambda \boldsymbol{x}\cdot \boldsymbol{y}+\lambda^2 \boldsymbol{y}\cdot \boldsymbol{y}.$$

Für $\lambda = 1$ ist damit (4) gezeigt. Speziell kann $\lambda = -\dfrac{\boldsymbol{x}\cdot \boldsymbol{y}}{\boldsymbol{y}\cdot \boldsymbol{y}}$ gesetzt werden, dann ergibt sich

$$0 \le \boldsymbol{x}\cdot \boldsymbol{x} - 2\frac{\boldsymbol{x}\cdot \boldsymbol{y}}{\boldsymbol{y}\cdot \boldsymbol{y}}\boldsymbol{x}\cdot \boldsymbol{y} + \left(\frac{\boldsymbol{x}\cdot \boldsymbol{y}}{\boldsymbol{y}\cdot \boldsymbol{y}}\right)^2 \boldsymbol{y}\cdot \boldsymbol{y} = \boldsymbol{x}\cdot \boldsymbol{x} - \frac{(\boldsymbol{x}\cdot \boldsymbol{y})^2}{\boldsymbol{y}\cdot \boldsymbol{y}}$$

und daraus die Behauptung (2.19):

$$(\boldsymbol{x}\cdot \boldsymbol{y})^2 \le \| \boldsymbol{x} \|^2 \| \boldsymbol{y} \|^2.$$

Zu (6): Wegen (2.18) und (2.19) gilt

$$\begin{aligned}\| x+y \|^2 &\le \| x \|^2 + 2|x\cdot y| + \| y \|^2 \\ &\le \| x \|^2 + 2\| x \|\| y \| + \| y \|^2 = (\| x \| + \| y \|)^2.\end{aligned}$$ □

Zu zwei beliebigen Punkten $A, B \in E^d$ mit den Ortsvektoren $\boldsymbol{a}, \boldsymbol{b} \in \mathbb{R}^d$ wird ihr *Abstand*

$$\overline{AB} := \| \boldsymbol{b}-\boldsymbol{a} \| = \sqrt{(\boldsymbol{b}-\boldsymbol{a})\cdot(\boldsymbol{b}-\boldsymbol{a})} = \sqrt{(b_1-a_1)^2+\ldots+(b_d-a_d)^2} \ge 0 \qquad (2.20)$$

definiert (auch *Länge der Strecke AB* genannt), so dass speziell

$$\text{für } d=2: \ \overline{AB} = \| \boldsymbol{b}-\boldsymbol{a} \| = \sqrt{(b_1-a_1)^2+(b_2-a_2)^2},$$

$$\text{für } d=3: \ \overline{AB} = \| \boldsymbol{b}-\boldsymbol{a} \| = \sqrt{(b_1-a_1)^2+(b_2-a_2)^2+(b_3-a_3)^2}$$

gilt. Diese Definition entspricht wegen (1.4) für $d=2$ genau dem Satz des PYTHAGORAS, für $d=3$ seiner zweimaligen Anwendung (vgl. (2.7) und Fig. 2.4). Im E^d können wir jetzt ganz formal eine vertraute, anschauliche Beziehung beweisen:

Dreiecksungleichung für den Abstand: *Für beliebige Punkte $A, B, C \in E^d$ gilt*

$$\overline{AB} \le \overline{AC} + \overline{CB}. \qquad (2.21)$$

Beweis: Wegen Eigenschaft (6) ist $\| \boldsymbol{b}-\boldsymbol{a} \| = \| \boldsymbol{b}-\boldsymbol{c}+\boldsymbol{c}-\boldsymbol{a} \| \le \| \boldsymbol{b}-\boldsymbol{c} \| + \| \boldsymbol{c}-\boldsymbol{a} \|$. □

Dies bedeutet geometrisch, dass in einem Dreieck *ABC* die Länge jeder Seite, z. B. $\overline{AB}$, kleiner der Summe der Längen der beiden anderen Seiten z. B. $\overline{AC}$ und $\overline{CB}$ ist. Gilt der Gleichheitsfall, so liegen die Punkte *A*, *B*, *C* auf einer Geraden, bilden also kein Dreieck.

2.2.2 Winkel zwischen Vektoren bzw. Geraden

Wollen wir im $\mathbb{R}^d$ den Winkel zwischen zwei Vektoren einführen, so kann dies folgendermaßen geschehen:

Bildet man für Vektoren $\boldsymbol{x}, \boldsymbol{y} \in \mathbb{R}^2$, die beide keine Nullvektoren seien, den Ausdruck

$$c := \frac{\boldsymbol{x}\cdot\boldsymbol{y}}{\| \boldsymbol{x} \| \| \boldsymbol{y} \|},$$

so gilt aufgrund der CAUCHY-SCHWARZschen Ungleichung (2.19) $-1 \le c \le 1$. Die Kosinusfunktion besitzt gerade diesen Wertebereich, z. B. für Argumente aus dem Intervall $[0, \pi]$.

Demnach wollen wir

$$\cos\theta := \frac{x\cdot y}{\| x \| \| y \|} \quad \text{mit} \quad 0 \le \theta \le \pi \tag{2.22}$$

definieren und $\sphericalangle(x,y) := \theta$ den *Winkel* zwischen zwei Vektoren x und y nennen. Folgende Regeln bestätigt man mit Eigenschaften der Kosinusfunktion leicht:

$$\sphericalangle(x,y) = \sphericalangle(y,x) = \pi - \sphericalangle(x,-y)$$
$$\sphericalangle(x,-y) = \pi - \sphericalangle(x,y)$$
$$\sphericalangle(x,y) = \tfrac{\pi}{2} \Leftrightarrow x\cdot y = 0. \tag{2.23}$$

Aufgrund der letzten Aussage wird vereinbart (wobei nun $x = o$ oder $y = o$ zugelassen wird): $x, y \in \mathbb{R}^d$ heißen *orthogonal* (senkrecht), wenn $x \cdot y = 0$ gilt.

Wir wollen jetzt zeigen, dass der eingeführte Winkelbegriff im Fall $d = 2$ oder $d = 3$ in natürlicher Weise unseren bisherigen Vorstellungen entspricht. Hierzu beweisen wir den aus der Schule geläufigen

Kosinussatz: *In einem Dreieck OXY mit den Seitenlängen* $\overline{OX} = \| x \|$, $\overline{OY} = \| y \|$, $\overline{XY} = \| y - x \|$ *und dem Innenwinkel* $\theta = \sphericalangle(x,y)$ *an dem Eckpunkt O gilt*

$$\overline{XY}^2 = \overline{OX}^2 + \overline{OY}^2 - 2\,\overline{OX}\,\overline{OY}\cos\theta.$$

Speziell folgt der Satz des PYTHAGORAS

$$\overline{XY}^2 = \overline{OX}^2 + \overline{OY}^2,$$

wenn $\sphericalangle(x,y) = \frac{\pi}{2}$ *gilt und so das Dreieck OXY im Punkt O rechtwinklig ist.*

B e w e i s : Wegen (2.18) und (2.20) gilt zunächst

$$\overline{XY}^2 = \| y - x \|^2 = \| x \|^2 - 2x\cdot y + \| y \|^2 = \overline{OX}^2 + \overline{OY}^2 - 2x\cdot y,$$

woraus mit (2.22) die Behauptung folgt □

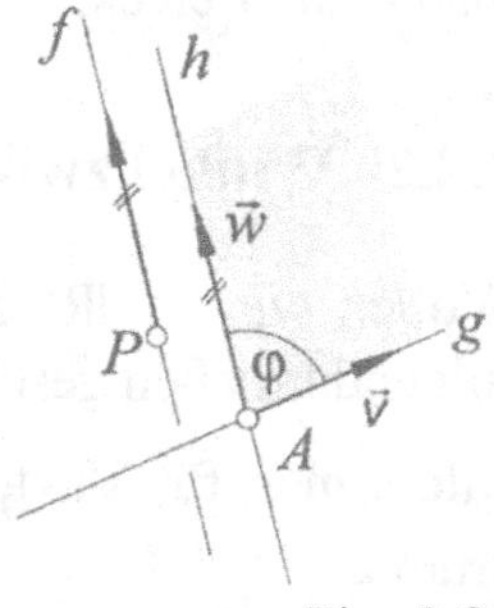

Fig. 2.9

Nun können wir auch den Winkel zweier Geraden im geometrischen Punktraum E^d definieren (Fig. 2.9).
Zwei Geraden

$$g_{A,v}: x = a + \lambda v$$
$$f_{P,w}: x = p + \lambda' w$$

$(v, w \neq o)$ bestimmen die f-parallele Gerade

$$h_{A,w}: x = a + \lambda'' w$$

durch einen Punkt $A \in g$ mit dem Richtungsvektor $\boldsymbol{w} \in \mathbb{R}^d$. Es heißt

$$\sphericalangle(g_{A,v}, f_{P,w}) = \sphericalangle(g_{A,v}, h_{A,w}) := \sphericalangle(\boldsymbol{v}, \boldsymbol{w})$$

der Winkel zwischen den orientierten Geraden $g_{A,v}$ und $f_{P,w}$ bzw. $h_{A,w}$. Wegen (2.22) gilt dann

$$\cos \sphericalangle(g_{A,v}, f_{P,w}) = \frac{\boldsymbol{v} \cdot \boldsymbol{w}}{\|\boldsymbol{v}\|\|\boldsymbol{w}\|} \quad \text{mit} \quad 0 \le \sphericalangle(g_{A,v}, f_{P,w}) \le \pi. \tag{2.24}$$

In der Praxis ist die Orientierung von Geraden oft belanglos. Dann erklärt man

$$\sphericalangle(g, f) := \min(\varphi, \pi - \varphi) \qquad \text{mit} \quad \varphi := \sphericalangle(g_{A,v}, f_{P,w})$$

als den Winkel zwischen zwei (nicht orientierten) Geraden g und f. Diesen berechnet man vermittels

$$\cos \sphericalangle(g, f) = \frac{|\boldsymbol{v} \cdot \boldsymbol{w}|}{\|\boldsymbol{v}\|\|\boldsymbol{w}\|} \tag{2.25}$$

mit dem Ergebnis $0 \le \sphericalangle(g, f) \le \frac{\pi}{2}$.

Beispiel: Fig. 2.10 zeigt ein windschiefes „Balken"-Viereck $ABDC$. Darauf werden „Latten"-Geraden $l_1 = L_1L_1'$ und $l_2 = L_2L_2'$ „genagelt", so dass

(1) $L_1 \in AB,\ L_1' \in DC,\ L_2 \in AC,\ L_2' \in BD$,

(2) $\overrightarrow{AL_1} = \rho \overrightarrow{AB}$ und $\overrightarrow{CL'_1} = \rho \overrightarrow{CD}$,

(3) $\overrightarrow{AL_2} = \sigma \overrightarrow{AC}$ und $\overrightarrow{BL_2'} = \sigma \overrightarrow{BD}$.

Folglich gelten dann die Streckenverhältnisse

$$\overrightarrow{AL_1} : \overrightarrow{AB} = \overrightarrow{CL_1'} : \overrightarrow{CD},$$

$$\overrightarrow{AL_2} : \overrightarrow{AC} = \overrightarrow{BL_2'} : \overrightarrow{BD}.$$

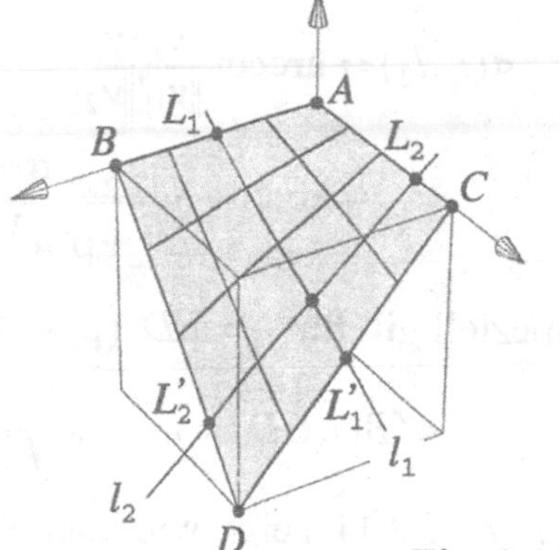

Fig. 2.10

Behauptung: Die durch beliebige Zahlen ρ, σ festgelegten „Latten"-Geraden l_1 und l_2 schneiden sich in einem Punkt – insgesamt bilden sie demnach eine einzige Fläche, ein so genanntes *hyperbolisches Paraboloid*, kurz *HP-Fläche*.

Beweis: Wir stellen die Parameterdarstellungen von l_1 und l_2 bezüglich eines $\mathrm{KS}(O; x_1, x_2, x_3)$ auf. Dabei darf $A = O$ gewählt werden:

$$l_1:\ \boldsymbol{x} = \boldsymbol{l}_1 + \lambda(\boldsymbol{l}_1' - \boldsymbol{l}_1), \quad \text{wobei wegen (2)} \quad \boldsymbol{l}_1 = \rho \boldsymbol{b}, \quad \boldsymbol{l}_1' - \boldsymbol{c} = \rho(\boldsymbol{d} - \boldsymbol{c}),$$

$$l_2:\ \boldsymbol{x} = \boldsymbol{l}_2 + \mu(\boldsymbol{l}_2' - \boldsymbol{l}_2), \quad \text{wobei wegen (3)} \quad \boldsymbol{l}_2 = \sigma \boldsymbol{c}, \quad \boldsymbol{l}_2' - \boldsymbol{b} = \sigma(\boldsymbol{d} - \boldsymbol{b}).$$

Auf l_1 bzw. l_2 liegt für $\lambda = \sigma$ bzw. $\mu = \rho$ der Punkt X_1 bzw. X_2 mit

$$x_1 = l_1 + \sigma(l_1' - l_1), \qquad x_2 = l_2 + \rho(l_2' - l_2).$$

Setzen wir l_1, l_1' usw. nach Voraussetzung ein, folgt

$$x_1 = \rho\, \boldsymbol{b} + \sigma(\boldsymbol{c} + \rho(\boldsymbol{d} - \boldsymbol{c}) - \rho\, \boldsymbol{b}) = (\rho - \sigma\rho)\boldsymbol{b} + (\sigma - \sigma\rho)\boldsymbol{c} + \sigma\rho\, \boldsymbol{d},$$

$$x_2 = \sigma\, \boldsymbol{c} + \rho(\boldsymbol{b} + \sigma(\boldsymbol{d} - \boldsymbol{b}) - \sigma\, \boldsymbol{c}) = (\rho - \sigma\rho)\boldsymbol{b} + (\sigma - \sigma\rho)\boldsymbol{c} + \sigma\rho\, \boldsymbol{d}.$$

Die beiden betrachteten Punkte $X_1 \in l_1$ und $X_2 \in l_2$ sind also identisch und demnach der Schnittpunkt $S\,(= X_1 = X_2)$ von l_1 und l_2. □

Unter welchem Winkel schneiden sich l_1 und l_2 im Punkt S, wenn $A = (0,0,0)$, $B = (b,0,0)$, $C(0,c,0)$, $D(b,c,d)$ mit $b,c,d \neq 0$ vorausgesetzt wird? Zunächst finden wir für die Richtungsvektoren $\boldsymbol{v}_1$ bzw. $\boldsymbol{v}_2$ von l_1 bzw. l_2:

$$\boldsymbol{v}_1 = \boldsymbol{l}_1' - \boldsymbol{l}_1 = \boldsymbol{c} + \rho(\boldsymbol{d} - \boldsymbol{c}) - \rho\,\boldsymbol{b} = \begin{pmatrix} 0 \\ c \\ \rho d \end{pmatrix}$$

$$\boldsymbol{v}_2 = \boldsymbol{l}_2' - \boldsymbol{l}_2 = \boldsymbol{b} + \sigma(\boldsymbol{d} - \boldsymbol{b}) - \sigma\,\boldsymbol{c} = \begin{pmatrix} b \\ 0 \\ \sigma d \end{pmatrix}.$$

Demnach ist

$$\sphericalangle(l_1, l_2) = \arccos \frac{\boldsymbol{v}_1 \cdot \boldsymbol{v}_2}{\|\boldsymbol{v}_1\| \|\boldsymbol{v}_2\|}$$

$$= \arccos \frac{\sigma\rho d^2}{\sqrt{c^2 + \rho^2 d^2}\sqrt{b^2 + \sigma^2 d^2}}.$$

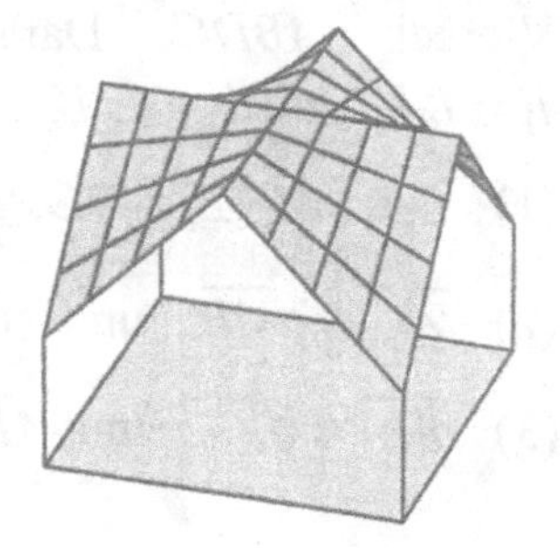

Fig. 2.11

Speziell gilt für $l_1 = BD$ $(\rho = 1)$ und $l_2 = CD$ $(\sigma = 1)$

$$\sphericalangle(BD, CD) = \arccos \frac{d^2}{\sqrt{c^2 + d^2}\sqrt{b^2 + d^2}}.$$

Die Fig. 2.11 zeigt, wie man etwa ein Pavillondach aus 4 HP-Flächenstücken zusammensetzen kann.

▭

2.2.3 Linearkombination und Basis, Orthogonalprojektion

Es seien $\lambda_1, \ldots, \lambda_m \in \mathbb{R}$ und $\boldsymbol{v}_1, \ldots, \boldsymbol{v}_m \in \mathbb{R}^d$, dann heißt der Vektor

$$\boldsymbol{x} = \lambda_1 \boldsymbol{v}_1 + \ldots + \lambda_m \boldsymbol{v}_m \in \mathbb{R}^d$$

eine *Linearkombination* aus den Vektoren $\boldsymbol{v}_1, \ldots, \boldsymbol{v}_m$. Diese nennt man *trivial*, wenn $\lambda_1 = \ldots = \lambda_m = 0$, andernfalls *nichttrivial*.

$\boldsymbol{v}_1,\ldots,\boldsymbol{v}_m \in \mathbb{R}^d$ heißen *linear abhängig*, wenn es eine nichttriviale Linearkombination des Nullvektors aus diesen Vektoren gibt:

$$\boldsymbol{o} = \lambda_1 \boldsymbol{v}_1 + \ldots + \lambda_m \boldsymbol{v}_m \quad \text{mit} \quad (\lambda_1,\ldots,\lambda_m) \neq (0,\ldots,0).$$

Sie heißen *linear unabhängig*, wenn nur die triviale Linearkombination des Nullvektors aus ihnen möglich ist.

Als Anwendungsbeispiel dieser Definition erkennen wir mit dem Parallelitätskriterium (2.8), dass parallele Vektoren linear abhängig sind.

Bemerkung: Will man allgemein m Vektoren auf lineare Ab- oder Unabhängigkeit prüfen, so setze man eine Linearkombination des Nullvektors aus ihnen an: $\boldsymbol{o} = \lambda_1 \boldsymbol{v}_1 + \ldots + \lambda_m \boldsymbol{v}_m$. Dies ist ausführlich (koordinatenweise) geschrieben ein lineares Gleichungssystem aus d Gleichungen für m Unbekannte λ_i.
Man stelle nun fest, ob es eine nichttriviale Lösung $(\lambda_1,\ldots,\lambda_m) \neq (0,\ldots,0)$ gibt. Ist dies der Fall, dann sind die $\boldsymbol{v}_1,\ldots,\boldsymbol{v}_m$ linear abhängig, andernfalls linear unabhängig. Offenbar stützt sich die angegebene Methode auf die Lösungstheorie linearer Gleichungssysteme. Im Fall $d=2$ und $d=3$ werden wir später zwei einfachere Determinantenkriterien kennen lernen.

Man kann nun zeigen:
Darstellungssatz: *Sind* $\boldsymbol{v}_1,\ldots,\boldsymbol{v}_d \in \mathbb{R}^d$ *linear unabhängig und* $\boldsymbol{x} \in \mathbb{R}^d$ *beliebig gegeben, dann gibt es eindeutig bestimmte Zahlen* $\lambda_1,\ldots,\lambda_d \in \mathbb{R}$, *so dass*

$$\boldsymbol{x} = \lambda_1 \boldsymbol{v}_1 + \ldots + \lambda_d \boldsymbol{v}_d.$$

Man nennt deshalb d linear unabhängige Vektoren $\boldsymbol{v}_1,\ldots,\boldsymbol{v}_d \in \mathbb{R}^d$ eine *Basis* des $\mathbb{R}^d$. Die speziellen linear unabhängigen Vektoren

$$\boldsymbol{e}_1 = \begin{pmatrix} 1 \\ 0 \\ 0 \\ \vdots \\ 0 \end{pmatrix}, \quad \boldsymbol{e}_2 = \begin{pmatrix} 0 \\ 1 \\ 0 \\ \vdots \\ 0 \end{pmatrix}, \quad \ldots \quad, \boldsymbol{e}_d = \begin{pmatrix} 0 \\ \vdots \\ 0 \\ 0 \\ 1 \end{pmatrix}$$

heißen eine *natürliche Basis* des $\mathbb{R}^d$. Für sie kann man den Darstellungssatz ohne Kenntnisse über lineare Gleichungssysteme sofort einsehen, denn es gilt für beliebiges $\boldsymbol{x} = \begin{pmatrix} x_1 \\ \vdots \\ x_d \end{pmatrix} \in \mathbb{R}^d$:

$$\boldsymbol{x} = x_1 \boldsymbol{e}_1 + x_2 \boldsymbol{e}_2 + \ldots + x_d \boldsymbol{e}_d = x_1 \begin{pmatrix} 1 \\ 0 \\ 0 \\ \vdots \\ 0 \end{pmatrix} + x_2 \begin{pmatrix} 0 \\ 1 \\ 0 \\ \vdots \\ 0 \end{pmatrix} + \ldots + x_d \begin{pmatrix} 0 \\ \vdots \\ 0 \\ 0 \\ 1 \end{pmatrix} = \begin{pmatrix} x_1 \\ x_2 \\ \vdots \\ \vdots \\ x_d \end{pmatrix}. \tag{2.26}$$

Alle Basisvektoren der natürlichen Basis sind offenbar Einheitsvektoren. Weiter erkennen wir mit dem eingeführten Orthogonalitätsbegriff, dass sie paarweise orthogonal sind. Diese Eigenschaften können wir mit dem so genannten *KRONECKER-Symbol*

$$\delta_{ij} := \begin{cases} 0, \\ 1, \end{cases} \text{falls} \begin{cases} i \neq j, \\ i = j, \end{cases} \tag{2.27}$$

in einer Formel schreiben:

$$\boldsymbol{e}_i \cdot \boldsymbol{e}_j = \delta_{ij}, \quad i, j \in \{1, \ldots, d\}. \tag{2.28}$$

Weiter führen diese Basiseigenschaften zu der allgemeinen Definition:

Beliebige d linear unabhängige Vektoren $\boldsymbol{v}_1, \ldots, \boldsymbol{v}_d \in \mathbb{R}^d$ heißen eine *Orthogonalbasis* des $\mathbb{R}^d$, falls

$$\boldsymbol{v}_i \cdot \boldsymbol{v}_j = 0 \quad \text{für alle} \quad i \neq j \ \text{ gilt,} \tag{2.29}$$

und sie heißen eine *Orthonormalbasis*, falls

$$\boldsymbol{v}_i \cdot \boldsymbol{v}_j = \delta_{ij} \quad \text{für alle} \quad i, j \in \{1, \ldots, d\} \ \text{ gilt.}$$

Für einige praktische Anwendungen sind die Winkel $\alpha_i \ (i = 1, \ldots, d)$ interessant, die ein Vektor $\boldsymbol{x} \in \mathbb{R}^d$ mit den natürlichen Basisvektoren $\boldsymbol{e}_i$ einschließt. Mit (2.22) finden wir hierfür

$$\cos \alpha_i = \frac{x_i}{\|\boldsymbol{x}\|}. \tag{2.30}$$

Man nennt $\cos \alpha_i$ den *i-ten Richtungskosinus* des Vektors $\boldsymbol{x}$.

Man nennt $\boldsymbol{x}_i = x_i \, \boldsymbol{e}_i \in \mathbb{R}^d$ die *i-te Komponente* von $\boldsymbol{x}$ bezüglich der natürlichen Basis. Offenbar gilt $\boldsymbol{x}_1 \parallel \boldsymbol{e}_1$. Setzt man $\boldsymbol{x}_s := x_2 \, \boldsymbol{e}_2 + \ldots + x_d \, \boldsymbol{e}_d$ und verwendet (2.28), so folgt

$$\boldsymbol{x} = \boldsymbol{x}_1 + \boldsymbol{x}_s \quad \text{mit} \quad \boldsymbol{x}_1 \parallel \boldsymbol{e}_1 \quad \text{und} \quad \boldsymbol{x}_1 \cdot \boldsymbol{x}_s = 0,$$

d. h., $\boldsymbol{x}$ ist als Summe aus einer zu $\boldsymbol{e}_1$ parallelen und in einer zu $\boldsymbol{e}_1$ orthogonalen Komponente dargestellt. Wollen wir allgemein einen Vektor $\boldsymbol{x}$ in zwei solche Komponenten zerlegen, so sollten wir folgendermaßen vorgehen.

Zu Vektoren $\boldsymbol{x}, \boldsymbol{v} \in \mathbb{R}^d$ $(\boldsymbol{v} \neq \boldsymbol{o})$ heißt der Vektor $\boldsymbol{x}_v$ die *Orthogonalprojektion* von $\boldsymbol{x}$ auf $\boldsymbol{v}$, wenn mit $\lambda \in \mathbb{R}$ und $\boldsymbol{x}_s \in \mathbb{R}^d$ eine Komponentenzerlegung (Summendarstellung)

$$\boldsymbol{x} = \boldsymbol{x}_v + \boldsymbol{x}_s \quad \text{mit} \quad \boldsymbol{x}_v = \lambda \boldsymbol{v} \quad \text{und} \quad \boldsymbol{x}_s \cdot \boldsymbol{v} = 0 \tag{2.31}$$

möglich ist (Fig. 2.12).

Man findet, dass dabei x_v eindeutig festliegt:

Satz 1: *Es seien* $x, v \in \mathbb{R}^d$, $v \neq o$. *Die Orthogonalprojektion von* x *auf* v *ist*

$$x_v = \frac{x \cdot v}{v \cdot v} v. \tag{2.32}$$

B e w e i s : Mit (2.31) bilden wir die Skalarprodukte

$$x \cdot v = (x_v + x_s) \cdot v = x_v \cdot v + x_s \cdot v = x_v \cdot v$$
$$x_v \cdot v = \lambda v \cdot v.$$

Daraus folgt

$$\lambda = \frac{x_v \cdot v}{v \cdot v} = \frac{x \cdot v}{v \cdot v},$$

so dass

$$x_v = \lambda v = \frac{x \cdot v}{v \cdot v} v. \qquad \square$$

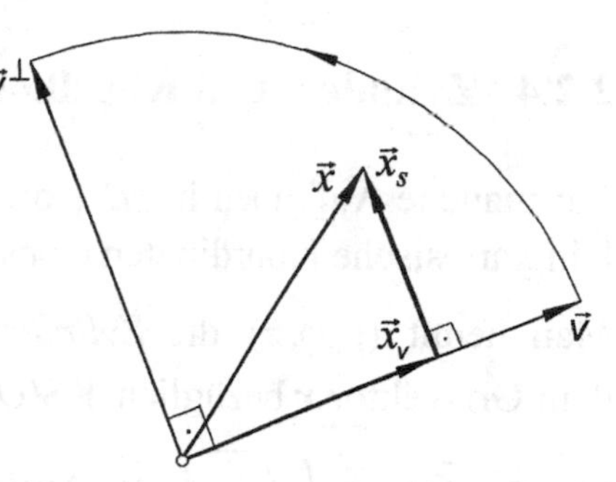

Fig. 2.12

Betrachten wir speziell den Fall $d = 2$ der Koordinatenebene. Hier kann auch der v-senkrechte Vektor x_s leicht angegeben werden: Vorbereitend benötigen wir hierzu die *Vierteldrehung* (vgl. (1.15))

$$\perp: v = \begin{pmatrix} v_1 \\ v_2 \end{pmatrix} \mapsto v^{\perp} = \begin{pmatrix} -v_2 \\ v_1 \end{pmatrix}, \tag{2.33}$$

die einen beliebigen Vektor $v \in \mathbb{R}^2$ um den Nullpunkt O durch den Winkel $\frac{\pi}{2}$ nach dem so genannten GRASSMANNschen Ergänzungsvektor $v^{\perp}$ dreht.
Es ist offenbar

$$\begin{aligned} v \cdot v^{\perp} &= 0, \\ v^{\perp} \cdot v^{\perp} &= v \cdot v = \|v\|^2. \end{aligned} \tag{2.34}$$

Wegen $x_s \cdot v = 0$ ist folglich $x_s = \rho v^{\perp}$ mit $\rho \in \mathbb{R}$, so dass x_s als Orthogonalprojektion von x auf $v^{\perp}$ berechnet werden darf. Die Anwendung der entsprechenden Formel (2.32) ergibt

$$x_s = \frac{x \cdot v^{\perp}}{v^{\perp} \cdot v^{\perp}} v^{\perp} = \frac{x \cdot v^{\perp}}{v \cdot v} v^{\perp}$$

und damit zusammenfassend den

Satz 2: *Jeder Vektor* $x \in \mathbb{R}^2$ *besitzt die Darstellung*

$$x = \frac{x \cdot v}{v \cdot v} v + \frac{x \cdot v^{\perp}}{v \cdot v} v^{\perp} \tag{2.35}$$

bezüglich einer Orthogonalbasis $\boldsymbol{v}$, $\boldsymbol{v}^{\perp}$ *des* $\mathbb{R}^2$, *die ihrerseits schon durch einen beliebigen Vektor* $\boldsymbol{v} \in \mathbb{R}^2$, $\boldsymbol{v} \neq \boldsymbol{o}$, *festgelegt ist.*

Bemerkung: Es sind $\lambda_1 := \frac{\boldsymbol{x}\cdot\boldsymbol{v}}{\boldsymbol{v}\cdot\boldsymbol{v}}$, $\lambda_2 := \frac{\boldsymbol{x}\cdot\boldsymbol{v}^{\perp}}{\boldsymbol{v}\cdot\boldsymbol{v}}$ die Koordinaten eines Punktes X bezüglich einer Orthogonalbasis $\boldsymbol{v}$, $\boldsymbol{v}^{\perp}$. Der Zusammenhang zwischen den „alten" Koordinaten $\boldsymbol{x} = \begin{pmatrix} x_1 \\ x_2 \end{pmatrix}$ und den „neuen" $\boldsymbol{\lambda} = \begin{pmatrix} \lambda_1 \\ \lambda_2 \end{pmatrix}$ heißt eine *Koordinatentransformation.* Sie lautet hier

$$\begin{aligned} x_1 &= v_1\lambda_1 - v_2\lambda_2, \\ x_2 &= v_2\lambda_1 + v_1\lambda_2. \end{aligned}$$

2.2.4 Zylinder- und Kugelkoordinaten im 3-Raum

Für manche Aufgaben im E^3, oft kurz 3-Raum genannt, ist es vorteilhaft, nicht allein kartesische Koordinaten eines Punktes zu betrachten.

Man nennt (ρ, φ, z) die *Zylinderkoordinaten* eines Punktes X ($\notin x_3$-Achse) mit dem Ortsvektor $\boldsymbol{x}$ bezüglich $\mathrm{KS}(O; x_1, x_2, x_3)$ (vgl. Fig. 2.13), wenn

a) $\rho = \overline{OX'} = \sqrt{x_1^2 + x_2^2}$ der Abstand des Grundrisses X' von X vom Nullpunkt O,

b) φ der Polarwinkel von X' bezüglich des $\mathrm{PKS}(O, x_1)$ in der x_1, x_2-Grundrissebene und

c) $z = x_3$ ist.

Zwischen kartesischen und Zylinderkoordinaten besteht dann der Zusammenhang

$$\begin{pmatrix} x_1 \\ x_2 \\ x_3 \end{pmatrix} = \begin{pmatrix} \rho\cos\varphi \\ \rho\sin\varphi \\ z \end{pmatrix}. \tag{2.36}$$

Als Anwendungsbeispiel betrachten wir alle Punkte X für festes $\rho = \rho_0$ und lassen φ und z variieren.

Dann ist

$$\boldsymbol{x} = \boldsymbol{x}(\varphi, z) = \begin{pmatrix} \rho_0\cos\varphi \\ \rho_0\sin\varphi \\ z \end{pmatrix} \quad \text{mit } \varphi \in [-\pi, \pi),\ z \in \mathbb{R},\ \rho_0 > 0, \tag{2.37}$$

eine *Parameterdarstellung eines Drehzylinders* mit dem Radius ρ_0 und der x_3-Achse als Drehachse, weil alle X denselben Abstand ρ_0 von der Drehachse haben.

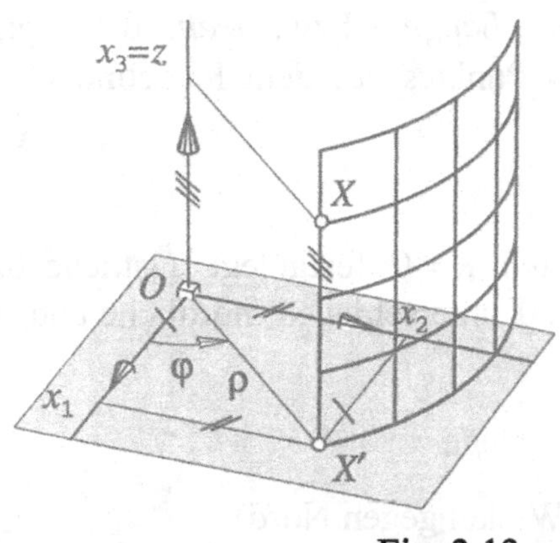

Fig. 2.13

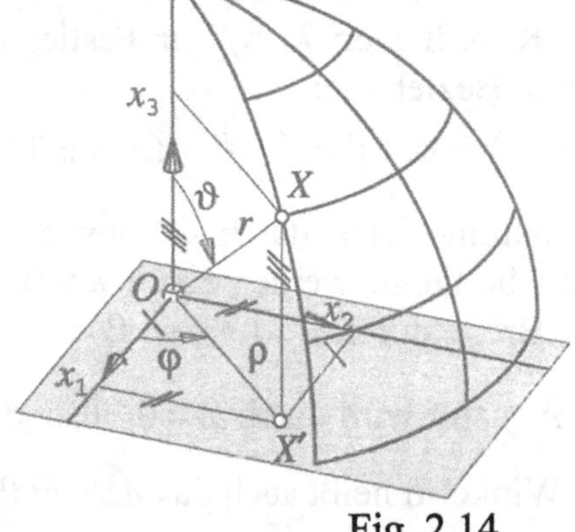

Fig. 2.14

Man nennt (r, φ, ϑ) die *Kugelkoordinaten* eines Punktes X ($\notin x_3$-Achse) mit dem Ortsvektor $\boldsymbol{x}$ bezüglich KS$(O; x_1, x_2, x_3)$, wenn

a) $r = \|\boldsymbol{x}\|$,

b) φ der Polarwinkel des Grundrisses X' bezüglich des PKS(O, x_1) in der x_1, x_2-Grundrissebene und

c) $\cos\vartheta = \dfrac{x_3}{\|\boldsymbol{x}\|}$ der 3te Richtungskosinus von $\boldsymbol{x}$ ist, also $\vartheta = \sphericalangle(\boldsymbol{e}_3, \boldsymbol{x})$.

Damit ist $0 \le \vartheta \le \pi$. Zwischen kartesischen und Kugelkoordinaten besteht dann der Zusammenhang

$$\begin{pmatrix} x_1 \\ x_2 \\ x_3 \end{pmatrix} = r \begin{pmatrix} \sin\vartheta\cos\varphi \\ \sin\vartheta\sin\varphi \\ \cos\vartheta \end{pmatrix}. \tag{2.38}$$

Als Anwendungsbeispiel betrachten wir alle Punkte X für festes $r = r_0$ und lassen φ und ϑ variieren. Dann ist

$$\boldsymbol{x} = \boldsymbol{x}(\varphi, \vartheta) = r_0 \begin{pmatrix} \sin\vartheta\cos\varphi \\ \sin\vartheta\sin\varphi \\ \cos\vartheta \end{pmatrix} \quad \text{mit} \quad \varphi \in [-\pi, \pi),\ 0 \le \vartheta \le \pi,\ r_0 > 0, \tag{2.39}$$

eine *Parameterdarstellung der Kugeloberfläche* (*Sphäre*) mit dem Mittelpunkt O und dem Radius r_0, deren Punkte $X(x_1, x_2, x_3)$ offenbar der Kugelgleichung

$$x_1^2 + x_2^2 + x_3^2 = r_0^2$$

genügen.

Kugelkoordinaten stehen mit der *geografischen Länge* λ bzw. *Breite* β (geografische Koordinaten λ, β) zur Festlegung eines Punktes auf dem Kugelmodell der Erde in Beziehung:

$$\lambda = \varphi, \quad \beta = \tfrac{\pi}{2} - \vartheta, \quad (r_0 = 6\,371 \text{ km}).$$

Der Nullmeridian durch Greenwich wird durch $\lambda = 0$ festgelegt. Östliche bzw. westliche Länge werden durch $\lambda > 0$ bzw. $\lambda < 0$ unterschieden, nördliche und südliche Breite durch $\beta > 0$ bzw. $\beta < 0$.

Der Äquator wird durch $\beta = 0$, also $\vartheta = \frac{\pi}{2}$ festgelegt.

Der Winkel ϑ heißt auch das *Azimut* (hier als Winkel gegen Nord).

2.2.5 Vektor- und Spatprodukt im 3-Raum

Ein wichtiges analytisches Handwerkzeug im 3-Raum ist die Abbildung „Vektorprodukt“, die zwei Vektoren einen Vektor zuordnet entsprechend folgender Definition. Der Vektor

$$\boldsymbol{a} \times \boldsymbol{b} := \begin{pmatrix} a_2 b_3 - a_3 b_2 \\ a_3 b_1 - a_1 b_3 \\ a_1 b_2 - a_2 b_1 \end{pmatrix} \in \mathbb{R}^3$$

heißt das *Vektorprodukt* (*Kreuzprodukt, äußeres Produkt*) der Vektoren

$$\boldsymbol{a} = \begin{pmatrix} a_1 \\ a_2 \\ a_3 \end{pmatrix}, \boldsymbol{b} = \begin{pmatrix} b_1 \\ b_2 \\ b_3 \end{pmatrix} \in \mathbb{R}^3.$$

Man schreibt auch $\boldsymbol{a} \times \boldsymbol{b} = [\boldsymbol{a}, \boldsymbol{b}] = \boldsymbol{a} \wedge \boldsymbol{b}$.

Das Vektorprodukt hat folgende **Eigenschaften:**

(1) Parallelitätskriterium:

$$\boldsymbol{a} \times \boldsymbol{b} = \boldsymbol{o} \Leftrightarrow \begin{cases} \boldsymbol{a} = \boldsymbol{o} \text{ oder } \boldsymbol{b} = \boldsymbol{o} \\ \boldsymbol{a} \parallel \boldsymbol{b} \text{ für } \boldsymbol{a}, \boldsymbol{b} \neq \boldsymbol{o} \end{cases}$$

(2) Orthogonalitätseigenschaften:
$\boldsymbol{a} \perp (\boldsymbol{a} \times \boldsymbol{b})$ und $\boldsymbol{b} \perp (\boldsymbol{a} \times \boldsymbol{b})$.

(3) $\|\boldsymbol{a} \times \boldsymbol{b}\|^2 = \|\boldsymbol{a}\|^2 \|\boldsymbol{b}\|^2 - (\boldsymbol{a} \cdot \boldsymbol{b})^2$.

(4) $\|\boldsymbol{a} \times \boldsymbol{b}\| = I(\square)$ ist der Flächeninhalt des von $\boldsymbol{a}$ und $\boldsymbol{b}$ aufgespannten Parallelogramms (Fig. 2.15).

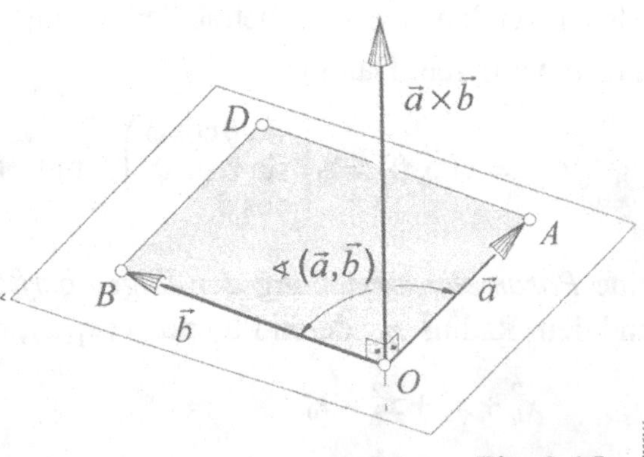

Fig. 2.15

B e w e i s :

Zu (1): Die Behauptung ist klar für $\boldsymbol{a}=\boldsymbol{o}$ oder $\boldsymbol{b}=\boldsymbol{o}$. Es sei also $\boldsymbol{a}\neq\boldsymbol{o},\ \boldsymbol{b}\neq\boldsymbol{o}$.

„$\Rightarrow$": $\boldsymbol{a}\times\boldsymbol{b}=\boldsymbol{o}$, d. h. $a_2b_3-a_3b_2=0,\ a_3b_1-a_1b_3=0,\ a_1b_2-a_2b_1=0$.

Wenn $a_1\neq 0$ und $a_2\neq 0$, dann ist $\underline{b_1=\lambda a_1}$ mit einem $\lambda\in\mathbb{R}$. Dies in die dritte Gleichung eingesetzt, ergibt $a_1b_2=a_2b_1=a_2\lambda a_1$, also $\underline{b_2=\lambda a_2}$.

Mit der ersten Gleichung folgt $a_2b_3=a_3b_2=a_3\lambda a_2$ und damit $\underline{b_3=\lambda a_3}$. Im Fall $a_1\neq 0$ und $a_2=0$ folgt aus den Gleichungen $a_3\boldsymbol{b}=b_3\boldsymbol{a}$, also sind $\boldsymbol{a}$, $\boldsymbol{b}$ linear abhängig. Wenn $a_1=0$ gilt wird der Beweis entsprechend durchgerechnet.

„$\Leftarrow$": Wenn $\boldsymbol{a}\parallel\boldsymbol{b}$ gilt, dann ist $\boldsymbol{b}=\lambda\boldsymbol{a}$ mit $\lambda\neq 0$. Die Behauptung folgt nun, indem man entsprechend der Definition ausrechnet: $\boldsymbol{a}\times\boldsymbol{b}=\boldsymbol{a}\times(\lambda\boldsymbol{a})=\begin{pmatrix}0\\0\\0\end{pmatrix}$.

Zu (2): Man setze $\boldsymbol{z}=\boldsymbol{a}\times\boldsymbol{b}$. Dann ist

$$\begin{aligned}\boldsymbol{a}\cdot\boldsymbol{z}&=a_1z_1+a_2z_2+a_3z_3=a_1(a_2b_3-a_3b_2)+a_2(a_3b_1-a_1b_3)+a_3(a_1b_2-a_2b_1)\\&=0,\quad \text{d. h. } \boldsymbol{a}\perp\boldsymbol{z}.\end{aligned}$$

$\boldsymbol{b}\cdot\boldsymbol{z}=0$ findet man analog; damit $\boldsymbol{b}\perp\boldsymbol{z}$.

Zu (3): Die linke Seite lautet ausgerechnet:

$$\begin{aligned}\|\boldsymbol{a}\times\boldsymbol{b}\|^2&=(\boldsymbol{a}\times\boldsymbol{b})\cdot(\boldsymbol{a}\times\boldsymbol{b})=\boldsymbol{z}\cdot\boldsymbol{z}=z_1^2+z_2^2+z_3^2\\&=(a_2b_3-a_3b_2)^2+(a_3b_1-a_1b_3)^2+(a_1b_2-a_2b_1)^2=:l.\end{aligned}$$

Die rechte Seite lautet ausgerechnet:

$$\|\boldsymbol{a}\|^2\|\boldsymbol{b}\|^2-(\boldsymbol{a}\cdot\boldsymbol{b})^2=(a_1^2+a_2^2+a_3^2)(b_1^2+b_2^2+b_3^2)-(a_1b_1+a_2b_2+a_3b_3)^2=:r.$$

Man stellt leicht $r=l$ fest.

Zu (4): Das von $\boldsymbol{a}$ und $\boldsymbol{b}$ aufgespannte Parallelogramm $OADB$ liegt in der Ebene OAB des E^3, wobei $\boldsymbol{a}$, $\boldsymbol{b}$ die Ortsvektoren der Punkte A, B sind. Es gilt

$$\begin{aligned}&a:=\|\boldsymbol{a}\|=\overline{OA},\quad b:=\|\boldsymbol{b}\|=\overline{OB},\\&\cos\gamma=\frac{\boldsymbol{a}\cdot\boldsymbol{b}}{\|\boldsymbol{a}\|\|\boldsymbol{b}\|}\quad\text{für }\gamma:=\sphericalangle(\boldsymbol{a},\boldsymbol{b})=\sphericalangle(OA,OB)\text{ nach (2.22).}\end{aligned}$$

Nun ist $I(\square)=2I(\Delta)$, wenn $I(\Delta)$ den Inhalt des Dreiecks OAB bezeichnet.

Bekanntlich ist für das Dreieck OAB

$$I(\Delta)=\tfrac{1}{2}ab|\sin\gamma|$$

und damit

$$\begin{aligned}I(\square)^2&=a^2b^2\sin^2\gamma=a^2b^2(1-\cos^2\gamma)=\|\boldsymbol{a}\|^2\|\boldsymbol{b}\|^2-\|\boldsymbol{a}\|^2\|\boldsymbol{b}\|^2\cos^2\gamma\\&=\|\boldsymbol{a}\|^2\|\boldsymbol{b}\|^2-(\boldsymbol{a}\cdot\boldsymbol{b})^2,\end{aligned}$$

was die Behauptung ergibt. □

Mit Hilfe der Definition ist es nicht schwer, die folgenden **Rechenregeln** zu beweisen $(\boldsymbol{a},\boldsymbol{b},\boldsymbol{c}\in \mathbb{R}^3, \rho\in\mathbb{R})$:

(R1) $\boldsymbol{a}\times\boldsymbol{b}=-(\boldsymbol{b}\times\boldsymbol{a})$

(R2) $\rho(\boldsymbol{a}\times\boldsymbol{b})=(\rho\boldsymbol{a})\times\boldsymbol{b}=\boldsymbol{a}\times(\rho\boldsymbol{b})$

(R3) $(\boldsymbol{a}+\boldsymbol{b})\times\boldsymbol{c}=(\boldsymbol{a}\times\boldsymbol{c})+(\boldsymbol{b}\times\boldsymbol{c})$
$\boldsymbol{a}\times(\boldsymbol{b}+\boldsymbol{c})=(\boldsymbol{a}\times\boldsymbol{b})+(\boldsymbol{a}\times\boldsymbol{c})$.

Sie besagen in der angeführten Reihenfolge, dass das Vektorprodukt *alternierend* und in beiden Argumenten sowohl *homogen* als auch *additiv* ist.

Wir vereinbaren die Vorrangregeln

$$\rho\boldsymbol{a}\times\boldsymbol{b}=\rho(\boldsymbol{a}\times\boldsymbol{b})$$
$$\boldsymbol{a}\times\boldsymbol{b}+\boldsymbol{c}\times\boldsymbol{d}=(\boldsymbol{a}\times\boldsymbol{b})+(\boldsymbol{c}\times\boldsymbol{d}).$$

Das Skalarprodukt aus dem Vektorprodukt $\boldsymbol{a}\times\boldsymbol{b}$ zweier Vektoren und einem dritten Vektor $\boldsymbol{c}$ des $\mathbb{R}^3$ heißt das *Spatprodukt*

$$\langle\boldsymbol{a},\boldsymbol{b},\boldsymbol{c}\rangle:=(\boldsymbol{a}\times\boldsymbol{b})\cdot\boldsymbol{c}.$$

Die Bedeutung dieser Bildung liegt im folgenden

Volumensatz:

(1) *Der von drei Vektoren* ***a, b, c*** *aufgespannte* Spat (*das* Parallelepiped) (*Fig.* 2.16) *hat das Volumen*

$$V_S=|\langle\boldsymbol{a},\boldsymbol{b},\boldsymbol{c}\rangle|.$$

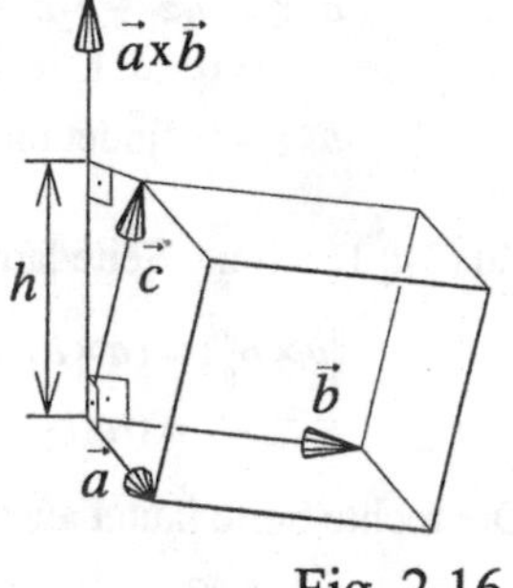

Fig. 2.16

(2) *Das Tetraeder OABC mit den Kanten* ***a, b, c*** *hat das Volumen*

$$V_T=\tfrac{1}{6}V_S.$$

Beweis:

Zu (1): Als Grundfläche des Spats kann das von $\boldsymbol{a}$ und $\boldsymbol{b}$ aufgespannte Parallelogramm gewählt werden, das nach (4) den Inhalt $I(\square)=\|\boldsymbol{a}\times\boldsymbol{b}\|$ hat. Der Spat wird als Prisma mit dieser Grundfläche aufgefasst, folglich ist

$$V_S=I(\square)h,$$

wenn h die Höhe des Spats bezüglich dieser Grundfläche bezeichnet. Diese Höhe kann auch als Norm der Orthogonalprojektion $\boldsymbol{c}_z$ von $\boldsymbol{c}$ auf $\boldsymbol{z}:=\boldsymbol{a}\times\boldsymbol{b}$ berechnet werden, weil $\boldsymbol{z}\perp\boldsymbol{a}$ und $\boldsymbol{z}\perp\boldsymbol{b}$ ist. Mit der Berechnungsvorschrift (2.32) für die Orthogonalprojektion finden wir $\boldsymbol{c}_z=\dfrac{\boldsymbol{c}\cdot\boldsymbol{z}}{\boldsymbol{z}\cdot\boldsymbol{z}}\boldsymbol{z}$,

$$h=\|\boldsymbol{c}_z\|=\frac{|\boldsymbol{z}\cdot\boldsymbol{c}|}{\|\boldsymbol{z}\|}=\frac{|\langle\boldsymbol{a},\boldsymbol{b},\boldsymbol{c}\rangle|}{\|\boldsymbol{z}\|},\quad V_S=I(\square)h=|\langle\boldsymbol{a},\boldsymbol{b},\boldsymbol{c}\rangle|.$$

Zu (2): Das Tetraeder *OABC* kann als Pyramide mit dem Grunddreieck *OAB* aufgefasst werden, dessen Flächeninhalt $I(\Delta)=\frac{1}{2}I(\square)$ ist.
Die Höhe der Pyramide ist wieder h und deshalb $V_T=\frac{1}{3}I(\Delta)h=\frac{1}{6}I(\square)h=\frac{1}{6}V_S$. □

Mit $\gamma=\sphericalangle(z,c)$, $z,c\neq o$, $\cos\gamma=\frac{z\cdot c}{\|z\|\|c\|}$ und $z=a\times b$ folgt

$$\langle a,b,c\rangle=\|z\|\|c\|\cos\gamma.$$

Demnach ist $\langle a,b,c\rangle=0$ genau dann, wenn $z=o$ oder $c=o$ oder $\gamma=\frac{\pi}{2}$ ist, d. h. im letzten Fall, wenn c in der von a und b aufgespannten Ebene liegt, also eine Linearkombination von a und b ist. Folglich gilt das

Unabhängigkeitskriterium:

$a,b,c\in\mathbb{R}^3$ *sind genau dann linear unabhängig, wenn* $\langle a,b,c\rangle\neq 0$. (2.40)

Beispielsweise gilt deshalb sofort für alle $a,b\in\mathbb{R}^3$:

$$\langle a,a,b\rangle=\langle a,b,a\rangle=\langle b,a,a\rangle=0. \tag{2.41}$$

Sind a, b, c linear unabhängig, dann ist

$$\langle a,b,c\rangle=\begin{cases}> \\ <\end{cases} 0, \quad \text{wenn} \quad \begin{cases}0\leq\gamma<\frac{\pi}{2} \\ \frac{\pi}{2}<\gamma\leq\pi.\end{cases} \tag{2.42}$$

Man berechnet beispielsweise für die natürlichen Basisvektoren

$$\langle e_1,e_2,e_3\rangle=1$$
$$\langle e_1,e_2,-e_3\rangle=-1.$$

Im ersten Fall bilden die angegebenen Vektoren in der genannten Reihenfolge ein *Rechtsdreibein*, im zweiten Fall ein *Linksdreibein*, d. h., sie besitzen eine Anordnung wie Daumen, Zeige- und abgewinkelter Mittelfinger der rechten (bzw. linken) Hand. Man kann deshalb festlegen:

Drei linear unabhängige Vektoren a, b, c bilden in dieser Reihenfolge ein Rechtsdreibein (bzw. Linksdreibein), wenn $\langle a,b,c\rangle>0$ (bzw. $\langle a,b,c\rangle<0$) gilt.

Da eine Vertauschung der Reihenfolge von a, b, c das Volumen des von a, b, c aufgespannten Spats nicht verändert, folgt mit (R1) der

Vertauschungssatz:

$$\langle a,b,c\rangle=\langle b,c,a\rangle=\langle c,a,b\rangle$$
$$=-\langle b,a,c\rangle=-\langle a,c,b\rangle=-\langle c,b,a\rangle.$$

In der Ebene haben wir einen beliebigen Vektor bezüglich einer beliebig wählbaren Orthogonalbasis darstellen können – vgl. (2.35).
Wir können jetzt im 3-Raum einen allgemeineren Darstellungssatz beweisen:

Komponentensatz: *Jeder Vektor **x** kann eindeutig als Linearkombination*

$$\boldsymbol{x} = \alpha \boldsymbol{a} + \beta \boldsymbol{b} + \gamma \boldsymbol{c} \tag{2.43}$$

*von drei linear unabhängigen Vektoren **a**, **b** und **c** dargestellt werden, wobei mit* $\delta := \langle \boldsymbol{a}, \boldsymbol{b}, \boldsymbol{c} \rangle \ (\neq 0)$ *gilt:*

$$\alpha = \tfrac{1}{\delta}\langle \boldsymbol{x}, \boldsymbol{b}, \boldsymbol{c} \rangle, \quad \beta = \tfrac{1}{\delta}\langle \boldsymbol{a}, \boldsymbol{x}, \boldsymbol{c} \rangle, \quad \gamma = \tfrac{1}{\delta}\langle \boldsymbol{a}, \boldsymbol{b}, \boldsymbol{x} \rangle.$$

B e w e i s : Aus dem Ansatz (2.43) liefert das Vektorprodukt von rechts mit $\boldsymbol{b}$

$$\boldsymbol{x} \times \boldsymbol{b} = \alpha \boldsymbol{a} \times \boldsymbol{b} + \beta \boldsymbol{b} \times \boldsymbol{b} + \gamma \boldsymbol{c} \times \boldsymbol{b},$$

und das Skalarprodukt dieser Gleichung mit $\boldsymbol{c}$ ergibt dann mit (2.41)

$$(\boldsymbol{x} \times \boldsymbol{b}) \cdot \boldsymbol{c} = \alpha (\boldsymbol{a} \times \boldsymbol{b}) \cdot \boldsymbol{c} + \gamma (\boldsymbol{c} \times \boldsymbol{b}) \cdot \boldsymbol{c} = \alpha (\boldsymbol{a} \times \boldsymbol{b}) \cdot \boldsymbol{c},$$

also folgt die eindeutige Lösung

$$\alpha = \frac{(\boldsymbol{x} \times \boldsymbol{b}) \cdot \boldsymbol{c}}{(\boldsymbol{a} \times \boldsymbol{b}) \cdot \boldsymbol{c}} = \frac{\langle \boldsymbol{x}, \boldsymbol{b}, \boldsymbol{c} \rangle}{\langle \boldsymbol{a}, \boldsymbol{b}, \boldsymbol{c} \rangle}.$$

Analog erhält man eindeutig β und γ wie behauptet.

□

Bemerkungen:

1. Ein dreifaches Vektorprodukt wird mit Hilfe des GRASSMANNschen Entwicklungssatzes berechnet:

$$\boldsymbol{a} \times (\boldsymbol{b} \times \boldsymbol{c}) = (\boldsymbol{a} \cdot \boldsymbol{c}) \boldsymbol{b} - (\boldsymbol{a} \cdot \boldsymbol{b}) \boldsymbol{c}.$$

2. Es gilt die Identität von LAGRANGE:

$$(\boldsymbol{a} \times \boldsymbol{b}) \cdot (\boldsymbol{c} \times \boldsymbol{d}) = (\boldsymbol{a} \cdot \boldsymbol{c})(\boldsymbol{b} \cdot \boldsymbol{d}) - (\boldsymbol{a} \cdot \boldsymbol{d})(\boldsymbol{b} \cdot \boldsymbol{c}).$$

3. Als Sonderfall dieser Identität folgt

$$(\boldsymbol{a} \times \boldsymbol{b}) \cdot (\boldsymbol{a} \times \boldsymbol{b}) = \|\boldsymbol{a}\|^2 \|\boldsymbol{b}\|^2 - (\boldsymbol{a} \cdot \boldsymbol{b})^2.$$

4. Zur Berechnung von $(\boldsymbol{a} \times \boldsymbol{b}) \times (\boldsymbol{c} \times \boldsymbol{d})$ setzt man $\boldsymbol{y} := \boldsymbol{a} \times \boldsymbol{b}$ und erhält mit dem Entwicklungssatz $\boldsymbol{y} \times (\boldsymbol{c} \times \boldsymbol{d}) = (\boldsymbol{y} \cdot \boldsymbol{d}) \boldsymbol{c} - (\boldsymbol{y} \cdot \boldsymbol{c}) \boldsymbol{d}$ und nach Einsetzen des Wertes von $\boldsymbol{y}$ endlich

$$(\boldsymbol{a} \times \boldsymbol{b}) \times (\boldsymbol{c} \times \boldsymbol{d}) = \langle \boldsymbol{a}, \boldsymbol{b}, \boldsymbol{d} \rangle \boldsymbol{c} - \langle \boldsymbol{a}, \boldsymbol{b}, \boldsymbol{c} \rangle \boldsymbol{d}.$$

5. Das Spatprodukt kann als 3-reihige Determinante berechnet werden:

$$\langle \boldsymbol{a}, \boldsymbol{b}, \boldsymbol{c} \rangle = \det(\boldsymbol{a}, \boldsymbol{b}, \boldsymbol{c}) = \begin{vmatrix} a_1 & b_1 & c_1 \\ a_2 & b_2 & c_2 \\ a_3 & b_3 & c_3 \end{vmatrix}.$$

2.3 Metrische Grundaufgaben mit Geraden und Ebenen

Zur Behandlung der Grundaufgaben wird weiter der 3-Raum vorausgesetzt.

2.3.1 Gleichung einer Ebene, Abstand Punkt-Ebene

Eine Ebene

$$\Sigma\colon \boldsymbol{x} = \boldsymbol{a} + \lambda \boldsymbol{v} + \mu \boldsymbol{w}, \quad -\infty < \lambda, \mu < \infty$$

durch einen Punkt A, aufgespannt durch die Richtungsvektoren $\boldsymbol{v}$ und $\boldsymbol{w}$, sei gegeben. Die Voraussetzung, dass die Richtungsvektoren $\boldsymbol{v}$ und $\boldsymbol{w}$ linear unabhängig sein sollen, kann mit dem Vektorprodukt

$$\boldsymbol{n} := \boldsymbol{v} \times \boldsymbol{w} \neq \boldsymbol{o}$$

ausgedrückt werden. Dabei heißt $\boldsymbol{n}$ ein *Normalenvektor* von Σ, weil $\boldsymbol{n} \perp \boldsymbol{v}$ und $\boldsymbol{n} \perp \boldsymbol{w}$ gilt und damit $\boldsymbol{n}$ senkrecht zu allen Richtungsvektoren von Geraden in Σ steht.

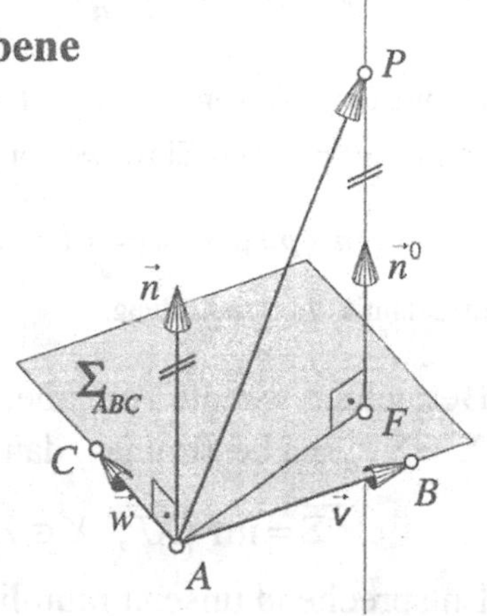

Fig. 2.17

Dies ist leicht einzusehen: Jede Gerade in Σ hat einen Richtungsvektor der Form $\alpha \boldsymbol{v} + \beta \boldsymbol{w}$, und es ist in der Tat $\boldsymbol{n} \cdot (\alpha \boldsymbol{v} + \beta \boldsymbol{w}) = 0$.

Jede zu Σ senkrechte Gerade heißt eine *Ebenennormale* (*Lotgerade*), kurz *Normale* zu Σ. Die Normale n durch P zu Σ ist eindeutig bestimmt und hat als Parameterdarstellung

$$n\colon \boldsymbol{x} = \boldsymbol{p} + \mu \boldsymbol{n}, \quad -\infty < \mu < \infty. \tag{2.44}$$

Aus der Parameterdarstellung von Σ folgt mit weiteren Eigenschaften des Vektorproduktes

$$\boldsymbol{n} \cdot (\boldsymbol{x} - \boldsymbol{a}) = \boldsymbol{n} \cdot (\lambda \boldsymbol{v} + \mu \boldsymbol{w}) = 0,$$

d. h.

$$\boldsymbol{n} \cdot (\boldsymbol{x} - \boldsymbol{a}) = 0. \tag{2.45}$$

Das ist eine *Ebenengleichung* zur Darstellung von Σ, die ausführlich geschrieben

$$n_0 + n_1 x_1 + n_2 x_2 + n_3 x_3 = 0 \tag{2.46}$$

mit $n_0 = -\boldsymbol{n} \cdot \boldsymbol{a}$ lautet.

Wir vereinbaren

$$\Sigma_{ABC}, \quad \Sigma_{A,\boldsymbol{v},\boldsymbol{w}} \quad \text{bzw.} \quad \Sigma_{A,\boldsymbol{n}} \tag{2.47}$$

zu schreiben, wenn eine Ebene durch ein Dreieck ABC, durch einen Punkt A und linear unabhängige Richtungsvektoren $\boldsymbol{v}$ und $\boldsymbol{w}$ bzw. durch einen Punkt A und einen Normalenvektor $\boldsymbol{n}$ $(\neq \boldsymbol{o})$ gegeben sei.

Fußpunktsatz: *Die Normale* n: $\boldsymbol{x}=\boldsymbol{p}+\mu\boldsymbol{n}$, $-\infty<\mu<\infty$, *durch einen Punkt* P *zu einer Ebene* $\Sigma_{A,n}$ *schneidet die Ebene in dem Fußpunkt* F:

$$\boldsymbol{f}=\boldsymbol{p}-\frac{\boldsymbol{n}\cdot(\boldsymbol{p}-\boldsymbol{a})}{\boldsymbol{n}\cdot\boldsymbol{n}}\boldsymbol{n}. \tag{2.48}$$

Beweis: Wegen $F\in n$ gibt es $\mu\in\mathbb{R}$ mit $\boldsymbol{f}=\boldsymbol{p}+\mu\boldsymbol{n}$. Weiter muss $F\in\Sigma_{A,n}$ gelten, d. h. $\boldsymbol{n}\cdot(\boldsymbol{f}-\boldsymbol{a})=0$. Das Einsetzen von $\boldsymbol{f}$ und Ausrechnen ergibt

$$\boldsymbol{n}\cdot(\boldsymbol{p}+\mu\boldsymbol{n}-\boldsymbol{a})=\boldsymbol{n}\cdot(\boldsymbol{p}-\boldsymbol{a})+\mu\boldsymbol{n}\cdot\boldsymbol{n}=0,\quad \mu=\frac{-\boldsymbol{n}\cdot(\boldsymbol{p}-\boldsymbol{a})}{\boldsymbol{n}\cdot\boldsymbol{n}}$$

und damit die Behauptung. □

Betrachten wir die Aufgabe, den Abstand $\overline{P\Sigma}$ eines Punktes P von einer Ebene $\Sigma=\Sigma_{A,n}$ zu bestimmen, dann werden wir zunächst definieren:

$$\overline{P\Sigma}=\inf\left\{\overline{XP},\ X\in\Sigma\right\}=\inf\{\|\boldsymbol{p}-\boldsymbol{x}\|,\ \boldsymbol{n}\cdot(\boldsymbol{x}-\boldsymbol{a})=0\}.$$

Entsprechend unserer räumlichen Anschauung erwarten wir:

Satz 1: *Es ist*

$$\overline{P\Sigma}=\overline{PF}=\|\boldsymbol{p}-\boldsymbol{f}\|,$$

wobei F *der Fußpunkt der Normalen zu* Σ *durch* P *sei.*

Beweis: Wir müssen zeigen, dass $\|\boldsymbol{p}-\boldsymbol{x}\|>\|\boldsymbol{p}-\boldsymbol{f}\|$ für alle $X\in\Sigma$ mit $X\neq F$ gilt, wobei $F\in\Sigma$ nach (2.48) festliegt. Also ist

$$\boldsymbol{p}-\boldsymbol{f}=\lambda\boldsymbol{n},\quad \boldsymbol{n}\cdot(\boldsymbol{x}-\boldsymbol{f})=0$$

für alle $X\in\Sigma$, folglich

$$(\boldsymbol{p}-\boldsymbol{f})\cdot(\boldsymbol{x}-\boldsymbol{f})=0.$$

Weiter gilt damit

$$\begin{aligned}\|\boldsymbol{p}-\boldsymbol{x}\|^2&=\|\boldsymbol{p}-\boldsymbol{f}+\boldsymbol{f}-\boldsymbol{x}\|^2=(\boldsymbol{p}-\boldsymbol{f}+\boldsymbol{f}-\boldsymbol{x})\cdot(\boldsymbol{p}-\boldsymbol{f}+\boldsymbol{f}-\boldsymbol{x})\\&=(\boldsymbol{p}-\boldsymbol{f})(\boldsymbol{p}-\boldsymbol{f})+2(\boldsymbol{p}-\boldsymbol{f})(\boldsymbol{f}-\boldsymbol{x})+(\boldsymbol{f}-\boldsymbol{x})(\boldsymbol{f}-\boldsymbol{x})\\&=\|\boldsymbol{p}-\boldsymbol{f}\|^2+\|\boldsymbol{f}-\boldsymbol{x}\|^2\end{aligned}$$

und deshalb bei $X\neq F$:

$$\|\boldsymbol{p}-\boldsymbol{x}\|>\|\boldsymbol{p}-\boldsymbol{f}\|.$$

□

Eine Ebene $\Sigma=\Sigma_{A,n}$ teilt den gesamten Raum E^3 in den *positiven Halbraum*

$$H_\Sigma^+:=\{X:\ \boldsymbol{x}=\boldsymbol{y}+\mu\boldsymbol{n},\ \mu>0,\ Y\in\Sigma\} \tag{2.49}$$

und den negativen Halbraum

$$H_\Sigma^-:=\{X:\ \boldsymbol{x}=\boldsymbol{y}+\mu\boldsymbol{n},\ \mu<0,\ Y\in\Sigma\},$$

die durch den in (2.46) verwendeten Normalenvektor $\boldsymbol{n}$ festgelegt werden. Multipliziert man eine Ebenengleichung mit -1, dann ist $-\boldsymbol{n}$ Normalenvektor, und positiver bzw. negativer Halbraum tauschen ihre Bezeichnungen.

Wird eine Ebenengleichung (2.45) durch $\| \boldsymbol{n} \|$ dividiert, erhält man eine so genannte *HESSEsche Normalform* der Ebenengleichung

$$\boldsymbol{n}^0(\boldsymbol{x}-\boldsymbol{a})=0 \quad \text{mit} \quad \boldsymbol{n}^0=\frac{\boldsymbol{n}}{\|\boldsymbol{n}\|}.$$

Die Bedeutung der HESSEschen Normalform einer Ebenengleichung liegt im folgenden

Satz 2: *Der vorzeichenfähige Abstand* $\mathrm{d}(P,\Sigma)$ *eines Punktes P von einer Ebene in HESSEscher Normalform* $\Sigma_{A,\boldsymbol{n}^0}: \boldsymbol{n}^0(\boldsymbol{x}-\boldsymbol{a})=0$ *ist*

$$\mathrm{d}(P,\Sigma)=\boldsymbol{n}^0(\boldsymbol{p}-\boldsymbol{a}), \tag{2.50}$$

und bezüglich des Vorzeichens gilt:

$$\mathrm{d}(P,\Sigma) \begin{cases} > \\ = \\ < \end{cases} 0 \Leftrightarrow P \text{ liegt } \begin{cases} \text{im positiven Halbraum } H_\Sigma^+ \\ \text{in } \Sigma \\ \text{im negativen Halbraum } H_\Sigma^-. \end{cases}$$

Beweis: Im Fußpunktsatz kann speziell ein Einheitsvektor $\boldsymbol{n}=\boldsymbol{n}^0$ verwendet werden. Dann ist

$$\boldsymbol{p}-\boldsymbol{f}=\frac{\boldsymbol{n}^0\cdot(\boldsymbol{p}-\boldsymbol{a})}{\boldsymbol{n}^0\cdot\boldsymbol{n}^0}\boldsymbol{n}^0, \quad \text{also} \quad \|\boldsymbol{p}-\boldsymbol{f}\|=|\boldsymbol{n}^0\cdot(\boldsymbol{p}-\boldsymbol{a})|=|\mathrm{d}(P,\Sigma)|.$$

Der absolute Betrag des Abstandes entspricht demnach der Behauptung. Zur Begründung der Vorzeicheninterpretation stellen wir die obige Fußpunktdarstellung um:

$$\boldsymbol{p}=\boldsymbol{f}+d\,\boldsymbol{n}^0 \quad \text{mit} \quad d:=\boldsymbol{n}^0\cdot(\boldsymbol{p}-\boldsymbol{a}).$$

Wegen (2.49) gilt $P\in H_\Sigma^+$ genau dann, wenn $d=\mathrm{d}(P,\Sigma)>0$ ist. □

Bemerkung: Man kann anschaulich schnell feststellen, welches der positive Halbraum mit der Randebene $\Sigma_{A,\boldsymbol{n}}$ ist, wenn man den Normalenvektor $\boldsymbol{n}$ in einem beliebigen Punkt A von Σ anträgt, also den Punkt $Q: \boldsymbol{q}=\boldsymbol{a}+\boldsymbol{n}$ konstruiert. Die Spitze des Pfeils $\overrightarrow{AQ}$ liegt nämlich im positiven Halbraum.

2.3.2 Abstand Punkt-Gerade

Eine Gerade $g: \boldsymbol{x}=\boldsymbol{a}+\lambda\boldsymbol{v}$ $(\lambda\in\mathbb{R},\ \boldsymbol{v}\neq\boldsymbol{o})$ und ein Punkt P bestimmen genau eine *Normalebene*

$$\Pi: \boldsymbol{v}\cdot(\boldsymbol{x}-\boldsymbol{p})=0$$

durch den Punkt P, die $\boldsymbol{v}$ als Normalenvektor (d. h. g als Normale) besitzt.

Mit $F := g \cap \Pi$ als Fußpunkt der Normalen g in der Ebene Π muss dann $\boldsymbol{f} - \boldsymbol{a}$ die Orthogonalprojektion von $\boldsymbol{p} - \boldsymbol{a}$ auf $\boldsymbol{v}$ sein. Mit (2.32) ist deshalb

$$F:\ \boldsymbol{f} = \boldsymbol{a} + \frac{\boldsymbol{v} \cdot (\boldsymbol{p} - \boldsymbol{a})}{\boldsymbol{v} \cdot \boldsymbol{v}} \boldsymbol{v}. \tag{2.51}$$

Der Abstand des Punktes P von der Geraden g ist zunächst

$$\overline{Pg} = \inf\left\{\overline{XP} \text{ für alle } X \in g\right\} = \inf\{\|\boldsymbol{p} - \boldsymbol{x}\|,\ \boldsymbol{x} = \boldsymbol{a} + \lambda \boldsymbol{v},\ \lambda \in \mathbb{R}\}.$$

Analog zu dem Fall $\overline{P\Sigma}$ kann man zeigen: $\overline{Pg} = \overline{PF} = \|\boldsymbol{p} - \boldsymbol{f}\|$.

Nach etwas Rechenarbeit findet man für den gesuchten Abstand die Formel

$$\overline{Pg} = \|\boldsymbol{p} - \boldsymbol{f}\| = \left\|(\boldsymbol{p} - \boldsymbol{a}) \times \boldsymbol{v}^0\right\|. \tag{2.52}$$

2.3.3 Schnitt Gerade-Ebene

Es seien eine Gerade und eine Ebene gegeben:

$$g:\ \boldsymbol{x} = \boldsymbol{p} + t\boldsymbol{v},\ (t \in \mathbb{R},\ \boldsymbol{v} \neq \boldsymbol{o}),$$
$$\Sigma:\ \boldsymbol{n} \cdot (\boldsymbol{x} - \boldsymbol{a}) = 0.$$

Für einen Schnittpunkt $S := g \cap \Sigma$ muss

$$\boldsymbol{s} = \boldsymbol{p} + t_s \boldsymbol{v} \quad \text{und} \quad \boldsymbol{n} \cdot (\boldsymbol{s} - \boldsymbol{a}) = 0$$

mit einem bestimmten Wert $t_s \in \mathbb{R}$ gelten. Damit folgt $\boldsymbol{n} \cdot (\boldsymbol{p} + t_s \boldsymbol{v} - \boldsymbol{a}) = 0$, also

$$\boldsymbol{n} \cdot (\boldsymbol{p} - \boldsymbol{a}) + t_s \boldsymbol{n} \cdot \boldsymbol{v} = 0.$$

<u>1. Fall:</u> $\boldsymbol{n} \cdot \boldsymbol{v} \neq 0$

Es gibt genau eine Lösung t_s, d. h. genau einen Schnittpunkt

$$S:\ \boldsymbol{s} = \boldsymbol{p} - \frac{\boldsymbol{n} \cdot (\boldsymbol{p} - \boldsymbol{a})}{\boldsymbol{n} \cdot \boldsymbol{v}} \boldsymbol{v}. \tag{2.53}$$

<u>2. Fall:</u> $\boldsymbol{n} \cdot \boldsymbol{v} = 0$

Die Gerade g liegt parallel zu Σ. Wenn $\boldsymbol{n} \cdot (\boldsymbol{p} - \boldsymbol{a}) \neq 0$ gilt, dann gibt es keinen Schnittpunkt; andernfalls liegt g in Σ, und alle ihre Punkte sind Schnittpunkte.

2.3.4 Schnitt zweier Ebenen

Es seien zwei Ebenen gegeben :

$$\begin{aligned} \Sigma:&\ \boldsymbol{m} \cdot (\boldsymbol{x} - \boldsymbol{a}) = 0, \quad \|\boldsymbol{m}\| = 1; \\ \Phi:&\ \boldsymbol{n} \cdot (\boldsymbol{x} - \boldsymbol{b}) = 0, \quad \|\boldsymbol{n}\| = 1. \end{aligned} \tag{2.54}$$

Wir bilden den Vektor

$$\boldsymbol{v} = \boldsymbol{m} \times \boldsymbol{n},$$

der zu beiden Einheitsnormalenvektoren $\boldsymbol{m}$ und $\boldsymbol{n}$ der Ebenen orthogonal ist.

1. Fall: $\boldsymbol{v} = \boldsymbol{o}$

Dann ist $\boldsymbol{n} = \pm\boldsymbol{m}$ und somit $\Sigma \| \Phi$. Wenn nun $\boldsymbol{m} \cdot (\boldsymbol{b} - \boldsymbol{a}) = 0$ gilt, dann ist $B \in \Phi \cap \Sigma$, also $\Sigma = \Phi$, und sämtliche Ebenenpunkte sind Schnittpunkte; andernfalls gibt es keine Schnittpunkte.

2. Fall: $\boldsymbol{v} \neq \boldsymbol{o}$

Jetzt sind Σ und Φ nicht parallel. Wir erwarten eine Schnittgerade s, von der wir einen Punkt S konstruieren wollen.

Für eine Hilfsgerade durch A in Σ machen wir den Ansatz

$$g: \boldsymbol{x} = \boldsymbol{a} + \alpha \boldsymbol{m} + \beta \boldsymbol{n}$$

und müssen $\boldsymbol{m} \perp (\alpha \boldsymbol{m} + \beta \boldsymbol{n})$ fordern, d. h. $\boldsymbol{m} \cdot (\alpha \boldsymbol{m} + \beta \boldsymbol{n}) = 0$, woraus wir

$$\alpha = -\beta \boldsymbol{m} \cdot \boldsymbol{n} = -\beta\rho \quad \text{mit} \quad \rho := \boldsymbol{m} \cdot \boldsymbol{n}$$

erhalten.

Damit ist die Hilfsgerade g in Σ bestimmt:

$$g: \boldsymbol{x} = \boldsymbol{a} - \beta\rho \boldsymbol{m} + \beta \boldsymbol{n} = \boldsymbol{a} + \beta(\boldsymbol{n} - \rho \boldsymbol{m}).$$

Wenn $S \in g$ in Φ liegen soll, muss gelten $\boldsymbol{n} \cdot (\boldsymbol{a} + \beta(\boldsymbol{n} - \rho \boldsymbol{m}) - \boldsymbol{b}) = 0$.

Dies liefert

$$\beta = \frac{\boldsymbol{n} \cdot (\boldsymbol{b} - \boldsymbol{a})}{\boldsymbol{n} \cdot (\boldsymbol{n} - \rho \boldsymbol{m})}$$

und damit den *Schnittpunkt*

$$S: \boldsymbol{s} = \boldsymbol{a} + \frac{\boldsymbol{n} \cdot (\boldsymbol{b} - \boldsymbol{a})}{1 - \rho^2} (\boldsymbol{n} - \rho \boldsymbol{m}) \quad \text{mit} \quad \rho := \boldsymbol{m} \cdot \boldsymbol{n}.$$

Wegen $S \in \Sigma \cap \Phi$ und (2.54) gilt $\boldsymbol{m} \cdot (\boldsymbol{x} - \boldsymbol{s}) = 0$ und $\boldsymbol{n} \cdot (\boldsymbol{x} - \boldsymbol{s}) = 0$ für alle $X \in s$, deshalb folgt $\boldsymbol{x} - \boldsymbol{s} = t(\boldsymbol{m} \times \boldsymbol{n})$ mit $t \in \mathbb{R}$.

Mit den oben berechneten Vektoren $\boldsymbol{s}$ und $\boldsymbol{v}$ hat die *Schnittgerade die Parameterdarstellung*

$$s: \boldsymbol{x} = \boldsymbol{s} + t\boldsymbol{v}, \quad t \in \mathbb{R}.$$

2.3.5 Winkel zwischen Geraden und Ebenen

Der *Neigungswinkel* $\sphericalangle(g,\Sigma)$ einer Geraden g gegenüber einer Ebene ist der Komplementwinkel zu dem Winkel $\sphericalangle(g,n)$ zwischen nichtorientierten Geraden, wobei n eine beliebige Flächennormale von Σ ist:

$$\sphericalangle(g,\Sigma) := \tfrac{\pi}{2} - \sphericalangle(g,n).$$

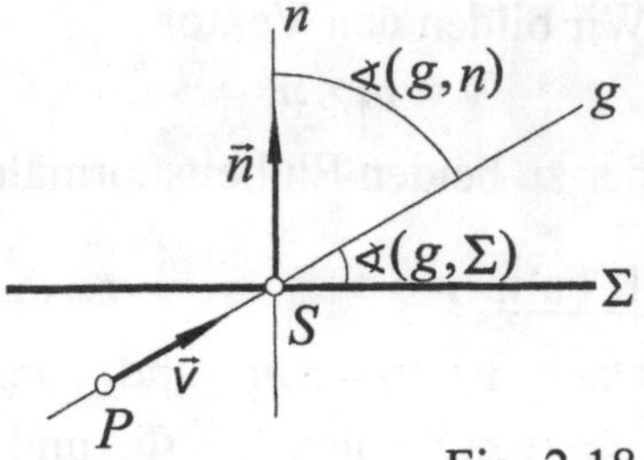

Fig. 2.18

Wegen $\sin\sphericalangle(g,\Sigma) = \sin(\frac{\pi}{2} - \sphericalangle(g,n)) = |\cos\sphericalangle(g,n)|$ und den Bezeichnungen aus 2.3.3 folgt

$$\sin\sphericalangle(g,\Sigma) = \frac{|\boldsymbol{v}\cdot\boldsymbol{n}|}{\|\boldsymbol{v}\|\|\boldsymbol{n}\|}.$$

Aus Fig. 2.19 wird deutlich, dass man als *Winkel zwischen zwei Ebenen* den Winkel zwischen zwei beliebigen Flächennormalen m, n der Ebenen Σ, Φ definiert:

$$\sphericalangle(\Sigma,\Phi) := \sphericalangle(m,n).$$

Es gilt $\cos\sphericalangle(\Sigma,\Phi) = \dfrac{|\boldsymbol{m}\cdot\boldsymbol{n}|}{\|\boldsymbol{m}\|\|\boldsymbol{n}\|}$.

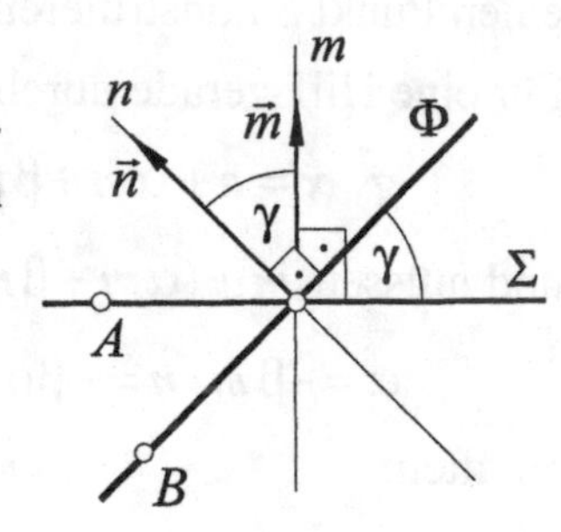

Fig. 2.19

Aufgaben

2.1 Beweisen Sie Satz 2 im Abschnitt 2.1.5!

2.2 Man beweise:
Ein Punkt T einer Strecke AB teilt diese im *Goldenen Schnitt*, wenn $\overline{AB}:\overline{TB} = \overline{TB}:\overline{AT}$ gilt; dann ist $\mathrm{TV}(A,B;T) = -\frac{1}{2}(\sqrt{5}-1)$.

2.3 Man beweise den
Satz von CEVA: *Ein Punkt P liege auf keiner der drei Dreieckseiten eines Dreiecks ABC. Wir betrachten die Schnittpunkte* $A' := AP \cap BC$, $B' := BP \cap CA$ *und* $C' := CP \cap AB$. *Dann gilt*

$$\mathrm{TV}(A,B;C')\,\mathrm{TV}(B,C;A')\,\mathrm{TV}(C,A;B') = -1.$$

2.4 Man beweise den
Satz von MENELAOS: *Eine Gerade g enthalte keinen der Eckpunkte des Dreiecks ABC. Es gelte* $A' := g \cap BC$, $B' := g \cap CA$ und $C' := g \cap AB$. *Dann ist*

$$\mathrm{TV}(A,B;C')\,\mathrm{TV}(B,C;A')\,\mathrm{TV}(C,A;B') = 1.$$

2.5 Man beweise:
In einem räumlichen Viereck *ABCD* schneiden sich die Verbindungsstrecken gegenüberliegender Seitenmittelpunkte und werden von diesem Schnittpunkt halbiert.

2.6 Man beweise mit Eigenschaften des Skalarproduktes:

a) Die Höhen eines Dreiecks schneiden sich in einem Punkt.

b) Die Mittelsenkrechten eines Dreiecks schneiden sich in einem Punkt.

2.7 Man beweise:
Der Höhenschnittpunkt *H*, der Schwerpunkt *S* und der Umkreismittelpunkt *M* eines Dreiecks liegen auf einer Geraden – der sogenannten EULER-Geraden des Dreiecks.

2.8 Zu den Vektoren $\boldsymbol{a}=\begin{pmatrix}1\\1\\2\end{pmatrix}$, $\boldsymbol{b}=\begin{pmatrix}1\\2\\1\end{pmatrix}$, $\boldsymbol{c}=\begin{pmatrix}2\\1\\1\end{pmatrix}$ des $\mathbb{R}^3$ berechne man den Winkel $\sphericalangle(\boldsymbol{a},\boldsymbol{b})$, die Orthogonalprojektion von $\boldsymbol{a}$ auf $\boldsymbol{c}$, den Flächeninhalt des von $\boldsymbol{a}$ und $\boldsymbol{b}$ aufgespannten Dreiecks und das Volumen des Tetraeders mit den Kanten $\boldsymbol{a}$, $\boldsymbol{b}$ und $\boldsymbol{c}$.

2.9 Man beweise:
Die Summe der Normalprojektionen zweier Vektoren des $\mathbb{R}^d$ auf einen dritten Vektor ist gleich der Normalprojektion ihrer Summe.

2.10 Prüfen Sie, ob die Vektoren $\boldsymbol{a}=\begin{pmatrix}3\\2\\1\end{pmatrix}$, $\boldsymbol{b}=\begin{pmatrix}1\\2\\3\end{pmatrix}$, $\boldsymbol{c}=\begin{pmatrix}3\\1\\2\end{pmatrix}$ linear unabhängig sind und stellen Sie gegebenenfalls den Vektor $\boldsymbol{x}=\begin{pmatrix}2\\1\\2\end{pmatrix}$ als Linearkombination aus $\boldsymbol{a}$, $\boldsymbol{b}$ und $\boldsymbol{c}$ dar!

Bilden $\boldsymbol{a}$, $\boldsymbol{b}$, $\boldsymbol{c}$ ein Rechts- oder Linksdreibein?

2.11 Man beweise für $\boldsymbol{a},\boldsymbol{b},\boldsymbol{c},\boldsymbol{d}\in\mathbb{R}^3$

a) $\boldsymbol{a}\times(\boldsymbol{a}\times\boldsymbol{b})=(\boldsymbol{a}\cdot\boldsymbol{b})\,\boldsymbol{a}-(\boldsymbol{a}\cdot\boldsymbol{a})\,\boldsymbol{b}$,

b) den GRASSMANNschen Entwicklungssatz $\boldsymbol{a}\times(\boldsymbol{b}\times\boldsymbol{c})=(\boldsymbol{a}\cdot\boldsymbol{c})\,\boldsymbol{b}-(\boldsymbol{a}\cdot\boldsymbol{b})\,\boldsymbol{c}$ sowie

c) die Identität von LAGRANGE : $(\boldsymbol{a}\times\boldsymbol{b})\cdot(\boldsymbol{c}\times\boldsymbol{d})=(\boldsymbol{a}\cdot\boldsymbol{c})(\boldsymbol{b}\cdot\boldsymbol{d})-(\boldsymbol{a}\cdot\boldsymbol{d})(\boldsymbol{b}\cdot\boldsymbol{c})$.

2.12 Unter welchen notwendigen und hinreichenden Bedingungen sind die zwei Ebenen

$$\Sigma_1:\quad n_0+n_1x_1+n_2x_2+n_3x_3=0,$$
$$\Sigma_2:\quad m_0+m_1x_1+m_2x_2+m_3x_3=0$$

a) parallel und verschieden,

b) identisch,

c) nicht parallel?

2.13

a) Wie lautet eine Gleichung der Ebene Σ_{ABC} durch die drei Punkte $A=(1,-1,-1)$, $B=(3,-3,-2)$ und $C=(2,1,-3)$?

b) Wie lautet eine Parameterdarstellung der Geraden g durch den Punkt $P=(2,-2,-6)$, die auf Σ_{ABC} senkrecht steht?

c) Welchen Abstand hat der Punkt P von Σ_{ABC}?

d) Bestimmen Sie den Fußpunkt der Normalen durch den Ursprung in der Ebene Σ_{ABC}!

e) Bestimmen Sie einen Punkt S auf der Geraden g, so dass das Tetraeder $ABCS$ das Volumen 1 hat!

2.14 Durch Spiegelung an der Ebene Σ_{ABC} geht ein Punkt P in seinen Spiegelpunkt Q über. Gesucht sind die Koordinaten von Q, ausgedrückt durch die von A, B, C und P.

2.15 Eine Gerade $g\colon \boldsymbol{x}=(-9,-41,-1)^{\mathrm{T}}+\lambda(4,13,1)^{\mathrm{T}}$ und eine Ebene $\Sigma\colon -4+6x_1-2x_2-9x_3=0$ sind gegeben. Gesucht sind

a) der Schnittpunkt $S=g\cap\Sigma$,

b) das Spiegelbild g^{σ} der Geraden g an der Ebene Σ,

c) eine Gleichung der Verbindungsebene gg^{σ} und

d) der Punkt R auf g mit dem Abstand $d(R,\Sigma)=-1$.

2.16

a) Geben Sie die Schnittgerade der Ebene Σ_{ABC} aus Aufgabe 2.13 und der Ebene Σ aus Aufgabe 2.15 an!

b) Bestimmen Sie den Schnittwinkel dieser Ebenen!

c) Wie groß sind die Neigungswinkel $\sphericalangle(x_1,\Sigma_{ABC})$ und $\sphericalangle(x_1,\Sigma)$ dieser Ebenen gegenüber der x_1-Achse?

2.17 Beweisen Sie:
Sind $g\colon \boldsymbol{x}=\boldsymbol{a}+\lambda\boldsymbol{v}$ und $h\colon \boldsymbol{x}=\boldsymbol{b}+\mu\boldsymbol{w}$ windschiefe Geraden des 3-Raumes, dann haben sie den (kürzesten) Abstand $\overline{gh}=\left|\boldsymbol{n}^0\cdot(\boldsymbol{b}-\boldsymbol{a})\right|$ mit $\boldsymbol{n}^0:=\dfrac{\boldsymbol{v}\times\boldsymbol{w}}{\|\boldsymbol{v}\times\boldsymbol{w}\|}$.

2.18 Sind (α,β,γ) baryzentrische Koordinaten eines Punktes X bezüglich des Dreiecks ABC in der Ebene E^2, dann gilt:

a) X liegt in der Dreiecksfläche oder auf dem Rand des Dreiecks ABC genau dann, wenn $\alpha,\beta,\gamma\geq 0$.

b) Mit der Bezeichnung $\Delta(X,Y,Z)$ für den Flächeninhalt eines Dreiecks XYZ ist

$$\alpha=\frac{\Delta(X,B,C)}{\Delta(A,B,C)},\quad \beta=\frac{\Delta(A,X,C)}{\Delta(A,B,C)}\quad\text{und}\quad \gamma=\frac{\Delta(A,B,X)}{\Delta(A,B,C)}.$$

3 Elementare Kurven und Flächen

Mit den bisher beschriebenen Grundbegriffen lassen sich unter Hinzunahme weniger Ergänzungen (Anordnung, Bewegung, Stetigkeit) prinzipiell alle geometrischen Objekte als Punktmengen bzw. als Systeme aus geometrischen Elementen definieren. Hierzu werden im Folgenden ein paar Beispiele gegeben, um den Formenreichtum an geometrischen Modellen für die Praxis wenigstens anzudeuten. Es werden elementare Eigenschaften an Kugeln, Zylindern, Prismen, Kegeln, Pyramiden und Regelflächen behandelt. Gleichzeitig wird damit ein Vorrat an interessanten Objekten für die folgenden Projektionsverfahren bereitgestellt.

Die analytische Darstellung von Objekten stützt sich hauptsächlich auf die zwei Möglichkeiten: Die zu beschreibenden Punktmengen sind *Lösungsmengen von Gleichungen* $f_j(x_1,\dots,x_k)=0$, $j=1,\dots,n$, oder werden durch *Parameterdarstellungen* $x_i = x_i(u_1,\dots,u_k)$, $i=1,\dots,d$, angegeben. Es sei an die Gleichung der Geraden, des Kreises, der Parabel, der Ellipse und Hyperbel sowie auch ihre Parameterdarstellungen erinnert. Wir werden Methoden der Differentialrechnung benutzen, um Tangenten und Tangentialebenen zu bestimmen, und machen damit erste Schritte in die Differentialgeometrie.

3.1 Kreis und Kugel

Die Punkte $X=(x_1,\dots,x_d)$ gleichen festen Abstandes r (>0) von einem festen Punkt $M=(m_1,\dots,m_d)$ liegen im E^2 bzw. E^3 auf einem Kreis bzw. einer Kugel Φ mit der Gleichung

$$\| \boldsymbol{x}-\boldsymbol{m} \| = r \Leftrightarrow (\boldsymbol{x}-\boldsymbol{m})\cdot(\boldsymbol{x}-\boldsymbol{m}) = r^2. \tag{3.1}$$

Bemerkung: Im Folgenden wollen wir nur von der Kugel sprechen, jedoch gelten die Aussagen gleichermaßen für den Kreis. In diesem Fall $d=2$ setze man einfach $x_3=0$ und $m_3=0$.

3.1.1 Schnitt Gerade-Kugel

Wenn die Schnittpunkte einer Geraden

$$g: \boldsymbol{x} = \boldsymbol{a} + \lambda \boldsymbol{v},\ \|\boldsymbol{v}\| = 1,\ -\infty < \lambda < \infty, \tag{3.2}$$

durch einen Punkt A mit einer Kugel (3.1) gesucht sind, dann hat man die Schnittbedingung

$$0 = \|\boldsymbol{x}(\lambda)-\boldsymbol{m}\|^2 - r^2 \Leftrightarrow \lambda^2 + 2\lambda \boldsymbol{v}\cdot(\boldsymbol{a}-\boldsymbol{m}) + (\boldsymbol{a}-\boldsymbol{m})\cdot(\boldsymbol{a}-\boldsymbol{m}) - r^2 = 0$$

zu lösen, also die quadratische Gleichung

$$\lambda^2 + 2p\lambda + q = 0 \quad \text{mit} \quad p := (\boldsymbol{a} - \boldsymbol{m}) \cdot \boldsymbol{v}, \quad q := \| \boldsymbol{a} - \boldsymbol{m} \|^2 - r^2, \tag{3.3}$$

mit den Lösungen

$$\lambda_{1,2} = -p \pm \sqrt{p^2 - q}.$$

Im Fall $\sqrt{p^2 - q} \geq 0$ gibt es Schnittpunkte $X_i = g \cap \Phi$: $\boldsymbol{x}_i = \boldsymbol{a} + \lambda_i \boldsymbol{v}$ $(i = 1,2)$, wobei wegen $\| \boldsymbol{v} \| = 1$ gilt:

$$|\lambda_i| = \overline{AX_i}.$$

Die reelle Zahl

$$\operatorname{pot}(\boldsymbol{a}) := \| \boldsymbol{a} - \boldsymbol{m} \|^2 - r^2$$

heißt die *Potenz* des Punktes A bezüglich der Kugel (3.1).

Offenbar ist $\operatorname{pot}(\boldsymbol{a}) > (=,<) 0$, wenn $\boldsymbol{a}$ außerhalb (auf, innerhalb) der Kugel liegt.

In (3.3) erkennen wir $q = pot(\boldsymbol{a})$, und andererseits gilt nach dem VIETAschen Wurzelsatz $|q| = |\lambda_1 \lambda_2| = |\overline{AX_1}\,\overline{AX_2}|$.

Damit ist bewiesen (und in Fig. 3.1 illustriert):

Sehnen- bzw. Tangentensatz: *Das Produkt der Abstände $\overline{AX_i}$ zwischen einem festen Punkt A und den Schnittpunkten X_i einer Sehne oder Tangente durch A mit einer Kugel ist konstant, nämlich gleich dem absoluten Betrag der Potenz des Punktes A bezüglich der Kugel.*

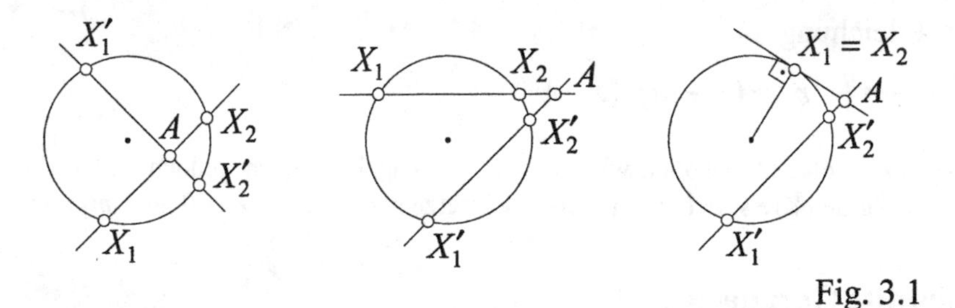

Fig. 3.1

Zur Übung beweise man den

Satz: *Zwei Kugeln bestimmen genau eine Potenzebene, deren Punkte die gleiche Potenz bezüglich beider Kugeln haben.*

3.1.2 Tangente und Tangentialebene

Wir kehren zum Schnitt einer Geraden g nach (3.2) und (3.3) mit einer Kugel zurück und diskutieren den Fall, dass $A \in \Phi$ gilt.

Dann ist

$$\| \boldsymbol{a}-\boldsymbol{m} \|^2 = r^2, \text{ d. h. } q=0,\ \lambda_1=0,\ \lambda_2=-2p,$$

und g schneidet die Kugel in $\boldsymbol{x}_1 := \boldsymbol{a}$ und $\boldsymbol{x}_2 := \boldsymbol{a}-2p\boldsymbol{v}$.

Eine Gerade, welche eine Kugel in einem Doppelpunkt schneidet, soll *Kugeltangente* heißen. Die Bedingung, dass g durch A eine Kugeltangente in $X_0 := X_1 = X_2$ ist, lautet daher

$$\lambda_2 = 0 \Leftrightarrow p = 0 \Leftrightarrow (\boldsymbol{a}-\boldsymbol{m})\cdot\boldsymbol{v} = 0.$$

Setzen wir die umgestellte Darstellung (3.2), $\boldsymbol{x}-\boldsymbol{a}=\lambda\boldsymbol{v}$, in diese Bedingung ein, so folgt für alle Punkte X, die auf einer Tangente durch den Kugelpunkt A an die Kugel liegen:

$$(\boldsymbol{a}-\boldsymbol{m})\cdot(\boldsymbol{x}-\boldsymbol{a}) = 0.$$

Das ist aber die Gleichung einer Ebene $\Sigma_{A,\boldsymbol{a}-\boldsymbol{m}}$ (mit $(\boldsymbol{a}-\boldsymbol{m})$ als Normalenvektor), die von allen Tangenten durch $\boldsymbol{a}$ an die Kugel Φ gebildet wird und die wir *Tangentialebene* in A an Φ nennen.

Somit ist gezeigt:

Satz: *Die Tangentialebene an die Kugel* $\Phi: (\boldsymbol{x}-\boldsymbol{m})\cdot(\boldsymbol{x}-\boldsymbol{m}) = r^2$ *im Punkt* $A \in \Phi$ *hat die Gleichung*

$$(\boldsymbol{a}-\boldsymbol{m})\cdot(\boldsymbol{x}-\boldsymbol{a}) = 0. \tag{3.4}$$

3.2 Parameterdarstellungen

3.2.1 Kurven und Tangenten

Eine Punktmenge c des E^d heißt ein *Kurvenstück*, wenn sie nach Wahl eines Koordinatensystems als Bildmenge eines Intervalls $U \subseteq \mathbb{R}$ bei einer stetigen Abbildung

$$\boldsymbol{x}: U \to E^d : u \mapsto \boldsymbol{x}(u) = \begin{pmatrix} x_1(u) \\ \vdots \\ x_d(u) \end{pmatrix} \tag{3.5}$$

beschrieben werden kann. Man nennt (3.5) eine Parameterdarstellung des Kurvenstücks und schreibt – wie bisher schon benutzt – abkürzend dafür

$$c: \boldsymbol{x} = \boldsymbol{x}(u),\ u \in U.$$

Wenn die Koordinatenfunktionen $x_1(u),\dots,x_d(u)$ auf U k-mal stetig differenzierbar sind, dann heißt c ein C^k *-Kurvenstück*. Im Folgenden sei $k \geq 0$ hinreichend groß.

Eine *Kurve* ist die Vereinigungsmenge von endlich vielen Kurvenstücken. Der Parameter u heißt *Kurvenparameter*; er kann als Zeit gedeutet werden, dann sprechen wir von einer *Bahnkurve*.

Diese können wir uns als Menge aller Punkte des E^d vorstellen, die durch eine Bewegung eines Punktes erzeugt wird.

Beispiel: Der Punkt $A=(r,0,0)$, $r=\text{const.}\neq 0$, beschreibt die Bahnkurve

$$c\colon \boldsymbol{x}(u)=\begin{pmatrix} r\cos u \\ r\sin u \\ pu \end{pmatrix},\ u\in\mathbb{R}, \tag{3.6}$$

die eine *Schraublinie* mit dem *Schraubparameter* p $(\neq 0)$ bzw. der *Ganghöhe* $2\pi p$ heißt (Fig. 3.2). Für $p>0$ bzw. $p<0$ liegt eine *Rechts-* bzw. *Links*schraublinie vor.

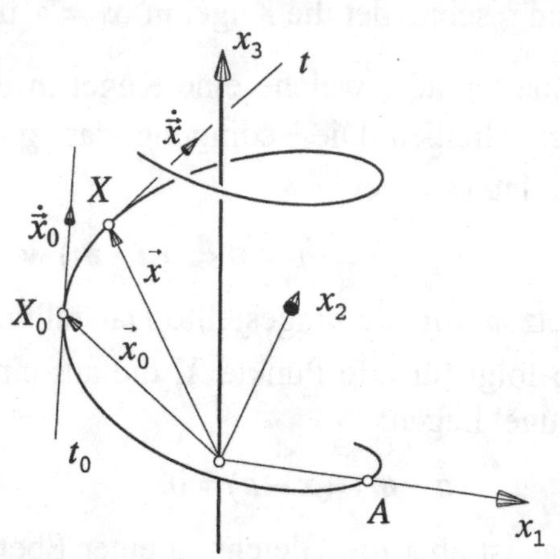

Fig. 3.2

□

Die Verbindungsgerade aufeinanderfolgender Kurvenpunkte $X_0\colon \boldsymbol{x}_0=\boldsymbol{x}(u_0)$ und $X\colon \boldsymbol{x}(u_0+h)$ mit $h:=u-u_0>0$ ist eine *Kurvensekante* von c und hat den Richtungsvektor $\frac{1}{h}(\boldsymbol{x}(u_0+h)-\boldsymbol{x}(u_0))$.

Die Grenzgerade $\lim\limits_{X\to X_0} X_0X$ heißt, falls sie existiert, die *(Kurven-)Tangente* t_0 von c in X_0.

Ein Richtungsvektor von t_0 ist nach Definition des Differentialquotienten:

$$\dot{\boldsymbol{x}}_0=\frac{\mathrm{d}}{\mathrm{d}u}\boldsymbol{x}(u_0)=\lim_{u\to u_0}\frac{\boldsymbol{x}(u)-\boldsymbol{x}(u_0)}{u-u_0}=\lim_{h\to 0}\begin{pmatrix} \dfrac{x_1(u_0+h)-x_1(u_0)}{h} \\ \dfrac{x_2(u_0+h)-x_2(u_0)}{h} \\ \dfrac{x_3(u_0+h)-x_3(u_0)}{h} \end{pmatrix}=\begin{pmatrix} \dfrac{\mathrm{d}x_1(u_0)}{\mathrm{d}u} \\ \dfrac{\mathrm{d}x_2(u_0)}{\mathrm{d}u} \\ \dfrac{\mathrm{d}x_3(u_0)}{\mathrm{d}u} \end{pmatrix}.$$

Ein Kurvenpunkt $X_0\colon \boldsymbol{x}_0=\boldsymbol{x}(u_0)$ wird *regulär* genannt, wenn $\frac{\mathrm{d}}{\mathrm{d}u}\boldsymbol{x}(u_0)\neq\boldsymbol{o}$ gilt, also dort die Tangente an c existiert; andernfalls heißt $\boldsymbol{x}_0$ *singulär*.

Eine Kurve aus regulären Punkten heißt *glatt*.

Bis auf Widerruf setzen wir jetzt eine glatte Kurve voraus.

Es ist dann

$$t\colon\ y(\lambda) = x + \lambda \dot{x}, \quad \lambda \in \mathbb{R}, \tag{3.7}$$

eine Parameterdarstellung der Kurventangente t in X an c.

Bemerkung: Der positive Durchlaufungssinn von $[a,b] \subset \mathbb{R}$ überträgt sich auf einen positiven Durchlaufungssinn der Kurve. Wird $u \in [a,b] \subset \mathbb{R}$ als Zeit interpretiert, dann ist $\dot{x}$ der Geschwindigkeitsvektor zur Zeit u, der in Richtung des positiven Durchlaufungssinns zeigt.

3.2.2 Flächen und Tangentialebenen

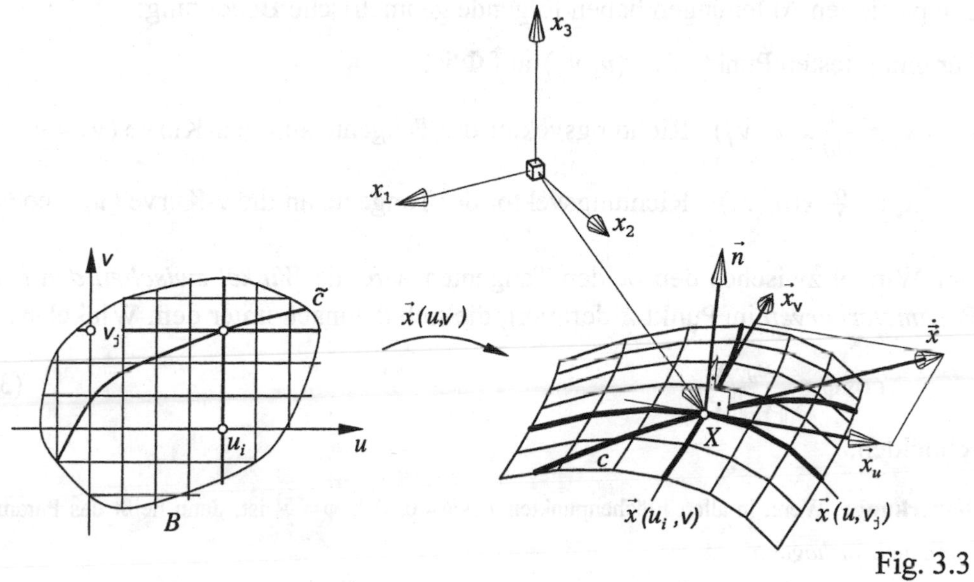

Fig. 3.3

Wird ein Gebiet $B \subseteq \mathbb{R}^2$ der (u,v)-Ebene, genannt *Parametergebiet*, durch eine stetige differenzierbare Abbildung $x\colon B \to \Phi\colon (u,v) \mapsto x = x(u,v)$ in den Raum abgebildet, so bildet die Menge aller Punkte $X\colon x(u,v)$ ein *Flächenstück*

$$\Phi\colon\ x = x(u,v) = \begin{pmatrix} x_1(u,v) \\ x_2(u,v) \\ x_3(u,v) \end{pmatrix}, \quad (u,v) \in B. \tag{3.8}$$

Als spezielle Flächen wurden die HP-Fläche (Fig. 2.10), der Drehzylinder (2.37) und die Sphäre (2.39) vorgestellt (vgl. Fig. 2.13, 2.14).

Die Darstellung (3.8) heißt *reguläre Parameterdarstellung der Klasse k* eines Flächenstücks Φ mit den Parametern u, v, wenn

a) B ein einfach zusammenhängender Bereich der u, v-Parameterebene ist,

b) die Funktionen $x_i(u,v)$ k-mal stetig differenzierbar sind und

c) $\boldsymbol{n}(u,v) := \frac{\partial}{\partial u}\boldsymbol{x}(u,v) \times \frac{\partial}{\partial v}\boldsymbol{x}(u,v) \neq \boldsymbol{o}$ für alle $(u,v) \in B$. (3.9)

Eine *Fläche* ist Vereinigungsmenge von endlich vielen Flächenstücken.

Die auf Φ liegende Kurve $\boldsymbol{x}(u,v_j)$, $u_a \leq u \leq u_b$, $v = v_j = \text{const.}$, heißt *u-(Parameter-)Kurve* von Φ. Entsprechend heißt $\boldsymbol{x}(u_i,v)$, $v_a \leq v \leq v_b$, $u = u_i = \text{const.}$, eine *v-(Parameter-)Kurve* von Φ.

Die Gesamtheit der Parameterkurven heißt *Parameterkurvennetz.*

Die partiellen Ableitungen haben folgende geometrische Bedeutung:

Für einen festen Punkt X: $\boldsymbol{x}(u_i,v_j)$ auf Φ ist

- $\boldsymbol{x}_u := \frac{\partial}{\partial u}\boldsymbol{x}(u_i,v_j)$ Richtungsvektor der Tangente an die u-Kurve ($v_j = \text{const.}$),
- $\boldsymbol{x}_v := \frac{\partial}{\partial v}\boldsymbol{x}(u_i,v_j)$ Richtungsvektor der Tangente an die v-Kurve ($u_i = \text{const.}$).

Der Winkel zwischen den beiden Tangenten wird als *Winkel zwischen den beiden Parameterkurven* im Punkt X definiert, die sich demnach unter dem Winkel φ mit

$$\cos\varphi = \frac{\boldsymbol{x}_u \cdot \boldsymbol{x}_v}{\|\boldsymbol{x}_u\|\|\boldsymbol{x}_v\|} \tag{3.10}$$

schneiden.

Bemerkung: Wenn in allen Flächenpunkten $\cos\varphi = 0$, d. h. $\varphi = \frac{\pi}{2}$ ist, dann heißt das Parameterkurvennetz *orthogonal*.

Die Bedingung (3.9) ist bei $\boldsymbol{x}_u \neq \boldsymbol{o}$ und $\boldsymbol{x}_v \neq \boldsymbol{o}$ gleichwertig mit $0 < \varphi < \pi$, d. h., sie verlangt, dass in allen Flächenpunkten die Tangenten an die u- und v-Parameterkurven nicht zusammenfallen.

Ein Flächenpunkt heißt *regulär* bezüglich der Parameterdarstellung (3.8), wenn für ihn (3.9) gilt, andernfalls *singulär*.

Diese Eigenschaft hängt also von der gewählten Parameterdarstellung ab, nicht notwendig von der Fläche als einem geometrischen Gebilde.

Jede Kurve auf einer Fläche $\Phi \subset E^3$ heißt eine *Flächenkurve*, jede Tangente einer Flächenkurve ist eine *Flächentangente*.

Eine Ebene Σ durch einen Flächenpunkt X_0 heißt *Tangentialebene* in X_0, wenn jede Gerade in Σ durch X_0 eine Flächentangente ist – weiter heißt X_0 dann *Berührungspunkt* von Σ.

Die zu einer Tangentialebene normale Gerade durch den Berührungspunkt heißt *Flächennormale* n in X_0.

Mit den Richtungsvektoren $\boldsymbol{x}_u(u_i, v_j)$ bzw. $\boldsymbol{x}_v(u_i, v_j)$ im Punkt X_0 an die Parameterlinien ist

$$\boldsymbol{n} := \boldsymbol{x}_u(u_i, v_j) \times \boldsymbol{x}_v(u_i, v_j)$$

ein Richtungsvektor dieser Flächennormalen und

$$n\colon \boldsymbol{x} = \boldsymbol{x}_0 + \lambda \boldsymbol{n} \tag{3.11}$$

eine Parameterdarstellung.

3.2.3 EULERsche und implizite Flächendarstellung

Die spezielle Parameterdarstellung einer Fläche

$$\Phi\colon \boldsymbol{x} = \boldsymbol{x}(u,v) = \begin{pmatrix} u \\ v \\ z(u,v) \end{pmatrix}, \quad (u,v) \in B \subset \mathbb{R}^2,$$

kann kurz als

$$z = f(x,y), \quad (x,y) \in B \subset \mathbb{R}^2, \tag{3.12}$$

geschrieben werden und heißt *explizite* oder *EULERsche* Flächendarstellung.

Demgegenüber stellt eine Gleichung

$$F(x,y,z) = 0 \tag{3.13}$$

eine *implizite* Flächendarstellung dar (vgl. z. B. die Kugel (3.1): $\|x - m\| - r = 0$).

Während man stets von der expliziten Flächendarstellung zu einer impliziten Darstellung wechseln kann, ist dies umgekehrt nur in wenigen Fällen praktisch möglich.

Wenn die folgenden Ableitungen existieren, lassen sich für die Darstellungen (3.12) bzw. (3.13) folgende Flächennormalenvektoren berechnen:

$$\boldsymbol{n} = \begin{pmatrix} 1 \\ 0 \\ f_x \end{pmatrix} \times \begin{pmatrix} 0 \\ 1 \\ f_y \end{pmatrix} = \begin{pmatrix} -f_x \\ -f_y \\ 1 \end{pmatrix} \quad \text{bzw.} \quad \boldsymbol{n} = \operatorname{grad} F = (F_x, F_y, F_z)^{\mathrm{T}}.$$

3.3 Spezielle Flächen

3.3.1 Zylinder und Prisma

Zylinder und Prisma können einheitlich definiert werden, wenn man zunächst den Begriff des Polygons erklärt.

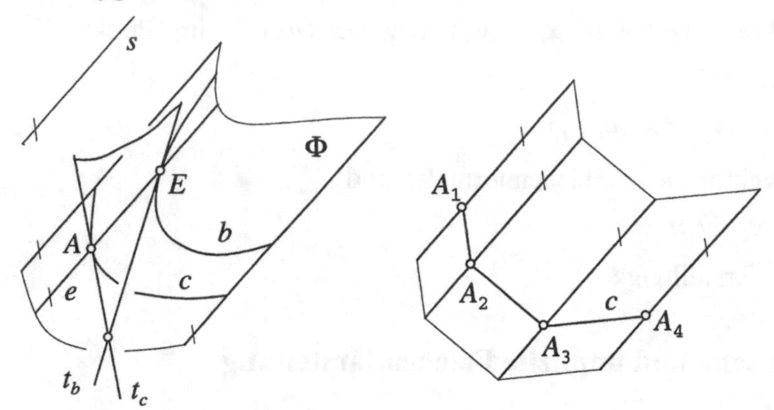

Fig. 3.4

Eine Folge von Strecken A_iA_{i+1}, $i = 1,\ldots,n-1$, von denen nie zwei aufeinanderfolgende einer Geraden angehören, heißt ein *Polygon* mit den *Ecken* $A_1,\ldots,A_n$ $(n \geq 2)$ und den *Seiten* A_iA_{i+1}.

Im Fall $A_1 = A_n$, wobei A_1A_2 und $A_{n-1}A_1$ nicht derselben Geraden angehören, sprechen wir von einem *geschlossenen* Polygon.

Eine Strecke ist eine Kurve, ein Polygon demnach eine Kurve, die in den Ecken $A_2,\ldots,A_{n-1}$ nicht regulär ist, da dort je zwei Tangenten an die in jeder Ecke zusammentreffenden Kurvenstücke existieren.

Wenn eine Kurve $c\colon \mathbf{y} = \mathbf{y}(u)$, $u \in U$, und eine Gerade s mit $\mathbf{z}$ als Richtungsvektor derart gegeben sind, dass alle s-parallelen Geraden durch die Punkte von c eine Fläche Φ bilden, dann heißt Φ ein *Zylinder* mit den s-parallelen Geraden als *Erzeugenden* und c als *Leitkurve*.

Als Parameterdarstellung eines Zylinders ergibt sich damit

$$\Phi\colon \mathbf{x}(u,v) = \mathbf{y}(u) + v\,\mathbf{z}, \quad (u,v) \in U \times \mathbb{R}. \tag{3.14}$$

Ist die Kurve c speziell ein Polygon, so spricht man von einem *Prisma* Φ mit dem *Leitpolygon* c. Die Erzeugenden durch die Ecken des Leitpolygons heißen *Kanten* des Prismas. Die parallelen Kanten durch die beiden Ecken einer Seite des Leitpolygons bestimmen eine Seitenebene des Prismas.

3.3.2 Kegel und Pyramide

Wenn eine Kurve c: $y = y(u)$, $u \in U$, und ein nicht auf c liegender Punkt S: s derart gegeben sind, dass alle Verbindungsgeraden von S mit den Punkten von c eine Fläche Φ bilden, dann heißt Φ ein *Kegel* mit der *Spitze S*. Die Verbindungsgeraden nennt man *Erzeugende.* Der Kegel hat dann die Parameterdarstellung

$$\Phi: x(u,v) = s + v(y(u) - s), \quad (u,v) \in U \times \mathbb{R}. \tag{3.15}$$

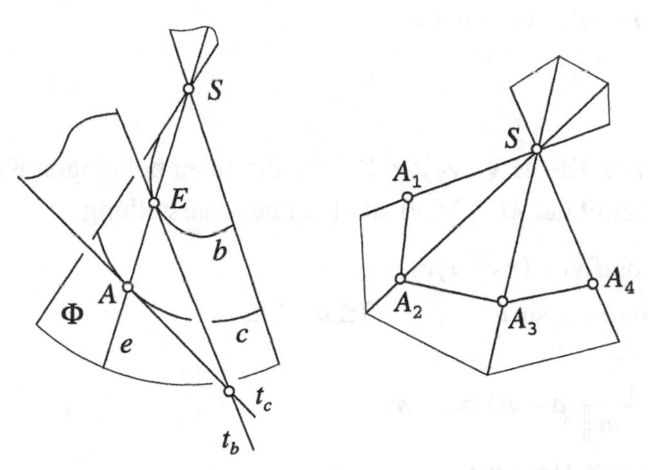

Fig. 3.5

Ist die Kurve c speziell ein Polygon, so spricht man von einer *Pyramide* mit der *Spitze S* und dem *Leitpolygon c.* Die sich in S schneidenden Kanten durch die beiden Ecken einer Seite des Leitpolygons bestimmen dann eine *Seitenebene* der Pyramide.

Ein *Halbkegel* bzw. eine *Halbpyramide* wird festgelegt, wenn die Definition auf die von S ausgehenden Halbgeraden eingeschränkt wird (etwa $v \geq 0$).

3.3.3 Kreis im Raum, Drehzylinder und -kegel

Ein Kreis $k = k(\Sigma, M, r)$ im E^3 sei die Menge aller Punkte X in einer Ebene Σ, die von einem festen Punkt M denselben Abstand $\overline{MX} = r$ haben. Dabei heißen Σ die *Trägerebene*, M der *Mittelpunkt* und r der *Radius* von k. Die Normale zu Σ durch M heißt *Kreisachse* von k.

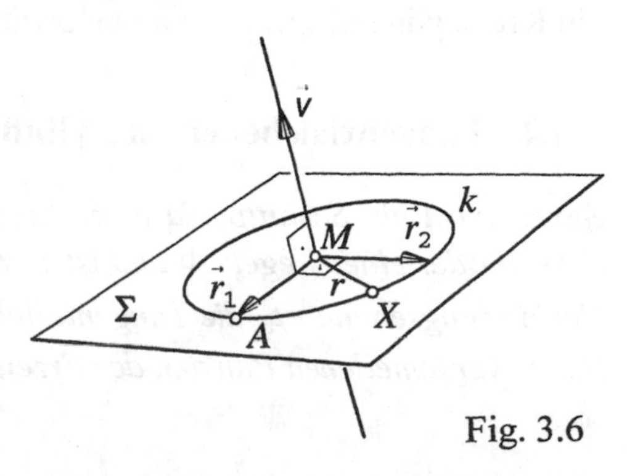

Fig. 3.6

Es sei

$$\Sigma: \boldsymbol{v} \cdot (\boldsymbol{x} - \boldsymbol{m}) = 0, \ \|\boldsymbol{v}\| = 1,$$

eine Gleichung von Σ; dann ist

$$g: \boldsymbol{x} = \boldsymbol{m} + \lambda \boldsymbol{v}, \ -\infty < \lambda < \infty,$$

eine Parameterdarstellung der Kreisachse. Es sei $A \in \Sigma$ mit $\overline{MA} = r$ ein Kreispunkt; dann spannen die orthonormierten Vektoren

$$\boldsymbol{v}_1 := \frac{1}{\|\boldsymbol{a} - \boldsymbol{m}\|}(\boldsymbol{a} - \boldsymbol{m}), \quad \boldsymbol{v}_2 := \boldsymbol{v} \times \boldsymbol{v}_1$$

die Ebene Σ auf.

Mit Bezug auf ein ebenes $\mathrm{KS}(M; \boldsymbol{v}_1, \boldsymbol{v}_2)$ in Σ folgt für einen beliebigen Kreispunkt $X = (r\cos u, r\sin u)$. Damit hat $k(\Sigma, M, r)$ die Parameterdarstellung

$$\begin{aligned} \boldsymbol{x}(u) &= \boldsymbol{m} + (r\cos u)\boldsymbol{v}_1 + (r\sin u)\boldsymbol{v}_2 \\ &= \boldsymbol{m} + \boldsymbol{r}_1 \cos u + \boldsymbol{r}_2 \sin u, \qquad 0 \le u < 2\pi, \end{aligned} \tag{3.16}$$

mit

$$\boldsymbol{r}_1 := r\boldsymbol{v}_1 = r\frac{1}{\|\boldsymbol{a} - \boldsymbol{m}\|}(\boldsymbol{a} - \boldsymbol{m}) = \boldsymbol{a} - \boldsymbol{m},$$

$$\boldsymbol{r}_2 := r\boldsymbol{v}_2 = \boldsymbol{v} \times \boldsymbol{r}_1 = \boldsymbol{v} \times (\boldsymbol{a} - \boldsymbol{m}).$$

Ein Zylinder bzw. ein Kegel, der einen Kreis als Leitkurve besitzt, heißt *Kreiszylinder* bzw. *Kreiskegel*. Speziell sprechen wir von einem *Drehzylinder* bzw. *Drehkegel*, wenn die Kreisachse des Leitkreises zu den Zylindererzeugenden parallel ist bzw. die Kreisachse die Kegelspitze enthält.

Ist ein Leitkreis k durch (3.16) gegeben mit $\boldsymbol{z}$-parallelen Erzeugenden, dann ist

$$\begin{aligned} \Psi_0: \boldsymbol{x}(u,v) = \boldsymbol{m} + (\boldsymbol{a} - \boldsymbol{m})\cos u + \boldsymbol{v} \times (\boldsymbol{a} - \boldsymbol{m})\sin u + v\boldsymbol{z}, \\ (u,v) \in [0, 2\pi) \times \mathbb{R}, \end{aligned} \tag{3.17}$$

ein Kreiszylinder, speziell ein Drehzylinder für $\boldsymbol{z} = \rho \boldsymbol{v}$ $(\rho \neq 0)$.

3.3.4 Tangentialebenen an Zylinder und Kegel

Satz: *Ist A ein Schnittpunkt einer Erzeugenden e mit der Leitkurve c eines Zylinders Φ oder eines Kegels Φ und ist $t_c \neq e$ die Leitkurventangente in A, dann ist die Verbindungsebene et_c die Tangentialebene an Φ in A sowie auch in allen von der Spitze verschiedenen Punkten der Erzeugenden e.*

B e w e i s: (Vgl. Fig. 3.4 und 3.5). Mit den Bezeichnungen von (3.9) bis (3.15) sei A: $\boldsymbol{a} = \boldsymbol{x}(u_0, v_0)$. Die Flächennormale n von Φ im Punkt A hat den Richtungsvektor

$$\boldsymbol{n} = \boldsymbol{x}_u(u_0,v_0)\times\boldsymbol{x}_v(u_0,v_0) = \begin{cases} \dot{\boldsymbol{y}}\times\boldsymbol{z} & \text{für den Fall des Zylinders } (v_0 = 0) \\ \dot{\boldsymbol{y}}\times(\boldsymbol{y}-\boldsymbol{s}) & \text{für den Fall des Kegels } \quad (v_0 = 1), \end{cases}$$

wobei $\dot{\boldsymbol{y}}$ ein Richtungsvektor von t_c und $\boldsymbol{z}$ bzw. $(\boldsymbol{y}-\boldsymbol{s})$ ein Richtungsvektor von e ist. Aus den Eigenschaften des Kreuzproduktes folgt in beiden Fällen $n \perp t_c$ und $n \perp e$, d. h., $\dot{\boldsymbol{y}}$ und $\boldsymbol{z}$ bzw. $(\boldsymbol{y}-\boldsymbol{s})$ spannen die Tangentialebene et_c auf.

Es ist E: $\boldsymbol{e} = \boldsymbol{x}(u_0, v_1)$, $v_1 \neq v_0$, ein beliebiger Punkt E auf der durch $u = u_0$ festgelegten Erzeugenden e von Φ. Wird die Flächennormale n_1 von Φ in E berechnet, so hat n_1 den Richtungsvektor

$$\boldsymbol{n}_1 = \boldsymbol{x}_u(u_0,v_1)\times\boldsymbol{x}_v(u_0,v_1) = \begin{cases} \dot{\boldsymbol{y}}\times\boldsymbol{z} \\ v_1\dot{\boldsymbol{y}}\times(\boldsymbol{y}-\boldsymbol{s}). \end{cases}$$

Es ist offensichtlich $n \parallel n_1$. Da E in der Tangentialebene et_c liegt, ist diese identisch mit der Tangentialebene an Φ in E.

□

Aus der Definition einer Tangentialebene ergibt sich die

Folgerung: Wenn eine Flächenkurve b in einem Punkt E eine Erzeugende e von Φ schneidet, dann liegt die Flächenkurventangente t_b in der gemeinsamen Tangentialebene et_c aller Punkte von e.

3.3.5 Regelflächen und Torsen

Eine Fläche heißt *Regelfläche* (*Strahlfläche*), wenn durch jeden Flächenpunkt eine Gerade geht. Wir konstruieren eine Regelfläche Γ durch Wahl einer *Leitkurve* c: $\boldsymbol{y} = \boldsymbol{y}(u)$, $u \in U$, auf Γ. Durch jeden Punkt von c muss dann eine Gerade gehen, für die $\boldsymbol{z} = \boldsymbol{z}(u)$ mit $\boldsymbol{z}(u) \neq \boldsymbol{o}$ für alle $u \in U$ ein Richtungsvektor sei.

Dann ist nämlich

$$\Gamma:\ \boldsymbol{x}(u,v) = \boldsymbol{y}(u) + v\boldsymbol{z}(u),\quad (u,v)\in U\times \mathbb{R},\quad \boldsymbol{z}(u)\neq\boldsymbol{o}, \tag{3.18}$$

eine Parameterdarstellung von Γ.

Jede v-Kurve auf Γ ist eine Gerade, die entsprechend der Konstruktion von (3.18) eine *Erzeugende* von Γ heißt.

Die zu den Erzeugenden von Γ parallelen Geraden durch den Ursprung des Koordinatensystems schneiden die Einheitssphäre im *sphärischen Bild*

$$\boldsymbol{z}^0(u) := \frac{\boldsymbol{z}(u)}{\|\boldsymbol{z}(u)\|},\quad u\in U, \tag{3.19}$$

der Regelfläche Γ.

Eine Regelfläche Γ heißt *konoidal*, wenn alle ihre Erzeugenden parallel zu einer *Richtebene* Σ liegen. Wenn alle Erzeugenden überdies eine Gerade treffen (die nicht in Σ liegt), so heißt Γ ein *Konoid*.

Beispiele für Regelflächen:

(1) Zylinder (3.14) und Kegel (3.15)
Das sphärische Bild eines Zylinders entartet in einen Punkt.
Das sphärische Bild eines Kegels ist kongruent zu der Schnittkurve des Kegels mit der Einheitssphäre um dessen Spitze.

(2) Ein *hyperbolisches Paraboloid* Φ wird durch die Gleichung

$$\frac{x^2}{a^2}-\frac{y^2}{b^2}+2cz=0 \quad (a,b>0, c\neq 0) \tag{3.20}$$

definiert. Man sieht sofort:
Schneidet man diese Fläche mit einer Ebene $z=z_0\neq 0$, so ergibt sich eine Hyperbel. Der Schnitt mit einer Ebene $x=x_0$ bzw. $y=y_0$ ergibt je eine Parabel.

Die Definitionsgleichung (3.20) ist äquivalent zu

$$\left(\frac{x}{a}+\frac{y}{b}\right)\left(\frac{x}{a}-\frac{y}{b}\right)+2cz=0$$

sowie zu dem Gleichungssystem

$$\lambda=\frac{x}{a}+\frac{y}{b},\quad \lambda\left(\frac{x}{a}-\frac{y}{b}\right)+2cz=0. \tag{3.21}$$

Für jedes λ sind mit (3.21) zwei Ebenen bestimmt, die sich in einer Geraden $g(\lambda)$ schneiden. Alle Geraden $g(\lambda)$ liegen auf Φ. Ein Richtungsvektor $\boldsymbol{v}(\lambda)$ von $g(\lambda)$ ist das Kreuzprodukt der Normalenvektoren der entsprechenden Schnittebenen. Man findet

$$\boldsymbol{v}(\lambda)=(a,-b,-\tfrac{\lambda}{c})^{\mathrm{T}}. \tag{3.22}$$

Wegen $\boldsymbol{v}(\lambda)\cdot(b,a,0)^{\mathrm{T}}=0$ für alle λ, sind alle $g(\lambda)$ parallel zur Ebene
Σ: $bx+ay=0$.

Also ist Φ konoidal mit der Richtebene Σ. Andererseits ist (3.20) auch äquivalent zu dem Gleichungssystem

$$\lambda'=\frac{x}{a}-\frac{y}{b},\quad \lambda'\left(\frac{x}{a}+\frac{y}{b}\right)+2cz=0. \tag{3.23}$$

Für jedes λ' schneiden sich die zwei Ebenen (3.23) in einer Geraden $g'(\lambda')$. Alle Geraden $g'(\lambda')$ bilden neben $g(\lambda)$ eine zweite Schar von Geraden auf Φ, die zu der Ebene $bx - ay = 0$ parallel liegen.

Um eine Parameterdarstellung von Φ zu gewinnen, betrachten wir die Gerade $g'(0)$: $0 = \frac{x}{a} - \frac{y}{b}$, $2cz = 0$. Diese hat die Parameterdarstellung

$$g'(0):\ \boldsymbol{y}(u) = \boldsymbol{o} + u(a,b,0)^{\mathrm{T}}, \quad u \in \mathbb{R},$$

und schneidet die erste Ebene aus (3.21) in einem Punkt Y, für den gelten muss

$$\lambda = \frac{ua}{a} + \frac{ub}{b} = 2u.$$

Durch den Punkt Y von $g'(0)$ geht die Gerade $g(\lambda)$ mit dem Richtungsvektor $\boldsymbol{v}(\lambda)$. Somit ist

$$\boldsymbol{x}(u,v) = \boldsymbol{y}(u) + v\boldsymbol{z}(u) = (ua,ub,0)^{\mathrm{T}} + v(a,-b,-\tfrac{2u}{c})^{\mathrm{T}}, \quad (u,v) \in \mathbb{R} \times \mathbb{R},$$

eine Parameterdarstellung des hyperbolischen Paraboloids (3.20).

Für eine beliebige Regelfläche Γ ist (vgl. 3.9)

$$\boldsymbol{n} = \boldsymbol{x}_u \times \boldsymbol{x}_v = (\dot{\boldsymbol{y}} + v\dot{\boldsymbol{z}}) \times \boldsymbol{z} \tag{3.24}$$

ein Flächennormalenvektor, woraus bei $\boldsymbol{n} \neq \boldsymbol{o}$ sofort $\boldsymbol{n} \perp \boldsymbol{z}$ abzulesen ist, d. h., es gilt der

Hilfssatz: *Die Tangentialebene in einem regulären Punkt einer Regelfläche enthält die Erzeugende durch diesen Punkt.*

Wenn ein Punkt von Γ längs einer Erzeugenden verschoben wird, so werden sich die zugehörigen Tangentialebenen im Allgemeinen um diese Erzeugende drehen. Im Speziellen können alle Tangentialebenen längs der betrachteten Erzeugenden in einer gemeinsamen Ebene liegen. Diese Erzeugende heißt dann *torsal*.

Sind alle Erzeugenden torsal, so wird die Regelfläche eine *Torse* genannt.

Für eine Torse Γ darf der Normalenvektor $\boldsymbol{n}$ nach (3.24) für festes $u \in U$ und variables $v \in \mathbb{R}$ seine Richtung nicht ändern, wohl aber seine Länge. Genau dann muss $\frac{\partial}{\partial v}\boldsymbol{n}$ parallel zu $\boldsymbol{n}$ sein, d. h. $\boldsymbol{n} \times \frac{\partial}{\partial v}\boldsymbol{n} = \boldsymbol{o}$. Das Ausrechnen ergibt

$$((\dot{\boldsymbol{y}} + v\dot{\boldsymbol{z}}) \times \boldsymbol{z}) \times (\dot{\boldsymbol{z}} \times \boldsymbol{z}) = \boldsymbol{o},$$

was mit 2.2.5, Bem. 4, umgeformt werden kann zu

$$\langle \dot{\boldsymbol{y}}, \dot{\boldsymbol{z}}, \boldsymbol{z} \rangle = 0.$$

Satz: *Die Regelfläche* Γ: $\boldsymbol{x}(u,v)=\boldsymbol{y}(u)+v\boldsymbol{z}(u)$, $(u,v)\in U\times\mathbb{R}$, *ist genau dann eine Torse, wenn*

$$\langle \dot{\boldsymbol{y}}, \dot{\boldsymbol{z}}, \boldsymbol{z}\rangle = 0$$

für alle $u\in U$ *gilt.*

Beispiele für Torsen:

(1) Zylinder und Kegel

(2) Tangentenflächen: Alle Tangenten an eine glatte Raumkurve c: $\boldsymbol{y}=\boldsymbol{y}(u)$, $u\in U$, bilden deren *Tangentenfläche*

$$\mathfrak{T}: \boldsymbol{x}(u,v)=\boldsymbol{y}(u)+v\dot{\boldsymbol{y}}(u), \quad (u,v)\in U\times\mathbb{R}.$$

Ihr Flächennormalenvektor ist

$$\boldsymbol{n}=\boldsymbol{x}_u\times\boldsymbol{x}_v=(\dot{\boldsymbol{y}}+v\ddot{\boldsymbol{y}})\times\dot{\boldsymbol{y}}=v(\ddot{\boldsymbol{y}}\times\dot{\boldsymbol{y}}).$$

Für $v=0$ ergibt sich $\boldsymbol{n}=\boldsymbol{o}$, d. h. $\mathfrak{T}$ ist in allen Punkten von c singulär.

Die beiden Teilflächen (Mäntel) von $\mathfrak{T}$, die für $v>0$ bzw. $v<0$ entstehen, berühren sich längs der Leitkurve c unter Bildung einer „scharfen" Kante. Deshalb heißt c die *Gratkurve* von $\mathfrak{T}$. Wegen $\langle \dot{\boldsymbol{y}}, \dot{\boldsymbol{z}}, \boldsymbol{z}\rangle = \langle \dot{\boldsymbol{y}}, \ddot{\boldsymbol{y}}, \dot{\boldsymbol{y}}\rangle = 0$ für alle $u\in U$ ist jede Tangentenfläche eine Torse.

□

Man kann zeigen:

Satz: *Die Gesamtheit der Torsen besteht aus Tangentenflächen, Kegeln, Zylindern und Ebenen, d. h. jede Torse ist nach geeigneter Zerlegung aus diesen Flächenstücken zusammengesetzt.*

Bemerkung: Torsen verdienen unser Interesse, weil sich herausstellen wird, dass sie die einzigen Flächen sind, die in eine Ebene abgewickelt werden können. (Nur von Torsen kann man Modelle aus Papier ohne Dehnen oder Stauchen usw. basteln.)

Aufgaben

3.1 Man beweise, dass die Tangentialebene an die Kugel Φ: $(\boldsymbol{x}-\boldsymbol{m})\cdot(\boldsymbol{x}-\boldsymbol{m})=r^2$ im Punkt $A\in\Phi$ auch die Gleichung $(\boldsymbol{x}-\boldsymbol{m})\cdot(\boldsymbol{a}-\boldsymbol{m})=r^2$ hat.

3.2 Der Tangentialkegel mit der Spitze S: $\boldsymbol{s}$ an die Kugel Φ: $\|\boldsymbol{x}-\boldsymbol{m}\|^2=r^2$ berührt die Kugel in einem Kreis. Man beweise, dass dieser Berührkreis durch die Ebene Σ: $(\boldsymbol{x}-\boldsymbol{m})\cdot(\boldsymbol{s}-\boldsymbol{m})=r^2$ aus Φ ausgeschnitten wird.

3.3 Die Punkte $P=(4,0,0)$, $Q=(0,3,0)$, $R=(0,0,2)$ sind gegeben. Bestimmen Sie eine Parameterdarstellung

a) des Kreises k, der in der Ebene Σ_{PQR} liegt, den Mittelpunkt P und den Radius $\overline{PQ}$ hat;

b) des Kreiszylinders, dessen Erzeugenden zur x_2-Koordinatenachse parallel liegen und den unter a) bestimmten Kreis k als Leitkreis besitzt;

c) des Drehzylinders, der den unter a) bestimmten Kreis k als Leitkreis besitzt;

d) des Kegels, der die Ellipse $\frac{(x_1-4)^2}{4^2}+\frac{x_2^2}{3^2}=1$ als Leitkurve und die Spitze $S=(0,0,8)$ besitzt;

e) des Drehkegels mit dem Leitkreis k, dessen Spitze im I. Oktanten im Abstand $\overline{\Sigma_{PQR}S}=9$ liegt.

3.4 Begründen Sie, dass eine Ebene Σ: $\boldsymbol{n}^0\cdot(\boldsymbol{x}-\boldsymbol{a})=0$ $\left(\|\boldsymbol{n}^0\|=1\right)$ eine Kugel Φ: $\|\boldsymbol{x}-\boldsymbol{m}\|^2=r^2$ in einem Kreis $k=k(\Sigma,F,\rho)$ schneidet, dessen Kreisachse durch den Kugelmittelpunkt M verläuft und der den Radius $\rho=\sqrt{r^2-\delta^2}$ mit $\delta=\boldsymbol{n}^0\cdot(\boldsymbol{m}-\boldsymbol{a})$ besitzt, wenn $|\delta|<r$ gilt. Geben Sie den Mittelpunkt F von k analytisch an! (Geht Σ durch M, so heißt k ein *Großkreis*, andernfalls ein *Kleinkreis* der Kugel.)

3.5 Betrachten Sie die von einer Ecke A_1 ausgehenden Kanten A_1A_2, A_1A_4, und A_1A_5 eines Würfels. Mit M_{ik} wird die Mitte von A_iA_k bezeichnet.
Beweisen Sie, dass die Verbindungsebene $A_2M_{14}M_{15}$ eine Tangentialebene an die Inkugel des Würfels ist. Berechnen Sie den Berührpunkt der Tangentialebene!

3.6 Wie lautet die Gleichung der Tangentialebene

a) an die Kugel $\|\boldsymbol{x}\|=3$ im Punkt $P=(1,-2,2)$,

b) an die Fläche $z=x^2-5y^2$ im Punkt $Q=(1,1,-4)$?

3.7 Wie groß ist der Winkel zwischen den beiden Flächenkurven, die von den beiden Ebenen $x=1$ und $y=4$ aus der Fläche $z=\frac{\sqrt{3}}{6}x^2+\frac{1}{8}y^2$ ausgeschnitten werden?

3.8 Beschreiben Sie die Leitkurve und das sphärische Bild der Regelfläche
Γ: $x(u,v)=(a\cos u,\, b\sin u,\, 0)^{\mathrm{T}}+v(-a\sin u,\, b\cos u,\, c)^{\mathrm{T}}$, $a,b,c>0$, $(u,v)\in[0,2\pi)\times\mathbb{R}$.

Beweisen Sie, dass Γ auch durch die Gleichung $\frac{x_1^2}{a^2}+\frac{x_2^2}{b^2}-\frac{x_3^2}{c^2}=1$ (Definitionsgleichung des einschaligen Hyperboloids) beschrieben werden kann. Gibt es torsale Erzeugende auf Γ?

4 Parallelprojektion

In den technischen und naturwissenschaftlichen Disziplinen analysiert man reale oder abstrakte räumliche Objekte und führt an ihnen Konstruktionen aus. Dabei ist beispielsweise die Herstellung von Abbildungen (technischen Zeichnungen, Fotografien) der räumlichen Objekte ein wichtiges Verständigungsmittel aller am Entwurf eines Produktes (Bauwerk, Maschinenteil, optisches System) beteiligten Personen, aber auch ein Speichermedium. „Ein Bild sagt mehr als tausend Worte", ist ein geflügelter Begriff um auszudrücken, dass in einer Abbildung ein hoher Informationsgehalt untergebracht werden kann.

Dieses Kapitel beschreibt das Abbildungsverfahren der Parallelprojektion sowie ihre grundsätzlichen Eigenschaften konstruktiv und analytisch. Dies betrifft auch die perspektive Affinität, die als Grundlage für das Verständnis von Kreisbildern bei Parallelprojektion unverzichtbar ist. Für die Belange der Computergrafik werden vorteilhafte Abbildungsgleichungen angegeben. Als wichtiges Abbildungsprinzip, insbesondere für die technischen Disziplinen, wird die Axonometrie behandelt. Dieses Verfahren ermöglicht es, räumliche Objekte in die Zeichenebene abzubilden und räumliche Konstruktionsaufgaben durch Konstruktionen in der Zeichenebene zu lösen. Die damit verbundene Tätigkeit des Abbildens sowie der räumlichen Interpretation der Bilder entwickelt das Raumvorstellungsvermögen im besonderen Maße.

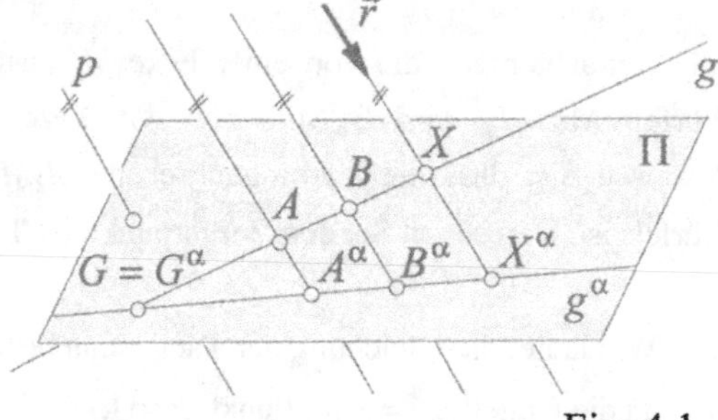

Fig. 4.1

4.1 Grundbegriffe

4.1.1 Definition und Abbildungsdarstellung

Eine *Bildebene* Π sowie eine dazu nichtparallele *Projektionsgerade p* zur Festlegung der Projektionsrichtung seien gegeben. Jede *p*-parallele Gerade heißt eine Projektionsgerade oder *projizierend.* Die *Parallelprojektion* α bildet jeden Punkt X des Raumes auf den Schnittpunkt X^α der Projektionsgeraden durch X mit der Bildebene Π ab:

$$\alpha\colon E^3 \to \Pi\colon X \mapsto X^\alpha = \alpha(X).$$

Man nennt X^α den *Parallelriss* von X. Offenbar haben alle Punkte einer Projektionsgeraden denselben Parallelriss. Genau die Punkte der Bildebene werden auf sich selbst abgebildet.

Eine Parallelprojektion heißt *Normalprojektion* (*Normalriss*), falls $p \perp \Pi$ vorgegeben wird, andernfalls *Schrägprojektion* (*Schrägriss*).

Zur analytischen Beschreibung von α nehmen wir bezüglich eines $\mathrm{KS}(O; x_1, x_2, x_3)$ an, dass

$\boldsymbol{r}$ ein Richtungsvektor aller Projektionsgeraden,
$\boldsymbol{n} \cdot \boldsymbol{x} = d$ eine Gleichung der Bildebene Π sei.

X^α lässt sich als Schnittpunkt der Projektionsgeraden $\boldsymbol{x} + \lambda \boldsymbol{r}$, $\lambda \in \mathbb{R}$, mit Π gemäß (2.53) berechnen. Dies liefert die Abbildungsvorschrift

$$\alpha\colon \boldsymbol{x} \mapsto \boldsymbol{x}^\alpha = \boldsymbol{x} + \frac{d - \boldsymbol{n} \cdot \boldsymbol{x}}{\boldsymbol{n} \cdot \boldsymbol{r}} \boldsymbol{r}, \tag{4.1}$$

die ausführlich geschrieben lautet:

$$\begin{pmatrix} x_1^\alpha \\ x_2^\alpha \\ x_3^\alpha \end{pmatrix} = \frac{1}{c} \begin{pmatrix} (c - r_1 n_1) x_1 & -r_1 n_2 x_2 & -r_1 n_3 x_3 \\ -r_2 n_1 x_1 & +(c - r_2 n_2) x_2 & -r_2 n_3 x_3 \\ -r_3 n_1 x_1 & -r_3 n_2 x_2 & +(c - r_3 n_3) x_3 \end{pmatrix} + \frac{d}{c} \begin{pmatrix} r_1 \\ r_2 \\ r_3 \end{pmatrix},$$

wobei

$$c = \boldsymbol{n} \cdot \boldsymbol{r}.$$

Unter Verwendung einer Matrizenmultiplikation*) ergibt sich daraus die *Abbildungsdarstellung*

$$\alpha\colon \boldsymbol{x} \mapsto \boldsymbol{x}^\alpha = \boldsymbol{P} \boldsymbol{x} + \boldsymbol{p} \quad \text{mit} \quad \boldsymbol{P} := \boldsymbol{E} - \frac{1}{\boldsymbol{n}^\mathrm{T} \boldsymbol{r}} \boldsymbol{r} \boldsymbol{n}^\mathrm{T}, \ \boldsymbol{p} := \frac{d}{\boldsymbol{n}^\mathrm{T} \boldsymbol{r}} \boldsymbol{r}. \tag{4.2}$$

Vorteilhaft sind geografische Koordinaten (λ, β) eines Punktes der Einheitssphäre (vgl. 2.2.4), um damit einen Einheits-Projektionsrichtungsvektor vorzugeben:

$$\boldsymbol{r} = (\cos\lambda \cos\beta, \sin\lambda \cos\beta, \sin\beta)^\mathrm{T}. \tag{4.3}$$

Beispiel 1: Parallelprojektion auf die Aufrissebene

Als Bildebene wählen wir speziell die *Aufrissebene* $\Pi = \Pi_2\colon x_1 = 0$. In (4.2) ist dann speziell $\boldsymbol{n} = (1, 0, 0)^\mathrm{T}$, $d = 0$, $c = \boldsymbol{n} \cdot \boldsymbol{r} = \cos\lambda \cos\beta = r_1$, $r_2 = \sin\lambda \cos\beta$, $r_3 = \sin\beta$ einzusetzen. Man findet

$$x_1^\alpha = 0, \qquad x_2^\alpha = -x_1 \tan\lambda + x_2, \qquad x_3^\alpha = -x_1 \frac{\tan\beta}{\cos\lambda} + x_3. \tag{4.4}$$

---

*) Die Matrizenrechnung (siehe Anhang) kann oft als bekannt vorausgesetzt werden. Soll sie jedoch im vorliegenden Kapitel keine Verwendung finden, so können die nachfolgenden Beweise in diesem Kapitel auch – natürlich schreibtechnisch aufwendiger – mit der Abbildungsdarstellung (4.1) durchgeführt werden.

Bemerkung: Für die Belange der Computergrafik sind die Vorgaben praktisch und vorteilhaft. Die Winkel λ, β können als geografische Länge bzw. Breite auf der Erdkugel mit Mittelpunkt O interpretiert werden (vgl. (2.39)). Durch ihre freie Wahl kann der Betrachtungsstandort bezüglich des „Objektkoordinatensystems" KS($O;x_1,x_2,x_3$) geschickt festgelegt werden, wobei $\lambda=0,-\frac{\pi}{2},\frac{\pi}{2}$ bzw. π als Blick von vorn, links, rechts bzw. hinten zu interpretieren ist (Blickrichtung $\boldsymbol{s}=-\boldsymbol{r}$), wobei gleichzeitig mit $0<\beta<\frac{\pi}{2}$ der Blick von oben bzw. mit $-\frac{\pi}{2}<\beta<0$ der Blick von unten auf ein Objekt in der Umgebung von O eingestellt wird. □

Beispiel 2: Normalriss auf eine Ebene

Wir wählen o. B. d. A. die Bildebene Π: $\boldsymbol{n}\cdot\boldsymbol{x}=d=0$. Weiter sei $\boldsymbol{n}=\boldsymbol{r}=(r_1,r_2,r_3)^{\mathrm{T}}$ mit $\|\boldsymbol{n}\|=1$ gesetzt, um $p\perp\Pi$ zu erfüllen.

Aus (4.2) folgt die Normalriss-Abbildungsdarstellung

$$\begin{pmatrix} x_1^\alpha \\ x_2^\alpha \\ x_3^\alpha \end{pmatrix}=\begin{pmatrix} 1-r_1^2 & -r_1r_2 & -r_1r_3 \\ -r_2r_1 & 1-r_2^2 & -r_2r_3 \\ -r_3r_1 & -r_3r_2 & 1-r_3^2 \end{pmatrix}\begin{pmatrix} x_1 \\ x_2 \\ x_3 \end{pmatrix}. \qquad (4.5)$$

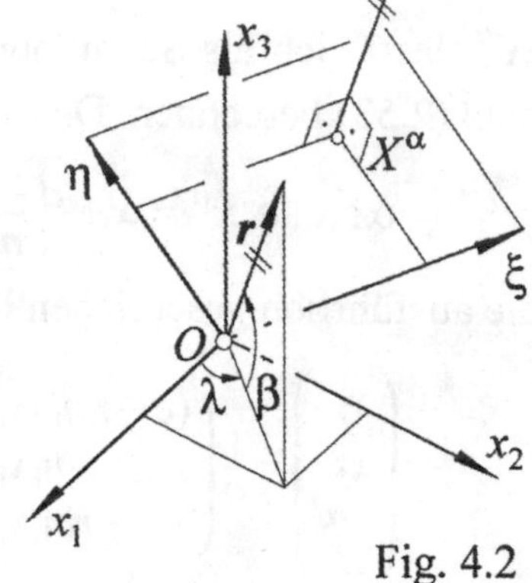

Fig. 4.2

Es empfiehlt sich, ein Koordinatensystem KS($O;\xi,\eta$) in der Bildebene Π einzuführen, weil dann das 2-Tupel $(\xi,\eta)^{\mathrm{T}}$ genügt, um einen Bildpunkt festzulegen.

Der Sehgewohnheit entsprechend soll das Bild $\boldsymbol{e}_3^\alpha$ des Einheitsvektors $\boldsymbol{e}_3$ der x_3-Achse für $0<\beta<\frac{\pi}{2}$ gleichsinnig parallel zum Einheitsvektor $\boldsymbol{f}_2$ der η-Achse liegen. Wegen (4.5) muss dann mit einem Faktor $a>0$ gelten:

$$\boldsymbol{f}_2=a\boldsymbol{e}_3^\alpha=a\begin{pmatrix} -r_1r_3 \\ -r_2r_3 \\ 1-r_3^2 \end{pmatrix}=a\begin{pmatrix} -\cos\lambda\cos\beta\sin\beta \\ -\sin\lambda\cos\beta\sin\beta \\ \cos^2\beta \end{pmatrix}.$$

Mit der Forderung $\|\boldsymbol{f}_2\|=1$ folgt $a=\dfrac{1}{\cos\beta}$ und damit $\boldsymbol{f}_2=\begin{pmatrix} -\cos\lambda\sin\beta \\ -\sin\lambda\sin\beta \\ \cos\beta \end{pmatrix}$.

Weiter wählen wir $\boldsymbol{f}_1=\boldsymbol{f}_2\times\boldsymbol{r}=(-\sin\lambda,\cos\lambda,0)^{\mathrm{T}}$ als Richtungsvektor der ξ-Achse, denn auf diese Weise bildet $\boldsymbol{f}_1$, $\boldsymbol{f}_2$, $\boldsymbol{r}$ ein orthonormiertes Rechtsdreibein.

Jeder Punkt $X=(x_1,x_2,x_3)$ kann nun mit Koordinaten (ξ,η,ζ) bezüglich des KS($O;\boldsymbol{f}_1,\boldsymbol{f}_2,\boldsymbol{r}$) beschrieben werden, für die nach (2.43) die Gleichung (4.6) gilt:

$$\xi = \boldsymbol{x} \cdot \boldsymbol{f}_1, \quad \eta = \boldsymbol{x} \cdot \boldsymbol{f}_2, \quad \zeta = \boldsymbol{x} \cdot \boldsymbol{n}, \tag{4.6}$$

d. h. als Matrizenprodukt geschrieben

$$\begin{pmatrix} \xi \\ \eta \\ \zeta \end{pmatrix} = \begin{pmatrix} -\sin\lambda & \cos\lambda & 0 \\ -\cos\lambda\sin\beta & -\sin\lambda\sin\beta & \cos\beta \\ \cos\lambda\cos\beta & \sin\lambda\cos\beta & \sin\beta \end{pmatrix} \begin{pmatrix} x_1 \\ x_2 \\ x_3 \end{pmatrix}.$$

Jeder Punkt (x_1, x_2, x_3) hat einen Bildpunkt mit $\zeta = 0$, so dass die *Abbildungsdarstellung der Normalprojektion* schließlich lautet:

$$\begin{pmatrix} \xi \\ \eta \end{pmatrix} = \begin{pmatrix} -\sin\lambda & \cos\lambda & 0 \\ -\cos\lambda\sin\beta & -\sin\lambda\sin\beta & \cos\beta \end{pmatrix} \begin{pmatrix} x_1 \\ x_2 \\ x_3 \end{pmatrix}.$$

Bemerkung: Die *Sichtbarkeitsentscheidung*, ob auf einer Projektionsgeraden ein Punkt A *vor* einem Punkt B liegt, also A den Punkt B *verdeckt* bezüglich der Blickrichtung $\boldsymbol{s} = -\boldsymbol{r}$ kann wegen (4.6) mit den ζ-Koordinaten $\zeta_A = \boldsymbol{a} \cdot \boldsymbol{r}$ und $\zeta_B = \boldsymbol{b} \cdot \boldsymbol{r}$ hier leicht entschieden werden:

A liegt vor $B \Leftrightarrow \zeta_A > \zeta_B$. □

4.1.2 Eigenschaften

Hilfssatz: *Eine Parallelprojektion* α *bildet eine nichtprojizierende Gerade*

$$g = AB\colon \boldsymbol{x} = \boldsymbol{a} + \lambda(\boldsymbol{b} - \boldsymbol{a}), \quad \lambda \in \mathbb{R}, \; (\boldsymbol{b} - \boldsymbol{a} \neq \boldsymbol{o}), \tag{4.7}$$

auf eine Gerade

$$g^\alpha\colon \boldsymbol{x}^\alpha = \boldsymbol{a}^\alpha + \lambda(\boldsymbol{b}^\alpha - \boldsymbol{a}^\alpha), \quad \lambda \in \mathbb{R}, \tag{4.8}$$

ab, die ihr Parallelriss *heißt, wobei* $\boldsymbol{x}^\alpha$ *der Parallelriss von* $\boldsymbol{x}$ *ist für denselben Parameter* λ.

Beweis: Es sei $A^\alpha = \alpha(A)$, $B^\alpha = \alpha(B)$, also mit (4.2)

$$\boldsymbol{a}^\alpha = \boldsymbol{P}\boldsymbol{a} + \boldsymbol{p}, \quad \boldsymbol{b}^\alpha = \boldsymbol{P}\boldsymbol{b} + \boldsymbol{p}.$$

Damit folgt eine Parameterdarstellung der Verbindungsgeraden $A^\alpha B^\alpha$:

$$\boldsymbol{y}^\alpha = \boldsymbol{a}^\alpha + \mu(\boldsymbol{b}^\alpha - \boldsymbol{a}^\alpha) = \boldsymbol{P}\boldsymbol{a} + \boldsymbol{p} + \mu\boldsymbol{P}(\boldsymbol{b} - \boldsymbol{a}), \tag{*}$$

wobei $\boldsymbol{b}^\alpha - \boldsymbol{a}^\alpha \neq \boldsymbol{o}$, da g als nichtprojizierend vorausgesetzt ist.

Wird unabhängig davon nun der Parallelriss X^α von $X \in g$ ermittelt, so folgt nach (4.2)

$$\boldsymbol{x}^\alpha = \boldsymbol{P}\boldsymbol{x} + \boldsymbol{p} = \boldsymbol{P}(\boldsymbol{a} + \lambda(\boldsymbol{b} - \boldsymbol{a})) + \boldsymbol{p} = \boldsymbol{P}\boldsymbol{a} + \boldsymbol{p} + \lambda\boldsymbol{P}(\boldsymbol{b} - \boldsymbol{a}).$$

Der Vergleich mit (*) zeigt, dass $\boldsymbol{y}^\alpha = \boldsymbol{x}^\alpha$ genau für alle $\mu = \lambda$ gilt, d. h. $A^\alpha B^\alpha = \{X^\alpha : X \in AB\}$.

□

Wir erkennen mit dem Hilfssatz folgende
Eigenschaften:

(1) Der Parallelriss g^α einer Geraden $g = AB$ entartet genau dann in einen Punkt, wenn $A^\alpha = B^\alpha$ gilt, d. h., wenn g projizierend ist.

(2) Der Parallelriss einer nichtprojizierenden Geraden $g = AB$ ist die Verbindungsgerade $g^\alpha = A^\alpha B^\alpha$ zweier ihrer Bildpunkte A^α und B^α.

(3) α ist *parallelitätstreu*, d. h., parallele nichtprojizierende Geraden haben parallele Parallelrisse.

(4) α ist *teilverhältnistreu*, d. h., für drei Punkte A, B, X ($A \neq B,\ B \neq X$) einer nichtprojizierenden Geraden gilt $\mathrm{TV}(A,B;X) = \mathrm{TV}(A^\alpha, B^\alpha; X^\alpha)$, insbesondere also

$$\overline{AX} : \overline{BX} = \overline{A^\alpha X^\alpha} : \overline{B^\alpha X^\alpha}.$$

(5) α bildet eine Strecke AB *längentreu* ab ($\overline{AB} = \overline{A^\alpha B^\alpha}$), wenn $AB \parallel \Pi$ gilt.

B e w e i s: Wir beschränken uns auf (4): Setzt man speziell den Wert $\lambda = \frac{\tau}{\tau - 1}$ in (4.7) und (4.8) ein, so folgt

$$\boldsymbol{a} - \boldsymbol{x} = \tau(\boldsymbol{b} - \boldsymbol{x}) \text{ bzw. } \boldsymbol{a}^\alpha - \boldsymbol{x}^\alpha = \tau(\boldsymbol{b}^\alpha - \boldsymbol{x}^\alpha).$$

Diese Beziehungen bedeuten aber nach Definition des Teilverhältnisses (vgl. 2.1.5, Satz 2), dass $\tau = \mathrm{TV}(A,B;X)$ und $\tau = \mathrm{TV}(A^\alpha, B^\alpha; X^\alpha)$ ist. Es folgt

$$|\tau| = \frac{\|\boldsymbol{a} - \boldsymbol{x}\|}{\|\boldsymbol{b} - \boldsymbol{x}\|} = \frac{\overline{AX}}{\overline{BX}} \quad \text{und} \quad |\tau| = \frac{\|\boldsymbol{a}^\alpha - \boldsymbol{x}^\alpha\|}{\|\boldsymbol{b}^\alpha - \boldsymbol{x}^\alpha\|} = \frac{\overline{A^\alpha X^\alpha}}{\overline{B^\alpha X^\alpha}}.$$ □

4.1.3 Parallelriss einer Kurve bzw. Fläche

Eine Kurve $c\colon \boldsymbol{x} = \boldsymbol{x}(u),\ u \in U$, bzw. eine Fläche $\Phi\colon \boldsymbol{x} = \boldsymbol{x}(u,v),\ (u,v) \in B$, wird bei einer Parallelprojektion (4.2)

$$\alpha\colon \boldsymbol{x} \mapsto \boldsymbol{x}^\alpha = \boldsymbol{P}\boldsymbol{x} + \boldsymbol{p}$$

auf ihren Parallelriss

$$c^\alpha\colon \boldsymbol{x}^\alpha(u) = \boldsymbol{P}\boldsymbol{x}(u) + \boldsymbol{p}, \quad u \in U, \tag{4.9}$$

bzw.

$$\Phi^\alpha\colon \boldsymbol{x}^\alpha(u,v) = \boldsymbol{P}\boldsymbol{x}(u,v) + \boldsymbol{p}, \quad (u,v) \in B,$$

abgebildet, der die Menge aller Schnittpunkte der Projektionsgeraden durch die Punkte von c bzw. Φ mit der Bildebene ist.

Alle Projektionsgeraden durch c bilden einen Zylinder mit der Leitkurve c, dessen Schnittkurve mit der Bildebene Π der Parallelriss c^α ist.

Satz 1: *Bei einer Parallelprojektion α wird eine nichtprojizierende Tangente t_0 im Punkt X_0 eines Kurvenstücks c auf die Tangente t_0^α des Parallelrisses c^α in X_0^α abgebildet.*

Beweis: Nach (3.7) hat eine Kurve $\boldsymbol{x} = \boldsymbol{x}(u)$ im Punkt $\boldsymbol{x}_0 = \boldsymbol{x}(u_0)$ die Tangente

$$t_0: \boldsymbol{y}(\lambda) = \boldsymbol{x}_0 + \lambda \dot{\boldsymbol{x}}_0, \quad \lambda \in \mathbb{R},$$

so dass wir für deren Parallelriss mit (4.2) erhalten:

$$t_0^\alpha: \boldsymbol{y}^\alpha(\lambda) = \boldsymbol{P}\,\boldsymbol{y}(\lambda) + \boldsymbol{p} = \boldsymbol{P}\,\boldsymbol{x}_0 + \boldsymbol{p} + \lambda \boldsymbol{P}\,\dot{\boldsymbol{x}}_0.$$

Es ist $\boldsymbol{P}\,\dot{\boldsymbol{x}}_0 \neq \boldsymbol{o}$ aufgrund der Voraussetzung, dass t_0 nicht projizierend ist. Andererseits kann die Tangente $\overline{t_0}^\alpha$ an c^α nach (4.9) ebenfalls mit (3.7) bestimmt werden. Dann finden wir

$$\overline{t_0}^\alpha: \overline{\boldsymbol{y}}(\mu) = \boldsymbol{x}^\alpha(u_0) + \mu\, \dot{\boldsymbol{x}}^\alpha(u_0) = \boldsymbol{P}\,\boldsymbol{x}_0 + \boldsymbol{p} + \mu \boldsymbol{P}\,\dot{\boldsymbol{x}}_0.$$

Also ist $t_0^\alpha = \overline{t_0}^\alpha$. □

Der Parallelriss $\Phi^\alpha \subset \Pi$ einer Fläche Φ kann anschaulich visualisiert werden, indem die Parallelrisse ausgezeichneter Flächenkurven von Φ – etwa Randkurven und u- bzw. v-Kurven – dargestellt werden. Der Parallelriss kann dabei vom Umriss von Φ berandet sein, einer für liniengrafische Darstellungen wichtigen Kurve. Man nennt einen Punkt $K \in \Phi$ einen *Konturpunkt* (*wahren Umrisspunkt*), wenn die Projektionsgerade durch K in der Tangentialebene an Φ in K liegt (und diese damit projizierend ist). Mit (3.9) und (4.1) ergibt sich die analytische Bedingung

$$f(u,v) := \boldsymbol{r} \cdot \boldsymbol{n}(u,v) = 0, \quad (u,v) \in B, \tag{4.10}$$

für Konturpunkte von Φ, womit die so genannte *Kontur k* als Flächenkurve aus allen Konturpunkten implizit definiert ist. Der (*scheinbare*) *Umriss* von Φ ist der Parallelriss k^α der Kontur. Für spezielle Flächen kann die Kontur näher angegeben werden.

Satz 2: *Bei einer Parallelprojektion α besteht die Kontur eines nichtprojizierenden Zylinders oder eines Kegels aus Erzeugenden.*

Bemerkung: Ein Zylinder heißt bezüglich einer Parallelprojektion α *projizierend*, wenn seine (parallelen) Erzeugenden Projektionsgeraden sind. Sein Parallelriss ist dann der Parallelriss einer Leitkurve des Zylinders.

B e w e i s: Nach 3.3.4 hat ein Zylinder oder Kegel Φ: $x(u,v)=\begin{cases} y(u)+vz, \\ s+v(y(u)-s), \end{cases}$ $(u,v)\in U\times\mathbb{R}$, den Normalenvektor

$$n=n(u,v)=\begin{cases}\dot{y}\times z \\ v\,\dot{y}\times(y-s),\end{cases}$$

so dass sich (4.10) auf

$$f(u)=r\cdot n(u)=0 \text{ mit } n(u)=\begin{cases}\dot{y}\times z \\ \dot{y}\times(y-s)\end{cases}$$

spezialisiert. Jede Lösung $u=u_0\in U$ legt genau eine Kontur-Erzeugende $x(u_0,v)$ fest (und es gibt keine weiteren Konturpunkte). □

Zur Formulierung des nächsten Satzes wird benutzt (vgl. Aufgabe 3.4), dass jede Ebene durch den Mittelpunkt einer Kugel diese in einem so genannten *Großkreis* schneidet.

Satz 3: *Die Kontur einer Kugel $\Phi(M,r)$ ist der Großkreis k, dessen Kreisachse eine Projektionsgerade ist.*

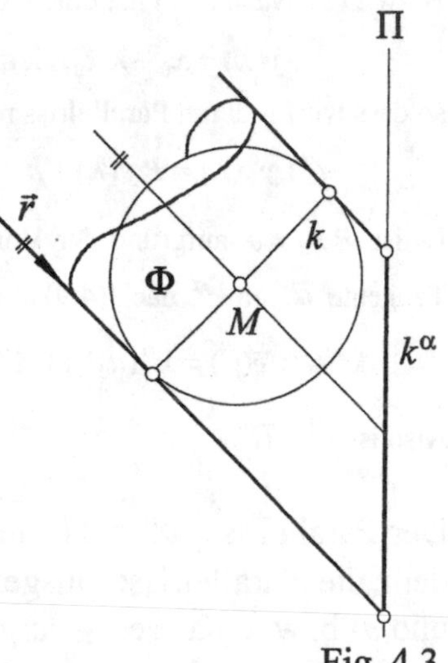

Fig. 4.3

B e w e i s: Nach (3.4) hat die Kugeltangentialebene in einem Punkt $X\in\Phi$ den Normalenvektor $n(u,v)=x(u,v)-m$, so dass mit (4.10) die Konturpunktbedingung

$$r\cdot(x(u,v)-m)=0$$

folgt. Das ist die Gleichung einer Ebene durch M mit dem Projektionsrichtungsvektor als Normalenvektor r, deren Schnitt mit der Kugel die Kontur als Großkreis definiert. □

4.2 Perspektive Affinität

4.2.1 Definition und Eigenschaften

Wird eine Parallelprojektion $\alpha\colon E^3\to\Pi$ eingeschränkt auf eine nichtprojizierende Ebene Σ ($\Sigma \not\parallel \Pi$), so ergibt sich eine umkehrbare Abbildung

$$\alpha\colon \Sigma\to\Pi\colon X\mapsto X^\alpha=(X\parallel p)\cap\Pi$$

mit den Eigenschaften:

(1) $\alpha\colon X\leftrightarrow X^\alpha$, $\alpha\colon g\leftrightarrow g^\alpha$ für alle $X,g\subset\Sigma$;

(2) $a:=\Sigma\cap\Pi$ ist die Fixpunktgerade von a ($X\in a \Leftrightarrow X=X^\alpha$);

(3) $XX^\alpha \parallel YY^\alpha$ für alle $X,Y\in\Sigma$;

(4) $g \parallel a \Leftrightarrow g^\alpha \parallel a$ oder $g \cap g^\alpha \in a$ für alle $g \subset \Sigma$;

(5) $g \parallel h \Leftrightarrow g^\alpha \parallel h^\alpha$ für alle $g, h \subset \Sigma$;

(6) $\mathrm{TV}(A,B;X) = \mathrm{TV}(A^\alpha, B^\alpha; X^\alpha)$ für $A, B, X \in g$.

Neu sind dabei nur die unmittelbar einzusehenden Eigenschaften (1) und (2), die restlichen gelten nach Abschnitt 4.1.2 für jede Parallelprojektion.

Bemerkung: Alle Projektionsgeraden durch die Punkte der Kontur k der Kugel bilden einen Drehzylinder, der Π in dem Umriss k^α der Kugel schneidet. Der Umriss k^α einer Kugel ist bei Normalprojektion ein Kreis, bei Schrägprojektion hingegen eine Ellipse.

Eine Abbildung $\alpha: \Sigma \to \Pi: X \mapsto X^\alpha$ mit den Eigenschaften (1) bis (6), die eine Fixpunktgerade a besitzt, heißt eine *perspektive Affinität*. Die Fixpunktgerade wird *Affinitätsachse*, die Verbindungsgeraden XX^α werden *Affinitätsgeraden* genannt.

Im Fall $XX^\alpha \perp a$ heißt α eine *orthogonale perspektive Affinität*.

Im Fall $\Sigma = \Pi$ heißt α eine *ebene perspektive Affinität*.

Satz 1: *Eine perspektive Affinität* $\alpha: \Sigma \leftrightarrow \Pi$ *ist durch eine Affinitätsachse a und ein Urbild-Bildpunkt-Paar* (X, X^α), *das nicht auf a liegt, festgelegt.*

Beweis: Σ bzw. Π sind als Verbindungsebene aX bzw. aX^α eindeutig bestimmt. Wir zeigen, wie man zu einem beliebigen Punkt $Y \in \Sigma$ den Bildpunkt Y^α bestimmt, indem wir nach den vorangegangenen Kapiteln nutzen, dass die folgenden Konstruktionen eindeutige Lösungen haben: Es sei $g := XY$. Im Fall $g \parallel a$ folgt $g^\alpha := X^\alpha \parallel a$ wegen (4); andernfalls existiert $G := g \cap a$, und damit bestimmt man $g^\alpha := X^\alpha G$ wieder nach (4). Endlich ist $Y^\alpha := (Y \parallel XX^\alpha) \cap g^\alpha$. □

Betrachten wir einen Zylinder, insbesondere ein Prisma, und schneiden mit einer Ebene Σ, die zu den Erzeugenden nicht parallel liegt, dann entsteht eine Schnittfigur $\mathfrak{F}$. Mit *Figur* bezeichnet man in der Geometrie eine nichtleere Punktmenge. Fassen wir nun die Erzeugenden des Zylinders als Affinitätsgeraden bei einer Parallelprojektion von Σ auf eine zweite Ebene Π auf, die eine Figur $\mathfrak{F}^\alpha$ aus dem Zylinder ausschneidet und auch die Ebene Σ in einer Geraden trifft, so gilt folgender Satz.

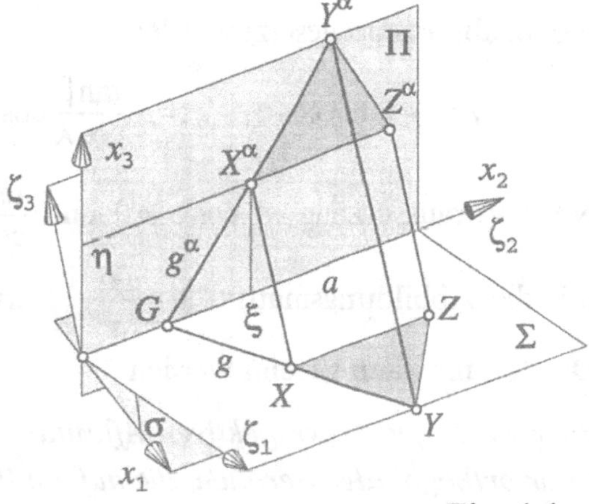

Fig. 4.4

Satz 2: *Die Schnittfiguren eines Zylinders, insbesondere Prismas, mit zwei zu den Erzeugenden nicht parallelen Ebenen sind perspektiv affin verwandt.*

Dabei heißen zwei Figuren *perspektiv affin verwandt*, wenn es eine perspektive Affinität gibt, die eine Figur auf die andere abbildet.

4.2.2 Die Ellipse als perspektiv affines Kreisbild

Um eine analytische Darstellung einer perspektiven Affinität zu erhalten, können wir Koordinatensysteme in der Urbildebene Σ und der Bildebene Π geeignet wählen. Bequem ist es, mit der Darstellung von α nach (4.4) und $\Pi = \Pi_2$ zu arbeiten (Fig. 4.4). Weiter sei die Affinitätsachse $a = \Pi \cap \Sigma$ die x_2-Achse und $\sphericalangle(\Pi_1, \Sigma) =: \sigma$ mit $\sigma \neq \frac{\pi}{2}$. Wir wählen ein neues KS$(O; \zeta_1, \zeta_2, \zeta_3)$, dessen ζ_1, ζ_2-Ebene mit Σ übereinstimmt. Die „alten" Koordinaten (x_1, x_2, x_3) eines Punktes $X \in E^3$ gehen aus seinen neuen Koordinaten $(\zeta_1, \zeta_2, \zeta_3)$ durch eine Drehung um die $x_2 = \zeta_2$-Achse durch den Winkel σ hervor, d. h. mit (1.15)

$$\begin{pmatrix} x_1 \\ x_2 \\ x_3 \end{pmatrix} = \begin{pmatrix} \cos\sigma & 0 & -\sin\sigma \\ 0 & 1 & 0 \\ \sin\sigma & 0 & \cos\sigma \end{pmatrix} \begin{pmatrix} \zeta_1 \\ \zeta_2 \\ \zeta_3 \end{pmatrix}.$$

Setzen wir dies in die Abbildungsdarstellung (4.4) ein und beachten, dass Σ die Gleichung $\zeta_3 = 0$ hat, so ergibt sich für die perspektive Affinität $\alpha: \Sigma \to \Pi: X(\zeta_1, \zeta_2) \mapsto X^\alpha(\xi, \eta)$ die Darstellung

$$\begin{pmatrix} \xi \\ \eta \end{pmatrix} = \begin{pmatrix} x_2^\alpha \\ x_3^\alpha \end{pmatrix} = \begin{pmatrix} p & 1 \\ q & 0 \end{pmatrix} \begin{pmatrix} \zeta_1 \\ \zeta_2 \end{pmatrix} \Leftrightarrow \xi = A\zeta, \tag{4.11}$$

wobei abkürzend gesetzt wurde:

$$p := -\tan\lambda \cos\sigma, \quad q := -\frac{\tan\beta}{\cos\lambda}\cos\sigma + \sin\sigma.$$

Nach Voraussetzung ist $\cos\sigma \neq 0$ und $\frac{\tan\beta}{\cos\lambda} \neq 0$ und damit $q \neq 0$. Folglich ist damit die Abbildungsmatrix $A = \begin{pmatrix} p & 1 \\ q & 0 \end{pmatrix}$ erwartungsgemäß regulär. Mit Hilfe dieser Darstellung kann gezeigt werden:

Satz 1: *Zu jeder perspektiven Affinität* $\alpha: \Sigma \leftrightarrow \Pi$ *gibt es durch einen Punkt ein Paar orthogonaler Geraden, die auf ein Paar orthogonaler Bildgeraden abgebildet werden.*

Beweis: Es seien $g: \boldsymbol{\zeta} = \boldsymbol{m} + \lambda \boldsymbol{v}$, $\boldsymbol{v} = (\cos\varphi, \sin\varphi)^{\mathrm{T}}$, $-\infty < \lambda < \infty$, und $h: \boldsymbol{\zeta}' = \boldsymbol{m} + \mu \boldsymbol{v}^{\perp}$, $-\infty < \mu < \infty$, zwei Geraden durch einen Punkt $\boldsymbol{m}$ in Σ mit $g \perp h$ (Fig. 4.5). Die Anwendung von α nach (4.11) ergibt die Bildgeraden

$$g^{\alpha}: \boldsymbol{\xi} = A\boldsymbol{\zeta} = A\boldsymbol{m} + \lambda A\boldsymbol{v}$$
$$h^{\alpha}: \boldsymbol{\xi}' = A\boldsymbol{\zeta}' = A\boldsymbol{m} + \mu A\boldsymbol{v}^{\perp},$$

deren Orthogonalität zu zeigen ist, d. h., es soll für die Richtungsvektoren von g^{α} und h^{α}

$$0 = (A\boldsymbol{v}) \cdot (A\boldsymbol{v}^{\perp})$$
$$= (1 - p^2 - q^2)\sin\varphi\cos\varphi + p(\cos^2\varphi - \sin^2\varphi)$$

gelten. Durch Anwendung von Additionstheoremen für 2fache Argumentwerte folgt

$$0 = (1 - p^2 - q^2)\sin 2\varphi + 2p\cos 2\varphi = 0.$$

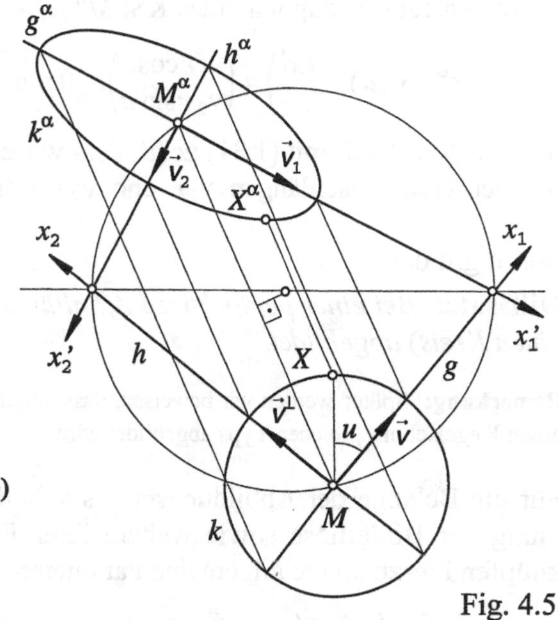

Fig. 4.5

Diese Gleichung ist im Fall $p \neq 0$ und $1 - p^2 - q^2 \neq 0$ mit der Lösung $\sin 2\varphi : \cos 2\varphi = -2p : (1 - p^2 - q^2)$ für $-\frac{\pi}{4} < \varphi < \frac{\pi}{4}$ eindeutig lösbar, andernfalls mehrdeutig lösbar. □

Wir stellen uns die Frage, auf welche Bildkurve ein Kreis $k(\Sigma, M, r)$ bei α abgebildet wird. Die Antwort finden wir mit dem soeben bewiesenen Satz (vgl. Fig. 4.6): Zuerst bestimme man die beiden orthogonalen Geraden g, h durch den Mittelpunkt M des Kreises in Σ, von denen wir $\boldsymbol{v}$ und $\boldsymbol{v}^{\perp}$ als orthonormierte Richtungsvektoren annehmen dürfen. Eine Parameterdarstellung des Kreises ist dann

$$k(\Sigma, M, r): \boldsymbol{\zeta}(u) = \boldsymbol{m} + (r\cos u)\boldsymbol{v} + (r\sin u)\boldsymbol{v}^{\perp}, \quad 0 \leq u < 2\pi.$$

Die Anwendung von α gemäß (4.11) ergibt die Bildkurve

$$k^{\alpha}: \boldsymbol{\xi} = A\boldsymbol{m} + (r\cos u)A\boldsymbol{v} + (r\sin u)A\boldsymbol{v}^{\perp}, \quad 0 \leq u < 2\pi. \tag{4.12}$$

Wir wissen aber, dass $\boldsymbol{v}_1 := A\boldsymbol{v}$, $\boldsymbol{v}_2 := A\boldsymbol{v}^{\perp}$ orthogonale Richtungsvektoren von g^{α}, h^{α} sind. Konstruieren wir aus ihnen eine Orthonormalbasis

$$\boldsymbol{e}_i' = \frac{1}{\nu_i}\boldsymbol{v}_i \quad \text{mit} \quad \nu_i = \|\boldsymbol{v}_i\| \quad (i = 1,2)$$

und führen diese in (4.12) ein, so ergibt sich

$$k^{\alpha}: \boldsymbol{\xi} = A\boldsymbol{m} + (\nu_1 r\cos u)\boldsymbol{e}_1' + (\nu_2 r\sin u)\boldsymbol{e}_2'.$$

Demnach folgt bezüglich eines KS($M^\alpha; e_1', e_2'$) = KS($M^\alpha; x_1', x_2'$)

$$k^\alpha: \boldsymbol{x}'(u) = \begin{pmatrix} x_1' \\ x_2' \end{pmatrix} = \begin{pmatrix} \nu_1 r \cos u \\ \nu_2 r \sin u \end{pmatrix}, \quad 0 \le u < 2\pi,$$

und ein Vergleich mit (1.31) zeigt, dass wir eine Parameterdarstellung einer Ellipse mit den Halbachsenlängen $\nu_1 r$ und $\nu_2 r$ erhalten haben, bei der M^α Mittelpunkt ist.
Somit gilt der

Hilfssatz: *Bei einer perspektiven Affinität wird ein Kreis auf eine Ellipse (speziell einen Kreis) abgebildet.*

Bemerkung: Später werden wir beweisen, dass allgemeiner bei einer Affinität ein Kegelschnitt auf einen Kegelschnitt gleichen Typs abgebildet wird.

Für die Belange der Abbildungspraxis sollen im Folgenden eine einfache Bestimmung der Bildellipse sowie weitere ihrer Eigenschaften hergeleitet werden. Wir knüpfen hierzu an die allgemeine Parameterdarstellung

$$k(\Sigma, M, r): \boldsymbol{x}(u) = \boldsymbol{m} + \boldsymbol{r}_1 \cos u + \boldsymbol{r}_2 \sin u, \quad 0 \le u < 2\pi \tag{4.13}$$

mit

$$\boldsymbol{r}_1 = \boldsymbol{a} - \boldsymbol{m}, \quad \boldsymbol{r}_2 = \boldsymbol{v} \times (\boldsymbol{a} - \boldsymbol{m}), \quad \boldsymbol{r}_1 \cdot \boldsymbol{r}_2 = 0, \quad \| \boldsymbol{r}_1 \| = \| \boldsymbol{r}_2 \| = r$$

nach (3.16) an. Dann ist $A_1: \boldsymbol{a}_1 = \boldsymbol{m} + \boldsymbol{r}_2$ ein Punkt von k, der durch eine positive Vierteldrehung aus A hervorgeht aufgrund von Eigenschaften des Kreuzproduktes. Man beachte, dass diese Darstellung für k durch die drei Punkte M, A, A_1 festgelegt ist, die ein gleichschenkliges, rechtwinkliges Dreieck in Σ bilden. Es heißen $(\overrightarrow{MA}, \overrightarrow{MA_1})$ ein Paar *orthogonaler Kreishalbmesser* von k.

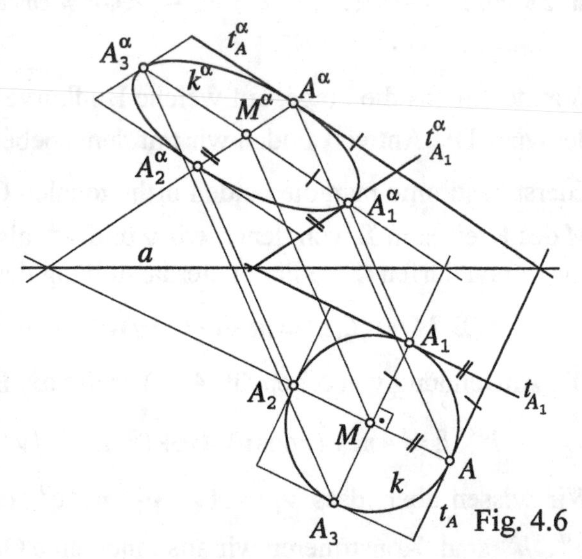

Fig. 4.6

Eine perspektive Affinität $\alpha: \Sigma \leftrightarrow \Pi$ kann unter Umgehung der o. g. Hilfskoordinatensysteme als Einschränkung einer Parallelprojektion gemäß (4.1) dargestellt werden:

$$\boldsymbol{x}^\alpha = \boldsymbol{P}\,\boldsymbol{x},$$

wobei vereinfachend $O \in \Pi$ gewählt werden darf, so dass entsprechend für die Bildkurve $k^\alpha \subset \Pi$ des Kreises (4.13) folgt:

$$\begin{aligned} k^\alpha: \boldsymbol{x}^\alpha(u) &= \boldsymbol{P}\boldsymbol{m} + \boldsymbol{P}\boldsymbol{r}_1 \cos u + \boldsymbol{P}\boldsymbol{r}_2 \sin u \\ &= \boldsymbol{m}^\alpha + (\boldsymbol{a}^\alpha - \boldsymbol{m}^\alpha)\cos u + (\boldsymbol{a}_1^\alpha - \boldsymbol{m}^\alpha)\sin u,\ 0 \le u < 2\pi. \end{aligned} \tag{4.14}$$

Nach dem Hilfssatz ist k^α eine Ellipse, wenn $(\boldsymbol{a}^\alpha - \boldsymbol{m}^\alpha)$, $(\boldsymbol{a}_1^\alpha - \boldsymbol{m}^\alpha)$ linear unabhängige Vektoren sind, d. h. wenn M^α, A^α, A_1^α ein Dreieck bilden. Diese Bedingung ist aber erfüllt, da die Bilder nicht kollinearer Punkte M, A, A_1 bei α wieder nicht kollinear sein müssen.

Das Bild $(\overrightarrow{M^\alpha A^\alpha}, \overrightarrow{M^\alpha A_1^\alpha})$ eines Paares orthogonaler Kreishalbmesser $(\overrightarrow{MA}, \overrightarrow{MA_1})$ heißt ein *Paar konjugierter Ellipsenhalbmesser*. Offenbar ist die Bildellipse (4.14) durch ein Paar konjugierter Ellipsenhalbmesser bestimmt, also schon durch die Bildpunkte M^α, A^α, A_1^α dreier spezieller Kreispunkte.

Nun ist $\overrightarrow{MA_1}$ bzw. $\overrightarrow{MA}$ ein Richtungsvektor der Kreistangente t_A bzw. t_{A_1} im Punkt A bzw. A_1. Es ist $t_A \parallel MA_1$ und $t_{A_1} \parallel MA$. Aufgrund der Parallelitätstreue von α folgt $t_A^\alpha \parallel M^\alpha A_1^\alpha$ und $t_{A_1}^\alpha \parallel M^\alpha A^\alpha$, d. h., die Ellipsentangenten im Endpunkt eines Ellipsenhalbmessers sind parallel zum konjugierten Ellipsenhalbmesser.

Damit ist gezeigt:

Satz 2: *Eine perspektive Affinität $\alpha: \Sigma \leftrightarrow \Pi$ bildet einen Kreis mit orthogonalen Kreishalbmessern $(\overrightarrow{MA}, \overrightarrow{MA_1})$ auf eine Ellipse mit konjugierten Ellipsenhalbmessern $(\overrightarrow{M^\alpha A^\alpha}, \overrightarrow{M^\alpha A_1^\alpha})$ ab, wobei die Kreistangente in A bzw. A_1 auf die zu $M^\alpha A_1^\alpha$ bzw. $M^\alpha A^\alpha$ parallel liegende Ellipsentangente in A^α bzw. A_1^α abgebildet wird.*

Bemerkung: Die Haupt- und Nebenscheitelpunkte lassen sich mit Hilfe der RYTZschen Achsenkonstruktion aus konjugierten Ellipsenhalbmessern bestimmen [1, 4, 10, 11, 13]. Bei uns lassen sie sich aus der Bedingung $(\boldsymbol{a}^\alpha - \boldsymbol{m}^\alpha)\cdot(\boldsymbol{a}_1^\alpha - \boldsymbol{m}^\alpha) = 0$ berechnen, da konjugierte Ellipsenhalbmesser genau dann Richtungsvektoren der Haupt- und Nebenachse sind, wenn sie auf einander senkrecht stehen.

4.3 Axonometrie

Ein hervorzuhebendes Abbildungsprinzip in technischen Disziplinen ist die *Axonometrie* – ein Verfahren, eine Parallelprojektion eines Objektes herzustellen, indem das Bild des Einheitswürfels eines kartesischen Koordinatensystems verwendet wird.

Ein axonometrisches Bild ist sowohl geeignet, räumliche Konstruktionen in ihm auszuführen, als auch für die anschauliche Darstellung von Objekten. Dabei sind solche Objekte besonders einfach zu bearbeiten, die eine Vielzahl von Kanten haben, die zu den Koordinatenachsen parallel liegen.

4.3.1 Axonometrische Vorgaben und Abbildungsprinzip

Das Zeichnen eines axonometrischen Bildes wird im Zusammenhang mit der analytischen Beschreibung einer Axonometrie erläutert:

Gegeben sei eine Parallelprojektion α, in deren Bildebene wir ein kartesisches Koordinatensystem $\mathrm{KS}(O;\xi,\eta)$ gewählt haben. Dabei seien weiter O^α, E_i^α $(i=1,2,3)$ die Bilder des Ursprungs O und der Einheitspunkte $E_1=(1,0,0)$, $E_2=(0,1,0)$, $E_3=(0,0,1)$ eines $\mathrm{KS}(O;x_1,x_2,x_3)$, d. h. kurz, wir nehmen die *axonometrischen Vorgaben* an:

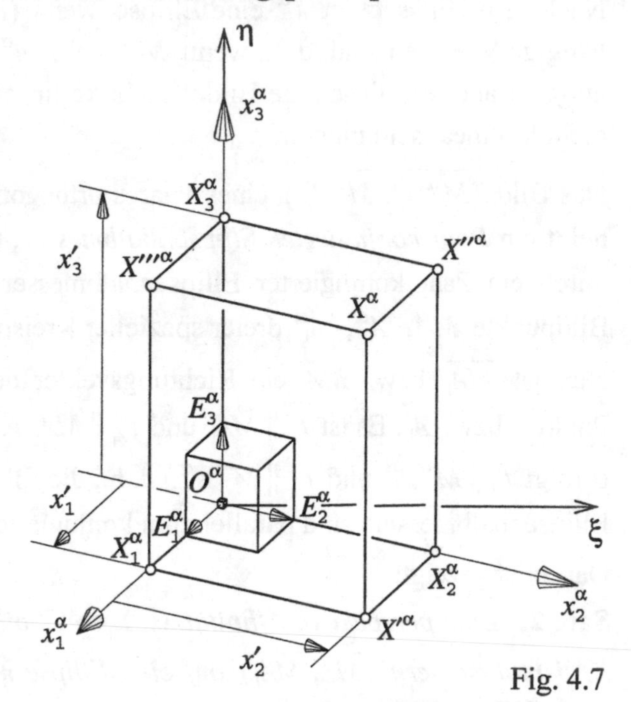

Fig. 4.7

$$\alpha(O)=O^\alpha=(0,0), \quad \alpha(E_i)=E_i^\alpha=(\xi_i,\eta_i)\neq(0,0), \; i=1,2,3. \tag{4.15}$$

Bemerkung: Es gilt der **Satz von POHLKE**:

Wenn $O^\alpha, E_1^\alpha, E_2^\alpha, E_3^\alpha$ nicht auf derselben Geraden vorgegeben werden, dann gibt es eine Parallelprojektion α und eine Ähnlichkeitsabbildung, so dass diese Vorgaben zutreffen.

Ein Punkt $X(x_1,x_2,x_3)$ hat bezüglich des $\mathrm{KS}(O;x_1,x_2,x_3)$ die Darstellung

$$\boldsymbol{x}=x_1\boldsymbol{e}_1+x_2\boldsymbol{e}_2+x_3\boldsymbol{e}_3. \tag{4.16}$$

Die Vektoren $\boldsymbol{e}_i$ bzw. $x_i\boldsymbol{e}_i$ spannen den *Einheitswürfel* bzw. den *Koordinatenquader* zu X auf. Eine Parallelprojektion α hat nach Abschn. 4.1.1 und mit $O=O^\alpha$ die Darstellung

$$\boldsymbol{x}\mapsto\boldsymbol{x}^\alpha=\boldsymbol{P}\boldsymbol{x},$$

deshalb folgt

$$\boldsymbol{x}\mapsto\boldsymbol{x}^\alpha=x_1\boldsymbol{P}\boldsymbol{e}_1+x_2\boldsymbol{P}\boldsymbol{e}_2+x_3\boldsymbol{P}\boldsymbol{e}_3=x_1\boldsymbol{e}_1^\alpha+x_2\boldsymbol{e}_2^\alpha+x_3\boldsymbol{e}_3^\alpha, \tag{4.17}$$

wobei

$$e_i^\alpha := \boldsymbol{P}e_i = (\xi_i, \eta_i)^{\mathrm{T}}, \quad i = 1, 2, 3,$$

für die gegebenen Bilder der Einheitspunkte gesetzt wird.

D. h. in Matrixschreibweise

$$\boldsymbol{x} \mapsto \boldsymbol{x}^\alpha = \begin{pmatrix} \xi \\ \eta \end{pmatrix} = \begin{pmatrix} \xi_1 & \xi_2 & \xi_3 \\ \eta_1 & \eta_2 & \eta_3 \end{pmatrix} \begin{pmatrix} x_1 \\ x_2 \\ x_3 \end{pmatrix}. \tag{4.18}$$

4.3.2 Axonometrisches Zeichnen

Für den Austausch von Vorstellungen und Gedanken über ein räumliches Objekt ist das richtige *Skizzieren von Hand* eine wichtige Fertigkeit. Natürlich müssen dabei die allgemeinen Eigenschaften einer Parallelprojektion 4.1.2, etwa die Parallelitätstreue bei der Abbildung paralleler Geraden, beachtet werden.

Wir wollen eine Vorschrift zum Zeichnen des axonometrischen Bildes X^α eines gegebenen Punktes $X(x_1, x_2, x_3)$ herleiten. Hierzu drücken wir (4.17) mit den gegebenen Größen und mit Hilfe von Ortsvektoren aus:

$$\overrightarrow{O^\alpha X^\alpha} = \sum_{i=1}^{3} x_i \overrightarrow{O^\alpha E_i^\alpha} = \sum_{i=1}^{3} x_i e_i' \left(\frac{1}{e_i'} \overrightarrow{O^\alpha E_i^\alpha} \right) = \sum_{i=1}^{3} x_i' \left(\frac{1}{e_i'} \overrightarrow{O^\alpha E_i^\alpha} \right), \tag{4.19}$$

wobei $x_i' := x_i e_i', \ e_i' := \left\| \overrightarrow{O^\alpha E_i^\alpha} \right\| = \| e_i^\alpha \|$.

Es ist dabei e_i' die Länge des Bildes der i-ten Einheitsstrecke, die man die i-te *Verzerrungseinheit* nennt. Aus (4.19) erkennen wir die gesuchte Zeichenvorschrift:

a) Man berechne oder konstruiere mittels eines Strahlensatzes die vorzeichenfähigen Bildkantenlängen $x_i' = x_i e_i' \ (i = 1, 2, 3)$.

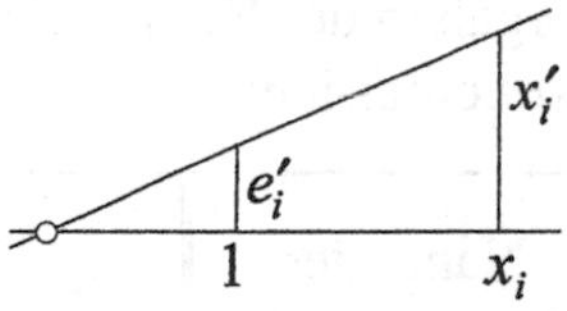

b) Man zeichne die Vektoren

$$\overrightarrow{O^\alpha X_i^\alpha} := x_i' \left(\frac{1}{e_i'} \overrightarrow{O^\alpha E_i^\alpha} \right),$$

deren Länge x_i' ist und die gleichsinnig (bzw. gegensinnig) parallel zu $\overrightarrow{O^\alpha E_i^\alpha}$ liegen, wenn $x_i > 0_i$ (bzw. $x_i < 0$) gilt. Man kennt jetzt die auf den Bild-Koordinatenachsen liegenden Bild-Eckpunkte X_i^α des Koordinatenquaders.

Fig. 4.8

c) Man zeichne nach der Parallelogrammregel der Vektoraddition

$$\overrightarrow{O^\alpha X^\alpha} = \overrightarrow{O^\alpha X_1^\alpha} + \overrightarrow{O^\alpha X_2^\alpha} + \overrightarrow{O^\alpha X_3^\alpha}.$$

Die Vektoraddition ist kommutativ. Jede Reihenfolge der Addition liefert einen *Koordinatenweg* zu X^α. Das Zeichnen aller Koordinatenwege liefert das Bild des Koordinatenquaders von X.

Bemerkung: Sollen die Raumkoordinaten eines Punktes X aus seinem Bild X^α rekonstruiert werden, z. B. zur Kontrolle seiner Lage bezüglich anderer Punkte, dann gilt umgekehrt:

X lässt sich bei zusätzlicher Kenntnis wenigstens eines axonometrischen Nebenbildes eindeutig rekonstruieren. Dabei heißen die Punkte

X'^α mit $X' = (x_1, x_2, 0)$,

X''^α mit $X'' = (0, x_2, x_3)$ und

X'''^α mit $X''' = (x_1, 0, x_3)$

axonometrische Nebenbilder, im Einzelnen der *axonometrische Grund-, Auf- und Kreuzriss* von X.

4.3.3 Standardisierte Axonometrien

Gemäß Fig. 4.9 werden jetzt die axonometrischen Vorgaben mit Hilfe der Winkel α_1 und α_2 festgelegt. Der Sehgewohnheit entsprechend wird oft $\xi_3 = 0$, $\eta_3 \geq 0$ gewählt, womit das Bild der x_3-Achse senkrecht nach oben weist. Dann lautet die Abbildung nach (4.18):

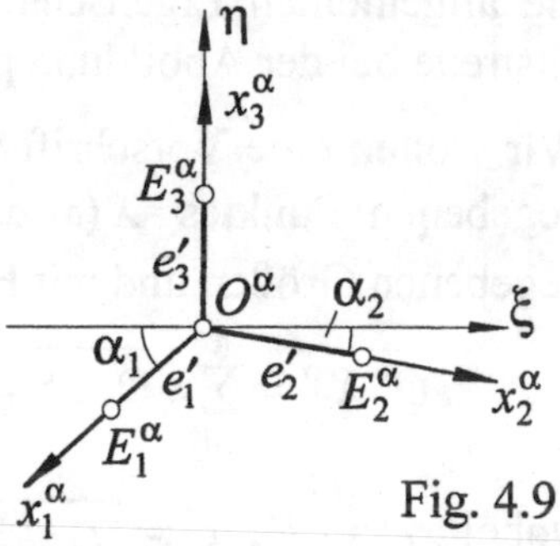

Fig. 4.9

$$\boldsymbol{x} \mapsto \boldsymbol{x}^\alpha = \begin{pmatrix} \xi \\ \eta \end{pmatrix} = \begin{pmatrix} -e_1' \cos\alpha_1 & e_2' \cos\alpha_2 & 0 \\ -e_1' \sin\alpha_1 & -e_2' \sin\alpha_2 & e_3' \end{pmatrix} \begin{pmatrix} x_1 \\ x_2 \\ x_3 \end{pmatrix}.$$

Vorgaben der Bestimmungsstücke gemäß folgender Tabelle ergeben standardisierte Axonometrien:

Name der Axonometrie	Bestimmungsstücke				
	α_1	α_2	e_1'	e_2'	e_3'
Isometrie	30°	30°	1	1	1
Dimetrie	≈ 41,5°	≈ 7°	½	1	1
Schrägriss	45° (30°, 60°)	0°	½ (⅓, ⅔)	1	1
Militärriss	$0 < \alpha_1 < 90°$	$\alpha_1 + \alpha_2 = 90°$	1	1	1 (⅓, ½, ⅔)

Beim Schrägriss und beim Militärriss sind auch die eingeklammerten Bestimmungsgrößen möglich.

Bemerkung: Isometrie und Dimetrie sind Beispiele *orthogonaler Axonometrien*, bei denen die Projektionsgeraden zur Bildebene senkrecht stehen. Sie werden gern verwendet, weil sie die Kontur einer Kugel als Kreis abbilden, während diese sonst als Ellipse erscheint (vgl. Fig. 4.3).

Beispiel 1: Die Mittelpunkte $A_1,\ldots,A_6$ der Seitenflächen des Einheitswürfels (ein Hexaeder) bilden die Ecken eines Oktaeders. Während der Würfel als Drahtmodell aufgefasst werden soll, stelle man sich das Oktaeder körperhaft vor. Die „Szene" wird mit parallelen Lichtstrahlen beleuchtet, von denen $\overrightarrow{EE_1}$ mit $E=(1,1,1)$ ein Richtungsvektor sei. Das Oktaeder wirft dann seinen Schatten auf die x_1,x_2-Ebene Π_1, der auch als Parallelriss des Oktaeders auf die Ebene Π_1 mit der Projektionsrichtung $\overrightarrow{EE_1}$ aufgefasst werden kann. Diese geometrische Situation veranschaulichen wir durch Konstruktion eines Schrägrisses mit $\alpha_1=45°$, $e_1'=\frac{1}{2}$. Zuerst wird das axonometrische Bild des Einheitswürfels gezeichnet, wobei wir vereinfachend das hochgestellte α an der Bezeichnung der Bildpunkte weglassen. Die Diagonalen der Seitenflächen des Würfels schneiden sich in den Mittelpunkten der Seitenflächen. Diese Eigenschaft wird abgebildet: Die Bilddiagonalen schneiden sich in den Bildern der Ecken des Oktaeders. Seine Kante A_1A_5 ist zu $E\,E_1$ parallel, also lichtstrahlenparallel. Wegen $A_2E_1 \parallel EE_1$ ist $A_2^s=E_1$ der Parallelriss von A_2 auf Π_1. Analog gilt $A_4^s=O$, $A_6^s=A_3^s=A_6$. Mit $A_1A_5 \parallel A_3A_6$ folgt damit $A_1^s=A_5^s$. Da parallele Geraden $A_2A_3 \parallel A_5A_4$ und $A_2A_5 \parallel A_3A_4$ auf parallele „Schattengeraden" $A_2^sA_3^s \parallel A_5^sA_4^s$ und $A_2^sA_5^s \parallel A_3^sA_4^s$ abgebildet werden müssen, folgt, dass sich die Parallelen durch A_2^s bzw. A_4^s zu $A_3^sA_4^s$ bzw. $A_2^sA_3^s$ in $A_1^s=A_5^s$ schneiden.

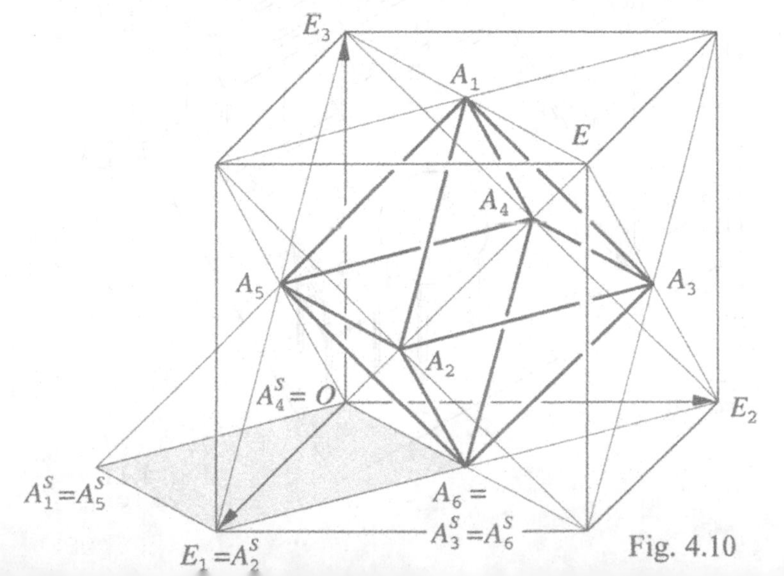

Fig. 4.10 □

Beispiel 2: Bezieht man eine neue Wohnung, so ist oft der Grundriss der Räume und des Mobiliars gegeben, und es besteht der Wunsch, die räumliche Anordnung und Wirkung verschiedener Einrichtungsideen zu erproben. Dies kann leicht durch einen Militärriss erfolgen. Das jeweilige Zimmer – im Beispiel von Fig. 4.11 wählen wir eine Küche – wird im Grundriss „eingerichtet" und dieser auf dem Zeichenblatt gedreht angeordnet (Wahl von α_1). Von einer Möbelecke $A(a_1,a_2,a_3)$ mit dem Grundriss A' wird der Militärriss A^α konstruiert, indem eine vertikale Bildgerade durch A' gezeichnet wird und auf dieser die „Höhe" a_3 (dritte Koordinate von A) von A' aus abgetragen wird, um A^α mit $\overline{A'A^\alpha} = |a_3|$ festzulegen. Weil zur Grundrissebene parallel liegende ebene Figuren im Militärriss unverzerrt abgebildet werden, kann beispielsweise die waagerecht liegende kreisrunde Tischplatte mit dem Zirkel gezeichnet werden.

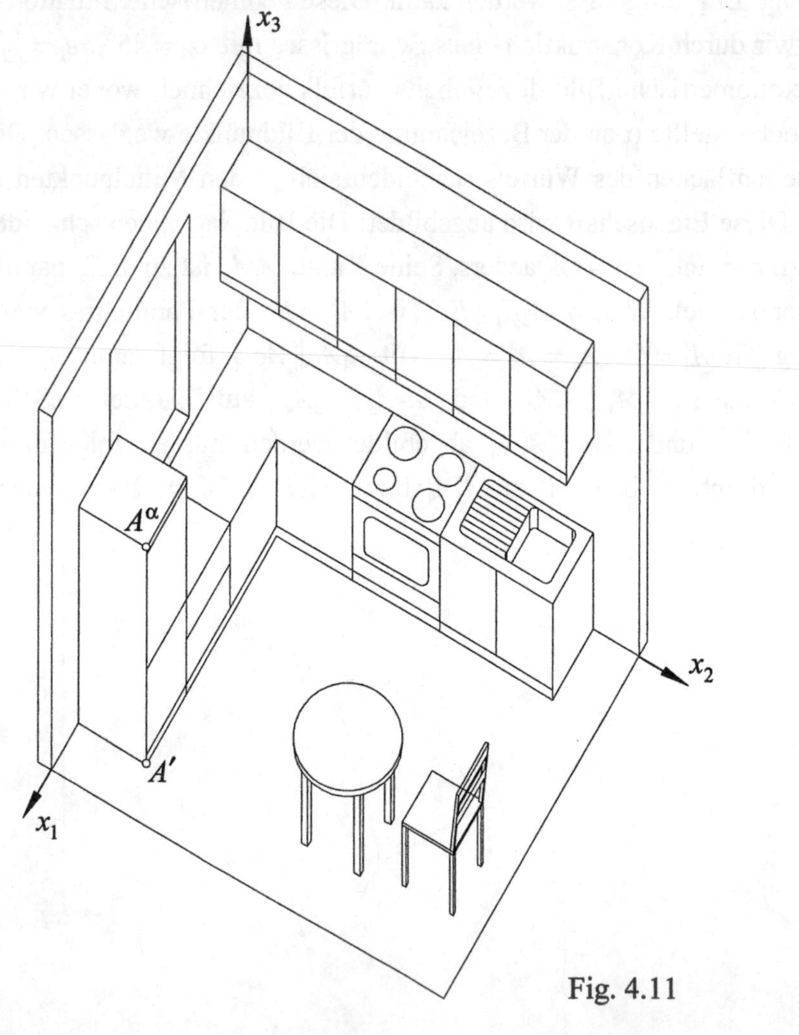

Fig. 4.11 □

Aufgaben

4.1 In dem gegebenen Schrägriss eines Würfels konstruiere man das Bild jener ebenen Figur, die die Seitenflächen des Würfels in der Verbindungsebene ABC ausschneiden.

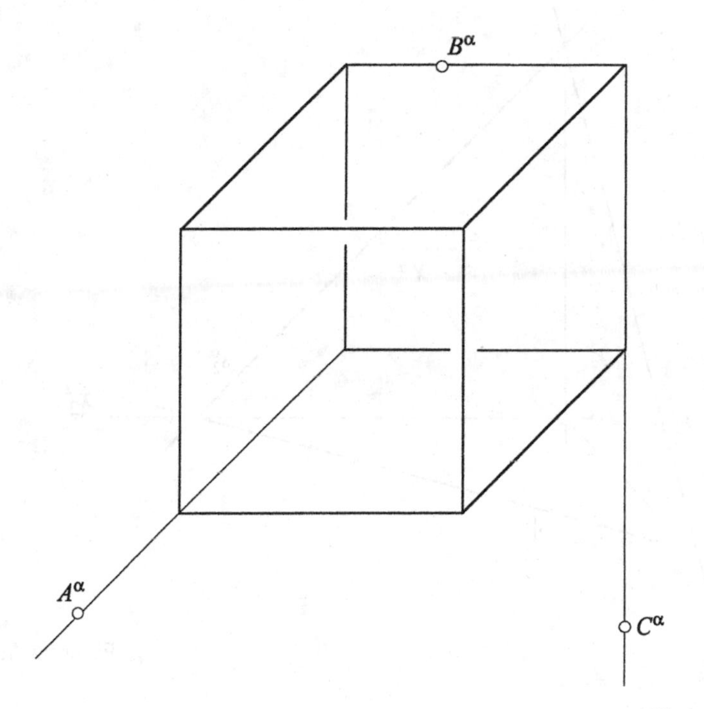

Figur zu Aufgabe 4.1

4.2 Der gegebene Schrägriss zeigt die Schnittgeraden (Spuren) s_1^α, s_2^α bzw. s_3^α einer Ebene Σ mit den Koordinatenebenen Π_1, Π_2 bzw. Π_3 eines kartesischen Koordinatensystems sowie einen Punkt X^α, dessen Urbild in der Ebene Σ liege.
Man konstruiere die Schrägrisse der Normalprojektionen des Punktes X auf die Koordinatenebenen.

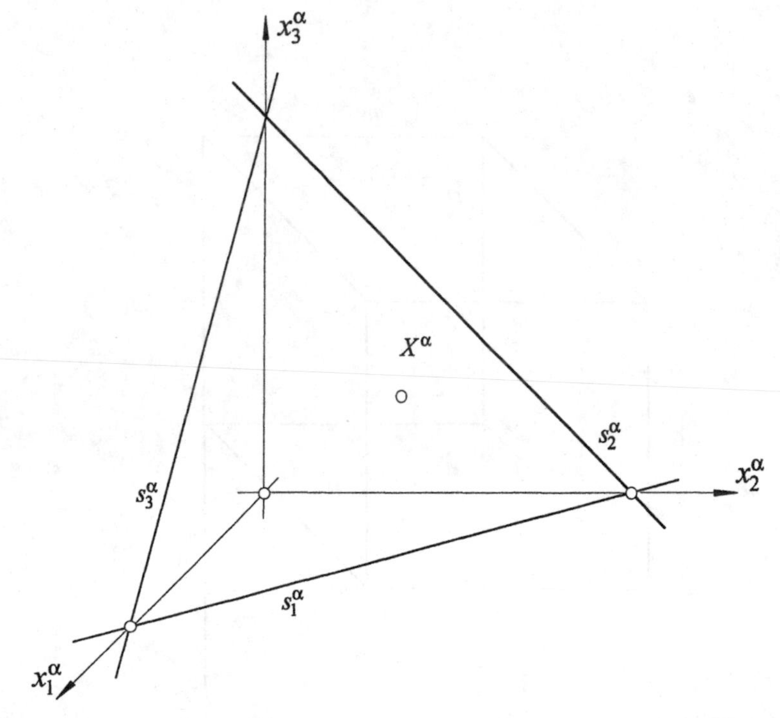

Figur zu Aufgabe 4.2

4.3 Konstruieren Sie im Schrägriss die Durchdringung des gegebenen Quaders mit der Pyramide, die das in Π_1 liegende Basisdreieck ABC besitzt und deren Spitze S in Π_2 liegt.

4.4 Konstruieren Sie die Schnittfigur, die die durch A, B und C verlaufende Ebene aus dem dargestellten ebenflächig begrenzten Körper ausschneidet.

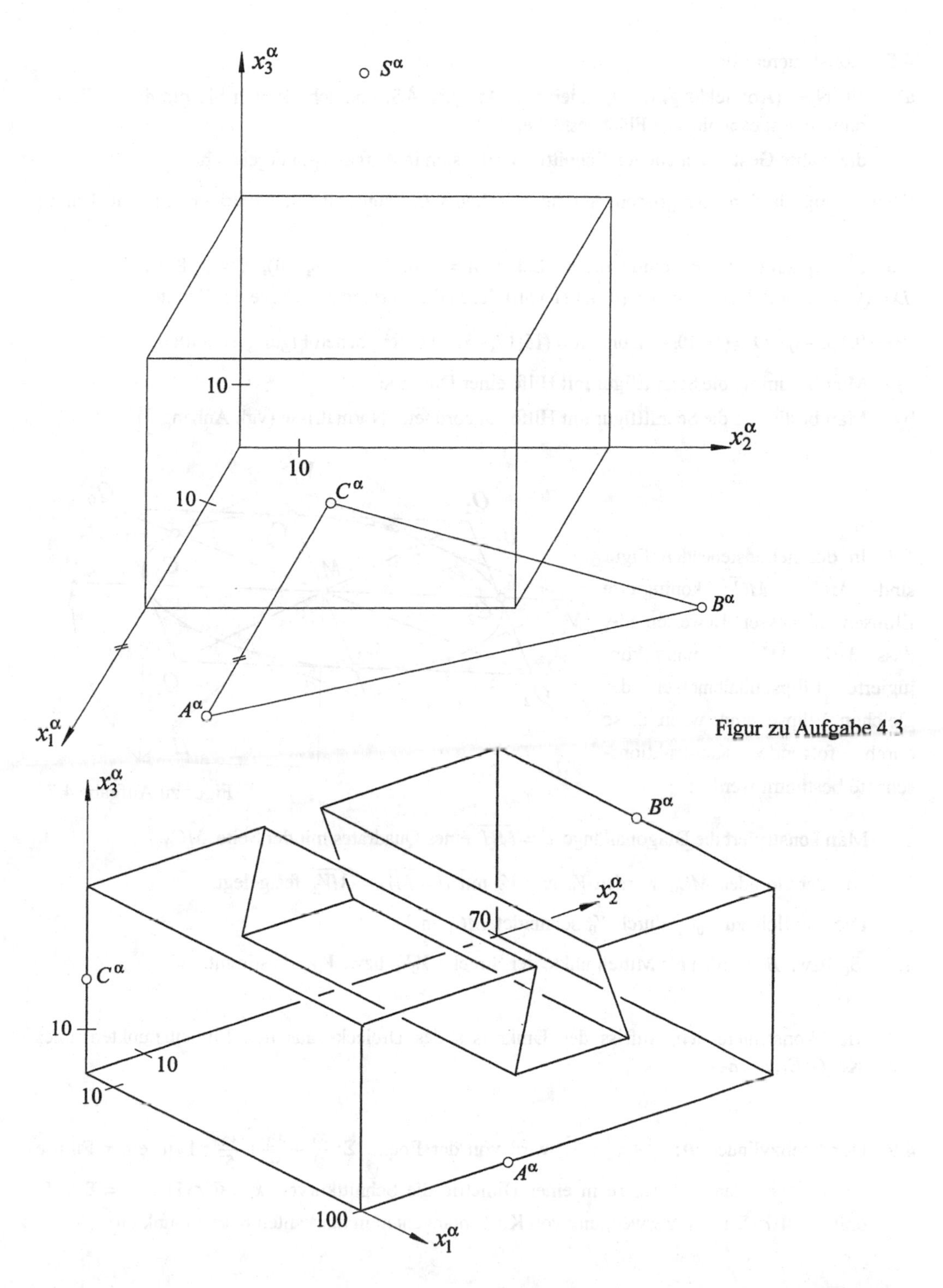

Figur zu Aufgabe 4.3

Figur zu Aufgabe 4.4

4.5 Konstruieren Sie

a) ein Netz (Abwicklung) des Quaders aus Aufgabe 4.3, und schraffieren Sie die durch die Pyramide ausgeschnittenen Flächenstücke,

b) die wahre Gestalt der ebenen Schnittfigur, die sich in Aufgabe 4.4 ergeben hat.

(Bemerkung: In den Schrägrissen sind die 10fachen Verzerrungseinheiten markiert; Einheit: 1 mm.)

4.6 Eine quadratische Pyramide mit den Ecken $A=(0,0,0)$, $B=(8,0,0)$, $C=(8,8,0)$, $D=(0,8,0)$ und der Spitze $S=(4,4,12)$ wird durch die Verbindungsebene der Punkte

$P=(9,15,-3)$, $Q=(14,10,-2)$ und $R=(15,17,-5)$ in einer ebenen Figur geschnitten.

a) Man bestimme die Schnittfigur mit Hilfe einer Dimetrie.

b) Man bestimme die Schnittfigur mit Hilfe zugeordneter Normalrisse (vgl. Anhang 3).

4.7 In der nebenstehenden Figur sind $\overrightarrow{MC_0}$, $\overrightarrow{MC_1}$ konjugierte Ellipsenhalbmesser. Beweisen Sie, dass $\overrightarrow{MB_0}$, $\overrightarrow{MB_1}$ ebenfalls konjugierte Ellipsenhalbmesser der gleichen Ellipse sind, wenn diese durch folgende Konstruktionsschritte bestimmt werden:

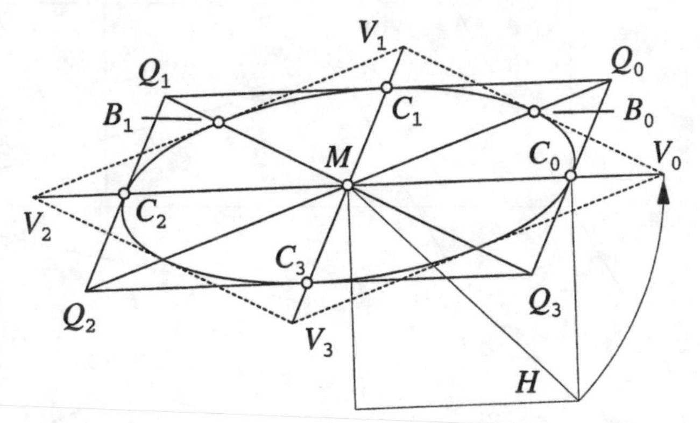

Figur zu Aufgabe 4.7

1. Man konstruiert die Diagonallänge $d=\overline{MH}$ eines Quadrates mit der Seite MC_0.
2. Auf der Geraden MC_0 werden V_0 und V_2 mit $d=\overline{MV_0}=\overline{MV_2}$ festgelegt.
3. Die Parallele zu C_0C_1 durch V_0 schneidet MC_1 in V_1.
4. B_0 bzw. B_1 werden als Mittelpunkte der Strecke V_0V_1 bzw. V_1V_2 bestimmt.

4.8 Man konstruiere den Aufriss des Umkreises des Dreiecks aus den Einheitspunkten eines $\mathrm{KS}(O;E_1,E_2,E_3)$.

4.9 Der Drehzylinder $\Phi\colon x_1^2+x_2^2=5^2$ wird von der Ebene $\Sigma\colon \frac{x_1}{9}+\frac{x_2}{9}+\frac{x_3}{5}=1$ in einer Ellipse geschnitten. Man konstruiere in einer Dimetrie die Schnittkurven $k_i=\Phi\cap\Pi_i$, $s_i=\Sigma\cap\Pi_i$ und $c=\Phi\cap\Sigma$ unter Verwendung von Kurventangenten in markanten Kurvenpunkten.

5 Zentralprojektion und der projektiv erweiterte Anschauungsraum

Die Hauptgesetze der Zentralprojektion (Perspektive) interessierten schon die Kunstmaler der Renaissancezeit. Sie sollten helfen, in ihren Gemälden einen räumlichen Eindruck zu erzeugen, der dem menschlichen Sehempfinden entspricht.

Das erste deutsche Werk über Perspektive stammt von A. Dürer: „Underweysung der messung mit dem zirckel un richtscheyt ...", Nürnberg 1525. Auch eine (analoge oder digitale) fotografische Aufnahme folgt den Gesetzen der Zentralprojektion des Raumes auf eine Bildebene (Film, CCD-Array).

Selbstverständlich benötigen auch heute noch Maler, Architekten und Computer-Vision-Spezialisten diese Bilderzeugungsmethode. Sie ist aber auch ein Teilgebiet der Photogrammetrie, jener Disziplin, die sich mit der Rekonstruktion geometrischer Maße räumlicher Objekte aus vorgelegten Fotografien befasst.

Die Zentralprojektion motiviert die Einführung von ideellen geometrischen Objekten – den Fernpunkten, Ferngeraden und der Fernebene, durch die der Anschauungsraum projektiv erweitert wird. Zur Einbeziehung dieser Objekte in die analytische Geometrie sind homogene Punkt-, Geraden- und Ebenenkoordinaten notwendig. In der Projektiven Geometrie wird ein Einblick in das entsprechende mathematische Handwerkszeug gegeben.

5.1 Der projektiv erweiterte Anschauungsraum

Gemäß Figur 5.1 betrachten wir in der affinen Ebene eine Gerade g und einen Punkt $O \notin g$.

Wenn ein Punkt X die Gerade g durchläuft, dann dreht sich OX um O und nimmt dabei jede Richtung an, jedoch nicht die parallele Lage zu g. Um diese Ausnahme zu beseitigen, um also auch der Geraden g_1 durch O einen Schnittpunkt auf g zuordnen zu können, wird ein gedanklich neues geometrisches Objekt, der *Fernpunkt* (unendlich ferner Punkt) G_u auf der Geraden g als Schnittpunkt definiert.

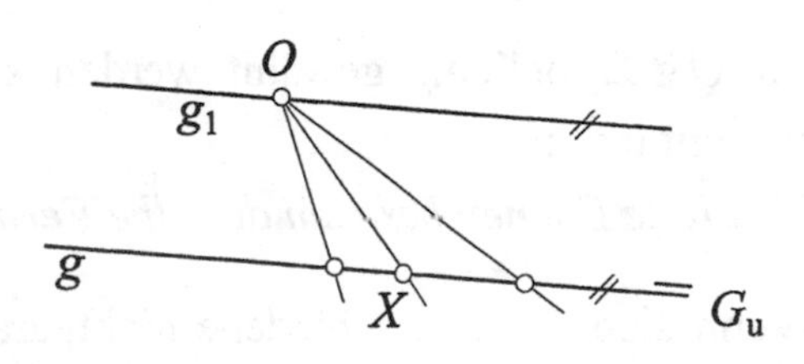

Fig. 5.1

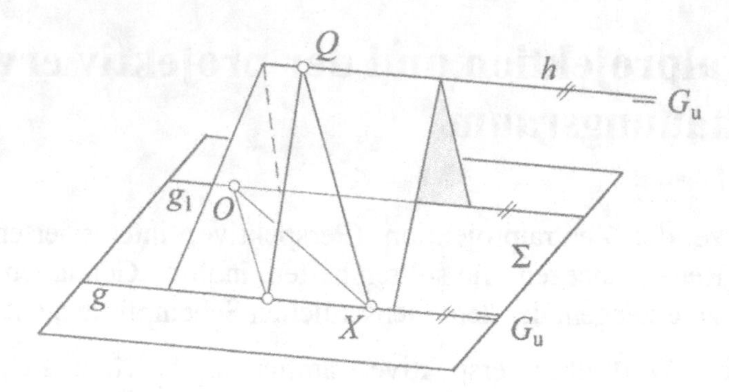

Fig. 5.2

Sei nun Q ein Punkt außerhalb der Ebene $\Sigma = Og$.

Dann sind die Verbindungsebenen Qg und Qg_1 eindeutig bestimmt, die sich in der g-parallelen Geraden h durch Q schneiden.

Ist nun G_u der Fernpunkt von g in Σ, dann schneiden sich nach obiger Definition – angewendet auf die Gerade QX – die Geraden h und g im Fernpunkt G_u.

Somit ist gezeigt:

Parallele Geraden besitzen den gleichen Fernpunkt.

Die Geraden durch $Q \notin \Sigma$ nach allen Fernpunkten von Geraden in Σ bilden eine Σ-parallele Ebene Σ_1 durch Q.

Die Menge der Fernpunkte von Σ muss deshalb zur Menge der Fernpunkte von Σ_1 identisch sein. Als Schnittmenge der Fernpunkte von Σ und Σ_1 soll diese Menge die *Ferngerade* s_u von Σ bzw. Σ_1 heißen.

Da $Q \notin \Sigma$ beliebig gewählt werden kann, erkennt man:

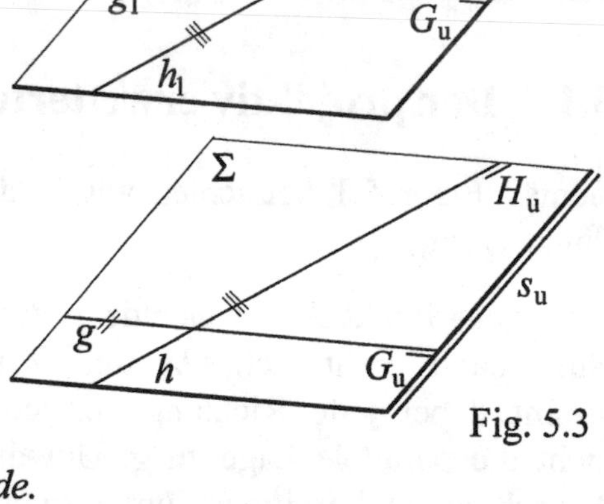

Fig. 5.3

Parallele Ebenen besitzen dieselbe Ferngerade.

Wenn sich zwei verschiedene nichtparallele Ebenen Σ und Φ in einer Geraden g schneiden, dann gehört der Fernpunkt G_u von g zu beiden Ebenen, also schneiden sich die Ferngeraden s_u und f_u von Σ bzw. Φ in G_u. Zwei schneidende Geraden spannen eine Ebene auf; deshalb soll definiert werden, dass alle Ferngeraden in einer Ebene liegen, der so genannten *Fernebene*.

Um die von den Fernpunkten, Ferngeraden und der Fernebene verschiedenen Punkte, Geraden und Ebenen des Raumes ansprechen zu können, werden diese *eigentlich* genannt. Die eingeführten Fernelemente heißen dann *uneigentlich*.

Eine durch ihren Fernpunkt ergänzte eigentliche Gerade nennt man *projektive Gerade*, eine durch ihre Ferngerade ergänzte Ebene *projektive Ebene*. Auch Ferngeraden seien projektive Geraden.

Der *projektiv erweiterte Raum* $\overline{E^3}$ ist der affine Raum E^3 erweitert um alle Fernpunkte seiner Geraden.

Die eingeführten Fernelemente gestatten (aufgrund ihrer Definition) den Beweis der folgenden Aussagen für die Inzidenzgeometrie im projektiv erweiterten Raum:

(1) *Durch zwei verschiedene Punkte lässt sich genau eine Gerade legen.*

(2) *Zwei verschiedene Geraden einer Ebene schneiden sich in genau einem Punkt.*

(3) *Zwei verschiedene Ebenen schneiden sich in genau einer Geraden.*

(4) *Eine Ebene und eine nicht in dieser Ebene liegende Gerade schneiden sich in genau einem Punkt.*

Bemerkungen:

1. Die in den Aussagen genannten Punkte, Geraden und Ebenen verstehen sich projektiv.
2. Im projektiv erweiterten Raum gibt es keine Fallunterscheidungen bezüglich der Parallelitätsrelation bei Schnittaufgaben.
3. Wie beschreibt man uneigentliche Elemente analytisch? (Siehe Kap. 8!)

5.2 Zentralprojektion

5.2.1 Definition und Eigenschaften

Im projektiv erweiterten Raum seien ein Punkt C als *Zentrum* (Augpunkt) und eine eigentliche Ebene Π (mit $C \notin \Pi$) als *Bildebene* ausgezeichnet. Die damit bestimmte *Zentralprojektion* α_c bildet jeden Punkt $X \notin C$ auf den Schnittpunkt X^c der Verbindungsgeraden CX mit der Bildebene Π ab:

$$\alpha_c : \overline{E^3} \to \Pi : X \mapsto X^c = CX \cap \Pi.$$

Man nennt X^c den *Zentralriss* von X. Weiter heißt jede Gerade durch C eine *Sehgerade* (*Projektionsgerade*).

Mit den Bezeichnungen und Aussagen aus 5.1 erkennt man mit Fig. 5.4 die folgenden **Eigenschaften:**

(Z1) Alle Punkte einer Sehgeraden haben den gleichen Zentralriss.

(Z2) Die Π-parallele Ebene Π_v durch das Zentrum C enthält alle Punkte, deren Sehgeraden parallel zu Π liegen und deren Zentralrisse deshalb auf der Ferngeraden von Π liegen. Man nennt Π_v die *Verschwindungsebene.*

(Z3) Eine Gerade g $(C \notin g)$ bestimmt mit dem Zentrum C genau eine Verbindungsebene $\Gamma := gC$ – die *Sehebene* (projizierende Ebene) zu g.
Offenbar werden die Punkte von g auf die Punkte der Schnittgeraden $g^c = \Gamma \cap \Pi$ der Seh- mit der Bildebene abgebildet. g^c heiße der *Zentralriss* von g.
Insbesondere wird der Schnittpunkt $V = g \cap \Pi_v$ als *Verschwindungspunkt* von g bezeichnet, da sein Zentralriss der Fernpunkt von g^c ist.

(Z4) Die g-parallele Gerade g_1 durch C hat mit g den gemeinsamen Fernpunkt G_u.
Deshalb ist $G_u^c = g_1 \cap \Pi$ der Zentralriss von G_u.

(Z5) Die Zentralrisse paralleler Geraden g und g_2 sind im Allgemeinen nicht parallel, denn die Sehebenen Γ und Γ_2 zu g und g_2 schneiden sich in g_1. Deshalb schneiden sich g^c und g_2^c in $G_u^c = g_1\Pi$. Wir erkennen jetzt, dass sich die Zentralrisse zueinander paralleler Geraden in dem Zentralriss ihres gemeinsamen Fernpunktes schneiden.
Man nennt deshalb G_u^c den *Fluchtpunkt* aller g-paralleler Geraden.

(Z6) In Fig. 5.4 betrachten wir eine beliebige Ebene Σ durch g. Die Ferngerade s_u von Σ wird auf die Schnittgerade s_u^c von Π mit der Σ-parallelen Ebene Σ_1 durch C abgebildet. Da s_u die gemeinsame Ferngerade aller Σ-parallelen Ebenen ist, heißt $s_u^c = \Sigma_1 \cap \Pi$ die *Fluchtgerade* aller Σ-parallelen Ebenen.

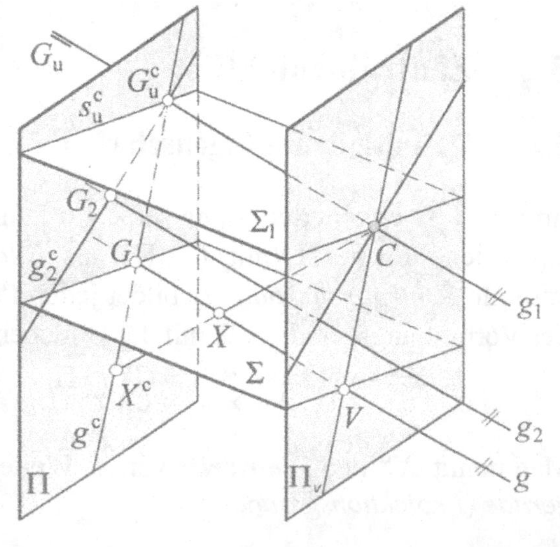

Fig. 5.4

Über die Zentralrisse paralleler Elemente kann deshalb zusammenfassend formuliert werden:

Satz: *Parallele Geraden bzw. Ebenen haben im Zentralriss den gleichen Fluchtpunkt bzw. die gleiche Fluchtgerade.*

5.2.2 Freie Perspektive

Die freie und angewandte Perspektive ist eine wissenschaftliche Disziplin, welche die geometrischen Berechnungen der Zentralprojektion zum Zeichnen anschaulicher Bilder räumlicher Objekte (Bauwerke, Maschinen, Werkstücke, ...) anwendet.

Die abzubildenden Objekte denkt man sich dabei auf einer horizontalen *Grundebene* aufgestellt, die von der vertikalen Bildebene Π in der *Standlinie s* geschnitten wird (Fig. 5.5).

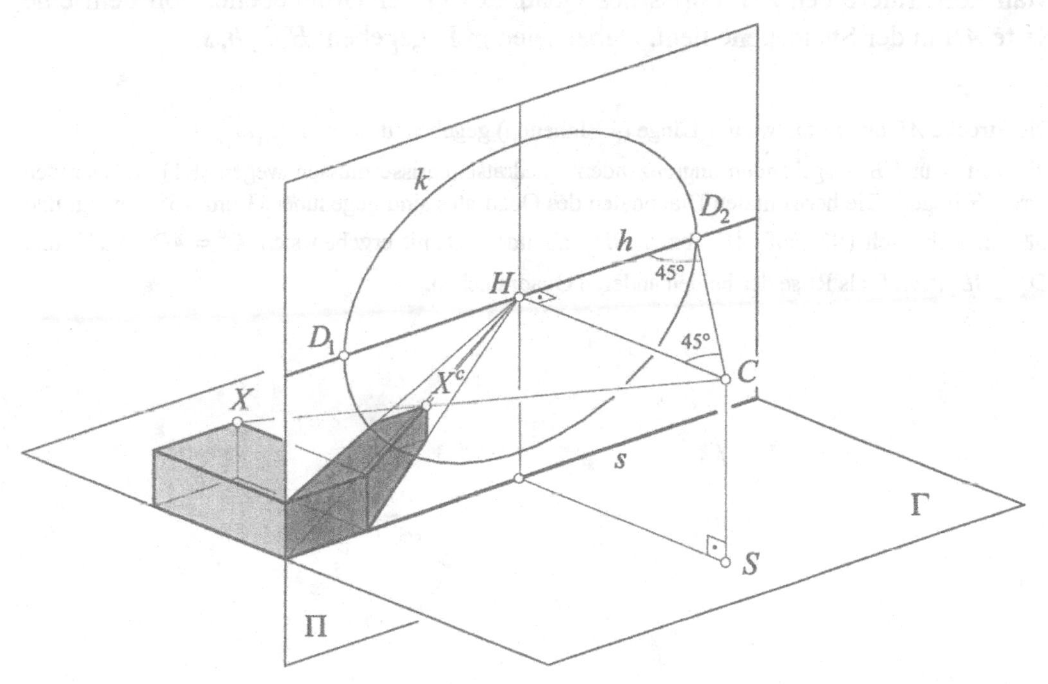

Fig. 5.5

Die Normale durch den Augpunkt C zu Γ schneidet Γ im *Standpunkt S.*

Die Normale durch C zu Π heißt *Hauptachse.* Sie schneidet Π im *Hauptpunkt H.* Man nennt $d := \overline{CH}$ die *Augdistanz.*

Der Hauptpunkt H ist der Fluchtpunkt aller Geraden, die auf Π senkrecht stehen. Solche Geraden heißen *Tiefenlinien.*

Somit:

(R1) *Der Zentralriss jeder Tiefenlinie geht durch H.*

Der *Horizont h* sei die Fluchtgerade aller horizontalen Ebenen. Damit ist *h* die Parallele zu *s* durch *H* und es gilt:

(R2) *Die Fluchtpunkte aller horizontalen Geraden liegen auf dem Horizont.*

Der Kreis $k(H,d)$ in Π um *H* mit der Augdistanz *d* als Radius heißt *Distanzkreis*. Dieser schneidet *h* in zwei Distanzpunkten D_1 und D_2. Nun ist $\sphericalangle HCD_2 = 45°$ und mit (R2) folgt:

(R3) *Die Distanzpunkte auf dem Horizont sind die Fluchtpunkte aller horizontalen Geraden, die mit Π einen Neigungswinkel von 45° einschließen.*

Beispiel:

Man konstruiere den Zentralriss des Quadrates in der Grundebene, von dem eine Seite *AB* in der Standebene liegt. Dabei seien in Π gegeben: *H, k, h, s*.

Lösung:

Die Strecke *AB* auf *s* ist in wahrer Länge (4 Einheiten) gegeben, da *s* in Π liegt.

Die von *A* und *B* ausgehenden angrenzenden Quadratseitenrisse müssen wegen (R1) auf Geraden durch *H* liegen. Die horizontalen Diagonalen des Quadrates sind gegenüber Π um 45° geneigt und müssen sich nach (R3) auf AD_2 bzw. BD_2 abbilden. Damit ergeben sich $C^c = AD_2 \cap BH$ und $D^c = BD_1 \cap AH$ als Risse der beiden anderen Quadratecken.

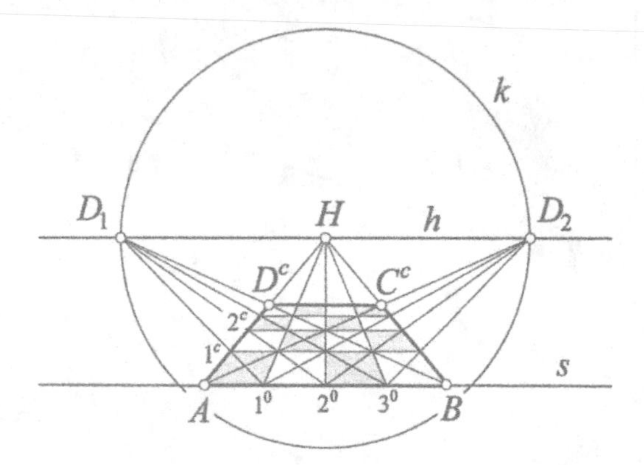

Fig. 5.6

□

Wir benutzen die Fig. 5.6 um den Zentralriss eines Maßstabes auf einer Tiefenlinie *AH* zu konstruieren. Man trägt den Maßstab $1^o, 2^o, 3^o, \ldots$ in wahrer Länge auf *s* ab. Die Verbindungsgeraden der Maßstabspunkte mit D_1 schneiden *AH* im Zentralriss des Maßstabes.

Ergänzen wir Tiefenlinien durch $1^o, 2^o, 3^o, \ldots$ und s-parallele Geraden durch $1^c, 2^c, 3^c, \ldots$ eines Netzes aus Einheitsquadraten, so erhalten wir schließlich den Zentralriss einer quadratisch gefliesten Grundebene.

5.2.3 Abbildungsgleichungen

Zur analytischen Beschreibung einer Zentralprojektion α_c betrachten wir ein „Bildebenen"-Koordinatensystem $\mathrm{KS}(H;\xi,\eta,\zeta)$ (vgl. Fig. 5.7), bezüglich dessen

$\zeta = 0$ die Gleichung der Bildebene Π,

$C = (0,0,d)$ die Koordinaten des Augpunktes,

$X = (\xi,\eta,\zeta)$ die Koordinaten eines beliebigen Urbildpunktes,

$X^c = (\xi^c,\eta^c,0)$ die Koordinaten des zugehörigen Bildpunktes sind.

Aus ähnlichen Dreiecken kann sofort

$$\frac{\xi^c}{\xi} = \frac{d}{d-\zeta} \quad \text{und} \quad \frac{\eta^c}{\eta} = \frac{d}{d-\zeta}$$

abgelesen werden, also die Abbildungsgleichungen

$$\xi^c = d\frac{\xi}{d-\zeta} \quad \text{und} \quad \eta^c = d\frac{\eta}{d-\zeta}. \tag{5.1}$$

Wir lösen uns von der speziellen Wahl des Koordinatensystems, indem wir wie in 4.1.1, Beispiel 2, annehmen, dass unsere Urbildpunkte bezüglich eines $\mathrm{KS}(O;x_1,x_2,x_3)$ gegeben sind, dessen Lage durch $O = H$ und mit den Winkeln λ, β gegenüber $\mathrm{KS}(H;\xi,\eta,\zeta)$ festgelegt ist.

Dann gilt wieder (4.6):

$$\xi = \boldsymbol{x}\cdot \boldsymbol{f}_1,$$
$$\eta = \boldsymbol{x}\cdot \boldsymbol{f}_2,$$
$$\zeta = \boldsymbol{x}\cdot \boldsymbol{n},$$

so dass aus (5.1) folgt

$$\xi^c = d\frac{\boldsymbol{x}\cdot \boldsymbol{f}_1}{d-\boldsymbol{x}\cdot\boldsymbol{n}} \quad \text{und}$$

$$\eta^c = d\frac{\boldsymbol{x}\cdot \boldsymbol{f}_2}{d-\boldsymbol{x}\cdot\boldsymbol{n}},$$

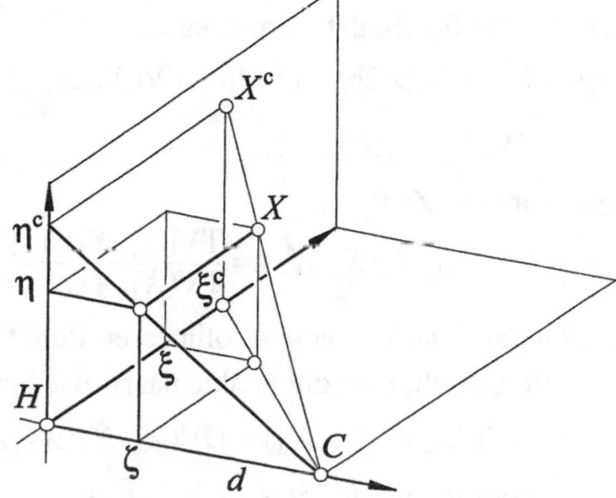

Fig. 5.7

d. h. ausführlich

$$\alpha_c : \begin{pmatrix} x_1 \\ x_2 \\ x_3 \end{pmatrix} \mapsto \begin{pmatrix} \xi \\ \eta \end{pmatrix} = d \begin{pmatrix} \dfrac{-x_1 \sin\lambda + x_2 \cos\lambda}{d - x_1 \cos\lambda\cos\beta - x_2 \sin\lambda\cos\beta - x_3 \sin\beta} \\ \\ \dfrac{-x_1 \cos\lambda\sin\beta - x_2 \sin\lambda\sin\beta + x_3 \cos\beta}{d - x_1 \cos\lambda\cos\beta - x_2 \sin\lambda\cos\beta - x_3 \sin\beta} \end{pmatrix}. \tag{5.2}$$

Die Zentralprojektion α_c ist damit durch die Kugelkoordinaten (d, λ, β) des Augpunktes C und den Hauptpunkt $H = O$ festgelegt.

Bemerkung: Der Grenzübergang $d \to \infty$ ergibt aus (5.2) die Abbildungsgleichungen der Normalprojektion auf Π aus 4.1.1.

Allgemein können wir jetzt eine Parallelprojektion als Zentralprojektion auffassen, deren Zentrum der Fernpunkt der Projektionsgeraden ist.

5.3 Rekonstruktion einer ebenen Figur

5.3.1 Doppelverhältnis

Zunächst sei an die Definition des Teilverhältnisses erinnert (vgl. 2.1.5, Bemerkung 4): Die Zahl $\tau = \mathrm{TV}(X_1, X_2; X_3)$ ist das Teilverhältnis der kollinearen Punkte $X_1, X_2, X_3 \in E^d$ $(X_1 \neq X_2, X_2 \neq X_3)$, wenn

$$\boldsymbol{x}_1 - \boldsymbol{x}_3 = \tau(\boldsymbol{x}_2 - \boldsymbol{x}_3) \tag{5.3}$$

für die Ortsvektoren der Punkte bezüglich eines beliebigen $\mathrm{KS}(O; E_1, \ldots, E_d)$ gilt. Betrachten wir eine eigentliche Gerade $g = X_1X_2$ im projektiv erweiterten Raum $\overline{E^d}$, dann stellt sich die Frage, ob auch das $\mathrm{TV}(X_1, X_2; G_u)$ mit dem Fernpunkt G_u von g sinnvoll gebildet werden kann.

Wegen 2.1.5, Satz 2b), gilt $\lim\limits_{X_3 \to G_u} \mathrm{TV}(X_1, X_2; X_3) = 1$, deshalb setzen wir

$$\mathrm{TV}(X_1, X_2; G_u) = 1. \tag{5.4}$$

Man nennt die Zahl

$$\mathrm{DV}(X_1, X_2; X_3, X_4) := \frac{\mathrm{TV}(X_1, X_2; X_3)}{\mathrm{TV}(X_1, X_2; X_4)} \quad (X_2 \neq X_1, X_3, X_4) \tag{5.5}$$

das *Doppelverhältnis* von 4 kollinearen Punkten X_1, X_2, X_3, X_4 in dieser Reihenfolge. Vertauscht man die Punkte paarweise bzw. nur bei einem Paar, so ergibt sich

$$\begin{aligned} &\mathrm{DV}(X_3, X_4; X_1, X_2) = \mathrm{DV}(X_1, X_2; X_3, X_4) \\ &\mathrm{DV}(X_1, X_2; X_4, X_3) = \frac{1}{\mathrm{DV}(X_1, X_2; X_3, X_4)}. \end{aligned} \tag{5.6}$$

Deshalb darf ein Fernpunkt formal an jeder Argumentstelle stehen. Die Bedeutung des Doppelverhältnisses liegt in dem folgenden

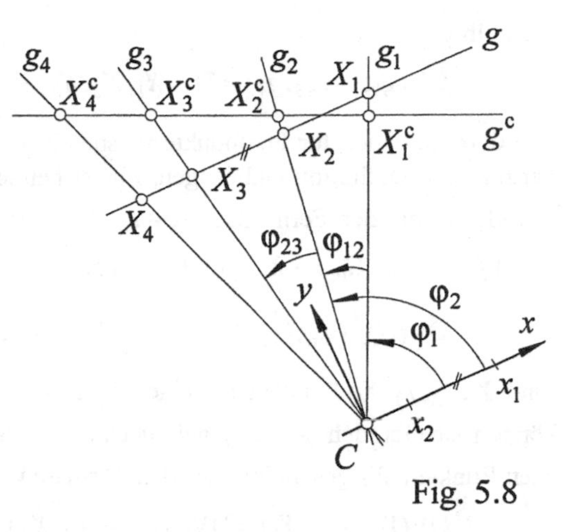

Fig. 5.8

Satz 1: *Bei einer Zentralprojektion ist das Doppelverhältnis von 4 Punkten einer Geraden gleich dem Doppelverhältnis ihrer Bildpunkte.*

Beweis: Wir beweisen den Satz zunächst für 4 eigentliche Punkte auf einer eigentlichen Geraden. Es sei $C \notin g \subset \overline{E^3}$ das Zentrum einer Zentralprojektion $\alpha_c : X \mapsto X^c$, die g auf $g^c \subset \Pi$ abbildet. In der Sehebene $\Gamma = gC$ wählen wir ein ebenes KS$(O;x,y)$ mit dem Nullpunkt in C und der x-Achse parallel zu g. Dann erhalten die eigentlichen Punkte $X_i \in g$ die Koordinaten (x_i, y), $i = 1, 2, 3, 4$. Nach den Definitionen (5.3) und (5.5) gilt somit

$$\mathrm{DV}(X_1,X_2;X_3,X_4) = \frac{\dfrac{x_1-x_3}{x_2-x_3}}{\dfrac{x_1-x_4}{x_2-x_4}} = \frac{(x_1-x_3)(x_2-x_4)}{(x_2-x_3)(x_1-x_4)}. \tag{5.7}$$

Weiter ist

$$\sin\varphi_i = \frac{y}{r_i}, \quad r_i = \overline{CX_i}, \quad \cos\varphi_i = \frac{x_i}{r_i},$$

für den Polarwinkel von X_i bezüglich PKS(C,x). Damit folgt

$$\sin\varphi_{ik} = \sin(\varphi_k - \varphi_i) = \sin\varphi_k\cos\varphi_i - \sin\varphi_i\cos\varphi_k = \frac{(x_i-x_k)y}{r_i r_k}, \qquad ik = 13, 14, 23, 24,$$

für die Winkel $\varphi_{ik} = \sphericalangle X_i C X_k$. Man berechnet

$$\frac{\sin\varphi_{13}\,\sin\varphi_{24}}{\sin\varphi_{23}\,\sin\varphi_{14}} = \frac{\left(\dfrac{x_1-x_3}{r_1 r_3}\right)\left(\dfrac{x_2-x_4}{r_2 r_4}\right)}{\left(\dfrac{x_2-x_3}{r_2 r_3}\right)\left(\dfrac{x_1-x_4}{r_1 r_4}\right)} = \frac{(x_1-x_3)(x_2-x_4)}{(x_2-x_3)(x_1-x_4)}, \tag{5.8}$$

d. h., den Geraden $g_i = CX_i$, die die Winkel φ_{ik} miteinander einschließen, kann vermittels der Definition

$$\mathrm{DV}(g_1,g_2;g_3,g_4) := \frac{\dfrac{\sin\varphi_{13}}{\sin\varphi_{23}}}{\dfrac{\sin\varphi_{14}}{\sin\varphi_{24}}} = \frac{\sin\varphi_{13}\,\sin\varphi_{24}}{\sin\varphi_{23}\,\sin\varphi_{14}} \tag{5.9}$$

ebenfalls ein Doppelverhältnis zugeordnet werden, das dann wegen (5.8) mit $\mathrm{DV}(X_1,X_2;X_3,X_4)$ übereinstimmt. Die Geraden g_i werden von g^c in den Punkten X_i^c geschnitten, dabei sind die Winkel φ_{ik} unverändert.

Deshalb gilt

$$\mathrm{DV}(g_1,g_2;g_3,g_4)=\mathrm{DV}(X_1,X_2;X_3,X_4)=\mathrm{DV}(X_1^c,X_2^c;X_3^c,X_4^c). \tag{5.10}$$

Um den Satz auch für Fernpunkte aussprechen zu können, werden diese jetzt durch eine mit (5.4) verträgliche Definition einbezogen: Zuerst betrachten wir die Ferngerade e_u der Sehebene Γ. Die Gerade g_i hat den Fernpunkt $G_{iu} \in e_u$. Deshalb wird mit Hilfe von eigentlichen kollinearen Punkten X_i^c, für die $G_{iu} \mapsto X_i^c$ gilt, festgelegt:

$$\mathrm{DV}(G_{1u},G_{2u};G_{3u},G_{4u}):=\mathrm{DV}(X_1^c,X_2^c;X_3^c,X_4^c).$$

Sind Y_1,Y_2,Y_3,Y_4 Punkte einer eigentlichen Geraden *h*, unter denen ein Fernpunkt vorkommt, dann können die Geraden $g_i = CY_i$ gebildet werden und mit einer eigentlichen Geraden *g* in den eigentlichen Punkten X_i geschnitten werden. Deshalb wird in diesem Fall

$$\mathrm{DV}(Y_1,Y_2;Y_3,Y_4)=\mathrm{DV}(X_1,X_2;X_3,X_4)$$

definiert. □

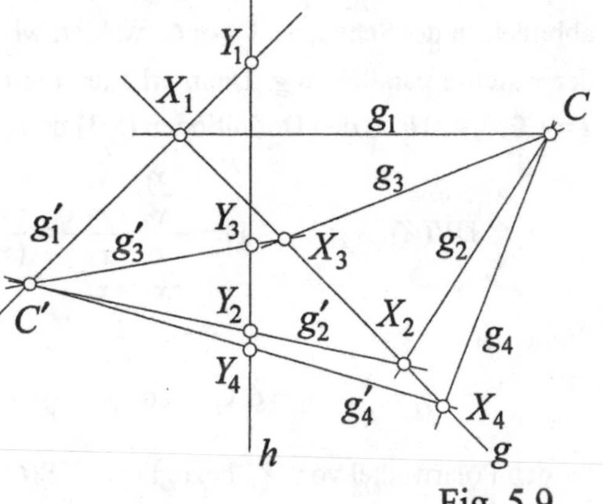

Fig. 5.9

Die Menge der Geraden in einer Ebene durch einem gemeinsamen Punkt *C* heißt ein *Geradenbüschel* mit dem *Träger (-punkt) C*. Wenn man vier Geraden g_i eines Büschels mit dem Träger *C* mit einer Geraden *g* $(C \notin g)$ in den Punkten X_i schneidet (Fig. 5.9), dann gilt $\mathrm{DV}(g_1,g_2;g_3,g_4)=\mathrm{DV}(X_1,X_2;X_3,X_4)$ nach dem Satz.

Wählt man einen Punkt $C' \notin g$ als Träger eines neuen Büschels in der Ebene $C'g$, dann gehören zu diesem die Geraden $g_i' = C'X_i$, die wiederum das gleiche Doppelverhältnis haben. Schneiden wir nochmals mit einer Geraden $h \subset C'g$ $(C' \notin h)$ die Punkte $Y_i = h \cap g_i'$ aus, d. h. y_i ist das Bild von X_i unter der Zentralprojektion von C' auf *h*, so folgt insgesamt

$$\begin{aligned}&\mathrm{DV}(g_1,g_2;g_3,g_4)=\mathrm{DV}(X_1,X_2;X_3,X_4)\\ &=\mathrm{DV}(g_1',g_2';g_3',g_4')=\mathrm{DV}(Y_1,Y_2;Y_3,Y_4).\end{aligned}$$

Somit ist gezeigt:

Satz 2: *Wiederholtes Projizieren und Schneiden ändert das Doppelverhältnis entsprechender Geraden und Punkte nicht.*

Aufgabe (Einmessen):
Man bestimme einen Punkt *X* auf einer Geraden *g* derart, dass *X* mit drei gegebenen Punkten *O*, *E*, *U* das vorgegebene Doppelverhältnis $\mathrm{DV}(X,O;E,U)=x$ besitzt.

Lösung:

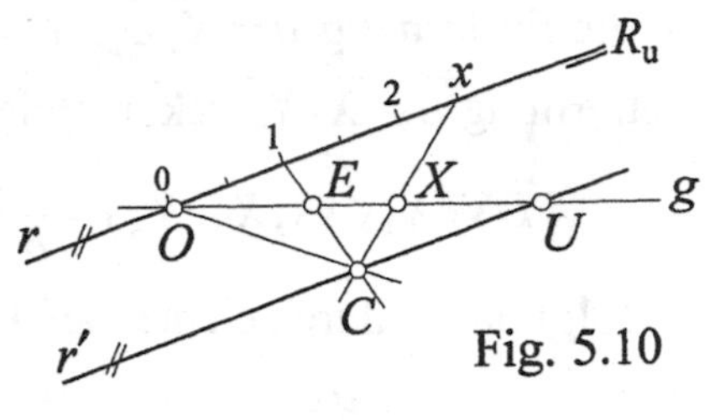

Fig. 5.10

Vgl. Fig. 5.10:
Eine Maßskala r wird derart gewählt, dass sie die Gerade g in O scheidet und dort ihren Nullpunkt hat. Durch U wird die Parallele r' zur Maßskala gezeichnet. Die Geraden $1E$ und r' schneiden sich in C. Die Gerade xC schneidet g in dem gesuchten Punkt X.
Wir beweisen, dass diese Behauptung richtig ist, mit Hilfe von Satz 1:

$$\mathrm{DV}(X,E;O,U) = \mathrm{DV}(x,1;0,R_u) = \frac{\mathrm{TV}(x,1;0)}{\mathrm{TV}(x,1;R_u)} = \frac{\frac{x-0}{1-0}}{1} = x.$$

Bemerkung: Offensichtlich löst Fig. 5.10 auch die Aufgabe, zu gegebenen 4 Punkten X, O, E, U auf einer Geraden g das Doppelverhältnis $\mathrm{DV}(X,O;E,U) = x$ zu konstruieren.

5.3.2 Rekonstruktion des Zentralrisses einer Geraden

Die Fig. 5.11 zeigt den Zentralriss (Fotografie) einer Geraden (Straßenrand) g^c, auf der die Abstände a^c, b^c, c^c gemessen werden können. Damit kann

$$d := \mathrm{DV}(X_1^c, X_2^c; X_3^c, X_4^c) = \frac{b^c}{b^c - a^c} : \frac{c^c}{c^c - a^c} \tag{5.11}$$

berechnet werden.

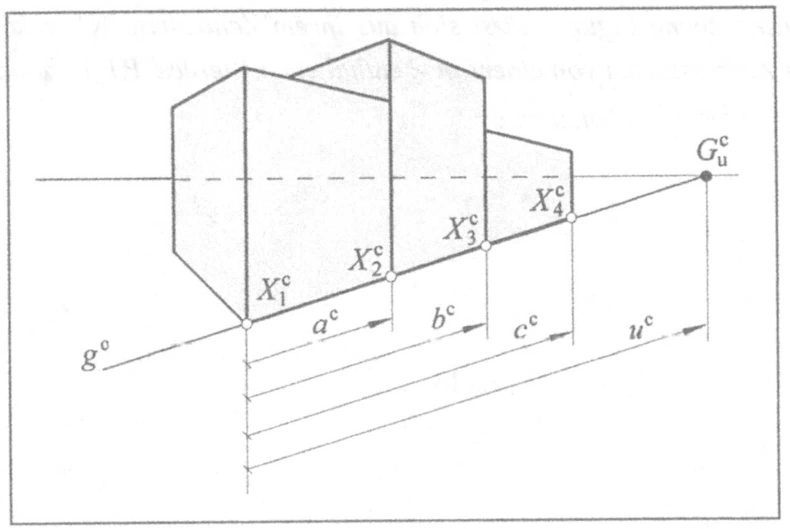

Fig. 5.11

Ist die Entfernung $a=\overline{X_1X_2}$, $b=\overline{X_1X_3}$ der Originalpunkte bekannt, dann kann die Entfernung $c=\overline{X_1X_4}$ rekonstruiert werden, denn es gilt mit 5.3.1 Satz 1:

$$\mathrm{DV}(X_1,X_2;X_3,X_4)=\frac{b}{b-a}:\frac{c}{c-a}=\mathrm{DV}(X_1^{\mathrm{c}},X_2^{\mathrm{c}};X_3^{\mathrm{c}},X_4^{\mathrm{c}})=d.$$

Es folgt damit durch elementare Gleichungsumformung

$$c=\frac{ab}{d(a-b)+b}. \tag{5.12}$$

Falls die Fotografie den Fluchtpunkt $G_{\mathrm{u}}^{\mathrm{c}}$ auf dem Horizont erkennen und sich damit das Maß $u^{\mathrm{c}}=\overline{X_1^{\mathrm{c}}G_u^{\mathrm{c}}}$ ermitteln lässt, so kann $G_{\mathrm{u}}^{\mathrm{c}}$ anstelle von X_3^{c} und dem Maß b^{c} Anwendung finden.

Aus (5.11) folgt $d:=\mathrm{DV}(X_1^{\mathrm{c}},X_2^{\mathrm{c}};G_u^{\mathrm{c}},X_4^{\mathrm{c}})=\dfrac{u^{\mathrm{c}}}{u^{\mathrm{c}}-a^{\mathrm{c}}}:\dfrac{c^{\mathrm{c}}}{c^{\mathrm{c}}-a^{\mathrm{c}}}$.

Weiter ist $\mathrm{DV}(X_1,X_2;G_{\mathrm{u}},X_4)=\dfrac{\mathrm{TV}(X_1,X_2;G_{\mathrm{u}})}{\mathrm{TV}(X_1,X_2;X_4)}=\dfrac{1}{\mathrm{TV}(X_1,X_2;X_4)}=\dfrac{c-a}{c}=\bar{d}$,

so dass sich das Maß

$$c=\frac{a}{1-\bar{d}} \tag{5.13}$$

allein aus der Entfernung a und dem Doppelverhältnis $\bar{d}$ ergibt.

5.3.3 Rekonstruktion einer ebenen Figur

Satz: *Eine ebene Figur $\mathfrak{F}$ lässt sich aus ihrem Zentralriss $\mathfrak{F}^{\mathrm{c}}$ rekonstruieren, wenn die Abmessungen von einem in $\mathfrak{F}$ enthaltenen Viereck $P_1P_2P_3P_4$ und von dessen Bild $P_1^{\mathrm{c}}P_2^{\mathrm{c}}P_3^{\mathrm{c}}P_4^{\mathrm{c}}$ bekannt sind.*

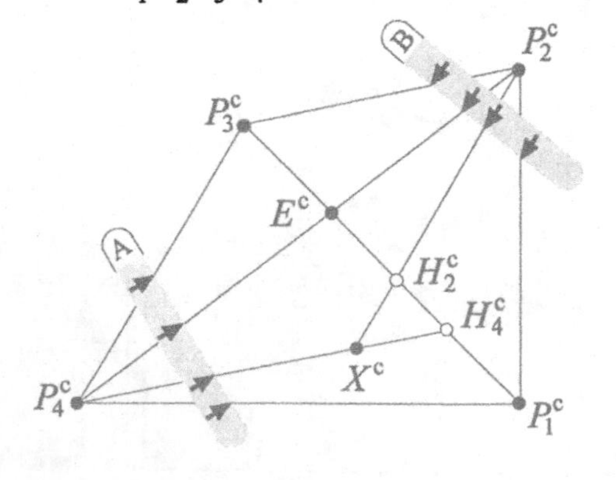

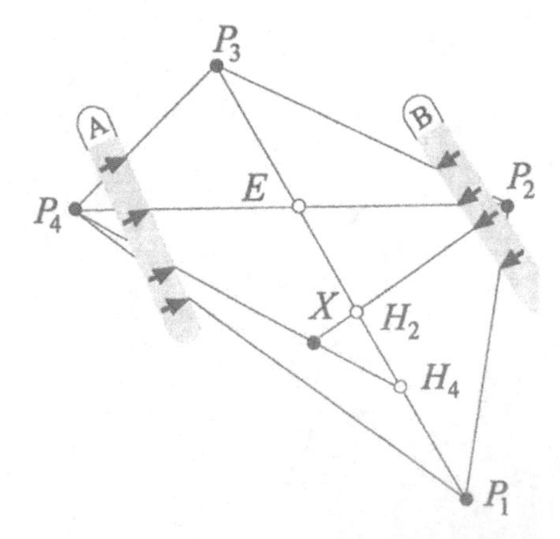

Fig. 5.12

Bemerkung: Die Punkte P_i heißen *Passpunkte.* Ein zu rekonstruierender Punkt $X \in \mathfrak{F}$ wird *Neupunkt* und das im Beweis beschriebene Verfahren wird *Vier-Punkte-Verfahren* genannt.

Beweis: Wir zeigen, wie zu einem beliebigen Punkt $X^c \in \mathfrak{F}^c$ der entsprechende Neupunkt $X \in \mathfrak{F}$ bestimmt wird, indem wir die Geradentreue und Doppelverhältnistreue einer Zentralprojektion ausnutzen. Zuerst werden die Hilfspunkte

$$E^c = P^c P^c \cap P^c P_4^c, \quad E = P_1 P_3 \cap P_2 P_4$$

mit $E \mapsto E^c$ festgelegt.

1. Möglichkeit (mit Nebenrechnung): Wir konstruieren zwei Hilfspunkte $H_j^c := X^c P_j^c \cap P_1^c P_3^c$ ($j = 2, 4$) und berechnen $\mathrm{DV}(P_1^c, P_3^c; E^c, H_j^c) = \tau_j$. Wegen $\mathrm{DV}(P_1, P_3; E, H_j) = \tau_j$ liegt H_j auf $P_1 P_3$ mit diesem Doppelverhältnis fest (vgl. Aufgabe: „Einmessen“ in 5.3.1).
Schließlich ist $X = P_2 H_2 \cap P_4 H_4$.

2. Möglichkeit (Papierstreifenmethode): Man benutzt zwei Papierstreifen, auf denen durch Marken die Doppelverhältnisse der von P_2^c bzw. von P_4^c ausgehenden Geraden festgehalten werden. An den Punkten P_2 und P_4 werden jeweils Streifen so angelegt, dass die Marken auf bekannte entsprechende Geraden fallen. Die Marke zu $P_j^c X^c$ legt dann $P_j X$ fest. □

Aufgaben

5.1 Beweisen Sie in Analogie zu Satz 1 in Abschnitt 4.1.3, dass der Zentralriss t_0^c der Tangente t_0 einer Kurve k im Punkt X_0 mit der Kurventangente an den Zentralriss k^c im Punkt X_0^c übereinstimmt.

5.2 Bei einer Zentralprojektion $\alpha_c : \overline{E^3} \to \Pi$ mit dem Zentrum C und dem Hauptpunkt H betrachten wir den Distanzkreis $k^c = k(\Pi, H, d)$ in der Bildebene Π um H mit dem Radius d der Distanzkreis von α_c.

a) Charakterisieren Sie die Geraden, deren Fluchtpunkte auf k^c liegen.
b) Es sei G_u ($\neq H$) der Fluchtpunkt einer Geraden g und A der Schnittpunkt der Normalen zu $G_u H$ durch H mit dem Distanzkreis. Beweisen Sie, dass $\overline{G_u^c C} = \overline{G_u^c A}$ gilt.

5.3 Bezüglich $\mathrm{KS}(O; x_1, x_2, x_3)$ wird der Einheitskreis $k: x_1^2 + x_2^2 = 1$ mit einer Zentralprojektion aus $C = (0,0,1)$ auf verschiedene Bildebenen abgebildet.
Welchen Zentralriss hat der Einheitskreis, wenn die Bildebenengleichung

a) $2x_2 - x_3 = 0$, b) $x_2 - x_3 = 0$, c) $x_2 - 2x_3 = 0$ lautet?

5.4 Es sei $d := \mathrm{DV}(X_1, X_2; X_3, X_4)$ das Doppelverhältnis von 4 Punkten X_1, X_2, X_3, X_4.
Geben Sie alle Werte an, die sich für alle Reihenfolgen der 4 Punkte ergeben!

5.5 Vier kollineare Punkte X_i bzw. Geraden g_i $(i=1,2,3,4)$ eines Büschels heißen in *harmonischer Lage*, wenn $\text{DV}(X_1,X_2;X_3,X_4)=-1$ bzw. $\text{DV}(g_1,g_2;g_3,g_4)=-1$ gilt. Man sagt dann auch, dass (X_1,X_2) und (X_3,X_4) bzw. (g_1,g_2) und (g_3,g_4) einander *harmonisch trennen.*

Zeigen Sie, dass

a) ein eigentliches Punktepaar (A,B) von seiner Mitte und dem Fernpunkt der Geraden AB harmonisch getrennt wird;

b) das Geradenpaar (g_1,g_2) durch seine Winkelhalbierenden (w_1,w_2) harmonisch getrennt wird.

5.6 Wie weit ist es bis zum Ziel, wenn der Radstand des Wagens mit 4 m bekannt ist?

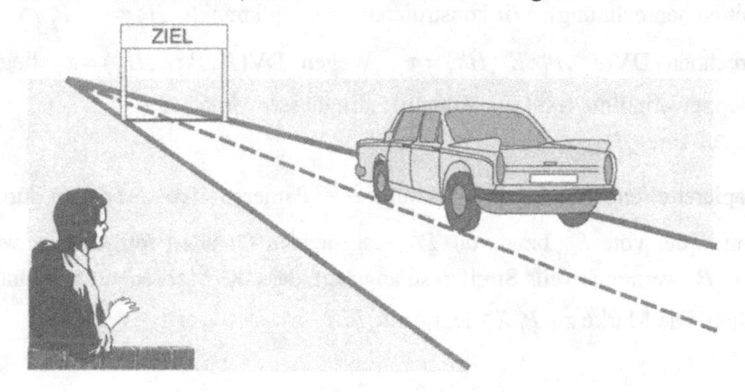

5.7 Die Figur ist das Foto einer Wandtafel mit DIN A4-Blatt und Dart-Pfeil.

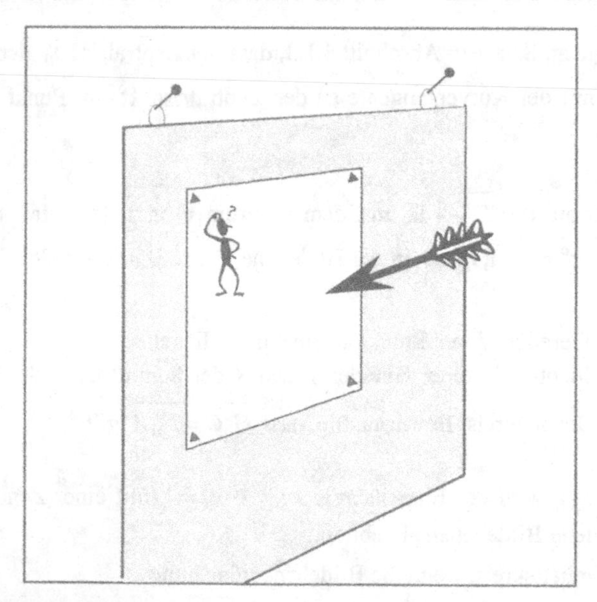

a) Hat der Pfeil oberhalb der Blattmitte getroffen?

b) Wie weit ist die Pfeilspitze vom rechten bzw. unteren Blattrand entfernt?

c) Ist die Wandtafel quadratisch?

6 Koordinatentransformationen und Bewegungen

Der Wechsel von einem Koordinatensystem zu einem anderen, welches einer vorgelegten Aufgabe angepasst ist, kann deren Lösung wesentlich vereinfachen. Wir wollen zeigen, wie dann Punktkoordinaten transformiert werden.

Betrachtet man eine solche Transformation in Abhängigkeit von der Zeit, so beschreibt sie die Bewegung eines Raumes gegenüber einem anderen. Es werden hierzu Beispiele aus der ebenen und räumlichen Bewegungslehre (Kinematik) ausgeführt, die Bewegungsgleichung eines Roboters sowie Darstellungen von Bewegflächen hergeleitet.

6.1 Basis- und Koordinatensystemtransformation

6.1.1 Basistransformation

Jeder Vektor $\boldsymbol{x} \in (x_1,\ldots,x_d)^{\mathrm{T}} \in \mathbb{R}^d$ hat nach (2.26) bezüglich der natürlichen Basis $\boldsymbol{e}_1,\ldots,\boldsymbol{e}_d$ eine eindeutige Darstellung

$$\boldsymbol{x} = x_1\boldsymbol{e}_1 + \ldots + x_d\boldsymbol{e}_d. \tag{6.1}$$

Wenn wir im $\mathbb{R}^d$ eine „neue" Basis aus d linear unabhängigen Vektoren $\boldsymbol{v}_1,\ldots,\boldsymbol{v}_d$ einführen, so lässt sich jeder Vektor $\boldsymbol{x} \in \mathbb{R}^d$ eindeutig als Linearkombination darstellen:

$$\boldsymbol{x} = x_1'\boldsymbol{v}_1 + \ldots + x_d'\boldsymbol{v}_d. \tag{6.2}$$

Wie kann man die „alten" Koordinaten $(x_1,\ldots,x_d)^{\mathrm{T}}$ durch die „neuen" $(x_1',\ldots,x_d')^{\mathrm{T}}$ ausdrücken? Um diese Frage zu beantworten, beachten wir, dass

$$\boldsymbol{v}_k = \sum_{i=1}^{d} v_{ik}\boldsymbol{e}_i \quad (k = 1,\ldots,d)$$

mit bestimmten $v_{ik} \in \mathbb{R}$ gegeben ist. Setzen wir dies in (6.2) ein, so folgt

$$\boldsymbol{x} = \sum_{k=1}^{d} x_k'\boldsymbol{v}_k = \sum_{k=1}^{d} x_k' \sum_{i=1}^{d} v_{ik}\boldsymbol{e}_i = \sum_{i=1}^{d}\left(\sum_{k=1}^{d} v_{ik}x_k'\right)\boldsymbol{e}_i.$$

Der Komponentenvergleich mit (6.1) liefert daraus

$$x_i = \sum_{k=1}^{d} v_{ik}x_k' \quad (i = 1,\ldots, d),$$

d. h. in Matrixschreibweise

$$\begin{pmatrix} x_1 \\ \vdots \\ x_d \end{pmatrix} = \begin{pmatrix} v_{11} & \dots & v_{1d} \\ \vdots & & \vdots \\ v_{d1} & \dots & v_{dd} \end{pmatrix} \begin{pmatrix} x_1' \\ \vdots \\ x_d' \end{pmatrix},$$

oder kürzer

$$\boldsymbol{x} = \boldsymbol{V}\,\boldsymbol{x}' \tag{6.3}$$

mit $\boldsymbol{x} = (x_1,\dots,x_d)^{\mathrm{T}}$, $\boldsymbol{x}' = (x_1',\dots,x_d')^{\mathrm{T}}$, $\boldsymbol{V} = \begin{pmatrix} v_{11} & \dots & v_{1d} \\ \vdots & & \vdots \\ v_{d1} & \dots & v_{dd} \end{pmatrix} = (\boldsymbol{v}_1,\dots,\boldsymbol{v}_d)^{\mathrm{T}}$.

Man beachte, dass die Spalten der *Basistransformationsmatrix* $\boldsymbol{V}$ die Koordinatenvektoren der neuen Basisvektoren bezüglich der alten Basis sind.

Vertauschen wir die Rollen der beiden Basen, so ergibt sich analog

$$\boldsymbol{x}' = \boldsymbol{U}\,\boldsymbol{x}, \tag{6.4}$$

wobei jetzt die Spalten von $\boldsymbol{U}$ die Koordinatenvektoren der alten Basisvektoren bezüglich der neuen sind. (6.3) und (6.4) wird zusammengenommen und ergibt

$$\boldsymbol{x}' = \boldsymbol{U}\boldsymbol{V}\boldsymbol{x}',$$

also muss

$$\boldsymbol{U}\boldsymbol{V} = \boldsymbol{E}$$

sein.

Aus der Matrizenrechnung ist bekannt, dass diese Beziehung genau für

$$\boldsymbol{U} = \boldsymbol{V}^{-1} \tag{6.5}$$

gilt. ($\boldsymbol{V}^{-1}$ bezeichnet die inverse Matrix von $\boldsymbol{V}$.)

Da bisher keine speziellen Basiseigenschaften, wie Orthogonalität oder Normiertheit, verwendet wurden, können wir das Ergebnis allgemein formulieren:

Satz 1: *Sind $\boldsymbol{e}_1,\dots,\boldsymbol{e}_d$ und $\boldsymbol{v}_1,\dots,\boldsymbol{v}_d$ zwei Basen des $\mathbb{R}^d$ mit*

$$\boldsymbol{v}_k = \sum_{i=1}^{d} v_{ik}\boldsymbol{e}_i \quad (k = 1,\dots,d), \tag{6.6}$$

dann ist

$$\boldsymbol{e}_r = \sum_{j=1}^{d} u_{jr}\boldsymbol{v}_j \quad (r = 1,\dots,d), \tag{6.7}$$

wobei mit $\boldsymbol{V} = (v_{ik})$ und $\boldsymbol{U} = (u_{jr})$ gilt:

$$\boldsymbol{U} = \boldsymbol{V}^{-1};$$

weiter gelten die Koordinatentransformationen

$$\boldsymbol{x} = \boldsymbol{V}\,\boldsymbol{x}' \qquad \text{bzw.} \qquad \boldsymbol{x}' = \boldsymbol{V}^{-1}\boldsymbol{x} \tag{6.8}$$

für jeden Vektor $\boldsymbol{x} = \sum_{i=1}^{d} x_i\,\boldsymbol{e}_i = \sum_{i=1}^{d} x_i'\,\boldsymbol{v}_i$ *des* $\mathbb{R}^d$.

Verlangen wir jetzt, dass $\boldsymbol{e}_1,\ldots,\boldsymbol{e}_d$ bzw. $\boldsymbol{v}_1,\ldots,\boldsymbol{v}_d$ je eine Orthonormalbasis des $\mathbb{R}^d$ sei, d. h. (mit Benutzung des KRONECKER-Symbols)

$$\boldsymbol{e}_i \cdot \boldsymbol{e}_r = \delta_{ir},\ \ \boldsymbol{v}_j \cdot \boldsymbol{v}_k = \delta_{jk}$$

gelte, dann ergibt sich aus (6.6) bzw. (6.7) nach Multiplikation mit $\boldsymbol{e}_r$ bzw. $\boldsymbol{v}_k$

$$\boldsymbol{v}_k \cdot \boldsymbol{e}_r = \sum_{i=1}^{d} v_{ik}\delta_{ir} = v_{rk} \quad \text{bzw.} \quad \boldsymbol{e}_r \cdot \boldsymbol{v}_k = \sum_{j=1}^{d} u_{jr}\delta_{jk} = u_{kr}.$$

Wegen $\boldsymbol{v}_k \cdot \boldsymbol{e}_r = \boldsymbol{e}_r \cdot \boldsymbol{v}_k$ erhalten wir $v_{rk} = u_{kr}$ $(k, r = 1,\ldots,d)$, d. h. $\boldsymbol{U} = \boldsymbol{V}^{\mathrm{T}}$, und mit (6.5) schließlich

$$\boldsymbol{V}^{\mathrm{T}} = \boldsymbol{V}^{-1}. \tag{6.9}$$

Eine quadratische Matrix $\boldsymbol{V}$ mit der Eigenschaft (6.9) wird *orthonormal* genannt. Aufgrund der o. g. Beziehungen bestätigt man die folgende Aussage leicht:

Satz 2: *Eine* $(d \times d)$*-Matrix* $\boldsymbol{V}$ *ist genau dann orthonormal, wenn ihre Zeilen- oder Spaltenvektoren eine orthonormale Basis des* $\mathbb{R}^d$ *bilden.*

6.1.2 Koordinatensystemtransformation

Es ist zu unterscheiden zwischen den Koordinaten eines Vektors bezüglich einer Basis und den Koordinaten eines Punktes X des E^d bezüglich eines Koordinatensystems. Im letzten Fall haben wir die Bezeichnung Ortsvektor des betrachteten Punktes benutzt – im ersten Fall von einem Richtungsvektor gesprochen. Mit dem Ergebnis (6.8) beherrschen wir die Transformation von Richtungsvektoren bei einem Basiswechsel. Jetzt wollen wir die Transformation von Ortsvektoren (Punktkoordinaten) kennen lernen. Sind

$$\mathfrak{K} := \mathrm{KS}(O; x_1,\ldots,x_d) \quad \text{und} \quad \mathfrak{K}' := \mathrm{KS}(U; x_1',\ldots,x_d')$$

zwei affine Koordinatensysteme des E^d mit den (nicht notwendig orthonormierten) Basen $\boldsymbol{e}_1,\ldots,\boldsymbol{e}_d$ und $\boldsymbol{v}_1,\ldots,\boldsymbol{v}_d$, dann werden die Ortsvektoren $\overrightarrow{OX}$, $\overrightarrow{OU}$, $\overrightarrow{OE_k'}$ bezüglich $\mathfrak{K}$ der Reihe nach durch

$$\boldsymbol{x} = \sum_{i=1}^{d} x_i\,\boldsymbol{e}_i, \quad \boldsymbol{u} = \sum_{i=1}^{d} u_i\,\boldsymbol{e}_i, \quad \boldsymbol{v}_k = \sum_{i=1}^{d} v_{ik}\boldsymbol{e}_i$$

beschrieben.

Bezüglich $\mathfrak{K}'$ wird der Ortsvektor $\overrightarrow{UX}$ durch

$$\boldsymbol{x}' = \sum_{k=1}^{d} x'_k \, \boldsymbol{v}_k$$

beschrieben. Wegen $\overrightarrow{OX} = \overrightarrow{OU} + \overrightarrow{UX}$ muss deshalb gelten:

$$\sum_{i=1}^{d} x_i \, \boldsymbol{e}_i = \sum_{i=1}^{d} u_i \, \boldsymbol{e}_i + \sum_{k=1}^{d} x'_k \, \boldsymbol{v}_k .$$

Wird (6.6) eingesetzt, so erhalten wir daraus

$$\sum_{i=1}^{d} x_i \, \boldsymbol{e}_i = \sum_{i=1}^{d} u_i \, \boldsymbol{e}_i + \sum_{k=1}^{d} x'_k \left(\sum_{i=1}^{d} v_{ik} \, \boldsymbol{e}_i \right) = \sum_{i=1}^{d} u_i \, \boldsymbol{e}_i + \sum_{i=1}^{d} \left(\sum_{k=1}^{d} v_{ik} \, x'_k \right) \boldsymbol{e}_i ,$$

und der Komponentenvergleich liefert

$$x_i = u_i + \sum_{k=1}^{d} v_{ik} \, x'_k , \quad (i = 1, \ldots, d).$$

Fassen wir diese d Gleichungen in Matrixschreibweise zusammen und beachten (6.6), so folgt:

Satz: *Bei einer Punktkoordinatentransformation zwischen affinen Koordinatensystemen $\mathfrak{K}$ und $\mathfrak{K}'$ mit den Basen $\boldsymbol{e}_1, \ldots, \boldsymbol{e}_d$ und $\boldsymbol{v}_1, \ldots, \boldsymbol{v}_d$ gilt*

$$\boldsymbol{x} = \boldsymbol{u} + V \boldsymbol{x}' \tag{6.10}$$

sowie umgekehrt

$$\boldsymbol{x}' = V^{-1} (\boldsymbol{x} - \boldsymbol{u}) \tag{6.11}$$

für die Koordinaten $\boldsymbol{x}$ bzw. $\boldsymbol{x}'$ eines Punktes X bezüglich $\mathfrak{K}$ bzw. $\mathfrak{K}'$, wobei $\boldsymbol{u}$ die Koordinaten des Nullpunktes U von $\mathfrak{K}'$ bezüglich $\mathfrak{K}$ sind und die Spalten der Matrix $V = (\boldsymbol{v}_1, \ldots, \boldsymbol{v}_d)$ aus den bezüglich der Basis $\boldsymbol{e}_1, \ldots, \boldsymbol{e}_d$ dargestellten Basisvektoren $\boldsymbol{v}_i$ bestehen.

6.2 Anwendungen in der ebenen Kinematik

6.2.1 Kartesische Koordinatentransformation in der Ebene

Aus Fig. 6.1 lesen wir die Koordinatenvektoren der orthonormalen Basisvektoren $\boldsymbol{v}_1$ und $\boldsymbol{v}_2$ bezüglich der orthonormalen Basis $\boldsymbol{e}_1$, $\boldsymbol{e}_2$ ab:

$$\boldsymbol{v}_1 = \begin{pmatrix} \cos\varphi \\ \sin\varphi \end{pmatrix}, \; \boldsymbol{v}_2 = \boldsymbol{v}_1^{\perp} = \begin{pmatrix} -\sin\varphi \\ \cos\varphi \end{pmatrix} \quad \text{mit} \quad \varphi = \sphericalangle(\boldsymbol{e}_1, \boldsymbol{v}_1).$$

Dann ist

$$V = \begin{pmatrix} \cos\varphi & -\sin\varphi \\ \sin\varphi & \cos\varphi \end{pmatrix},$$

$$V^{-1} = \begin{pmatrix} \cos\varphi & \sin\varphi \\ -\sin\varphi & \cos\varphi \end{pmatrix} = V^{\mathrm{T}},$$

und es gilt

$$\boldsymbol{x} = V\boldsymbol{x}'$$

für die Transformation der Koordinaten $\boldsymbol{x} = \begin{pmatrix} x_1 \\ x_2 \end{pmatrix}$ bzw. $\boldsymbol{x}' = \begin{pmatrix} x_1' \\ x_2' \end{pmatrix}$ eines Richtungsvektors bezüglich der Basen $\boldsymbol{e}_1$, $\boldsymbol{e}_2$ bzw. $\boldsymbol{v}_1$, $\boldsymbol{v}_2$, jedoch gilt für die Transformation von Punktkoordinaten

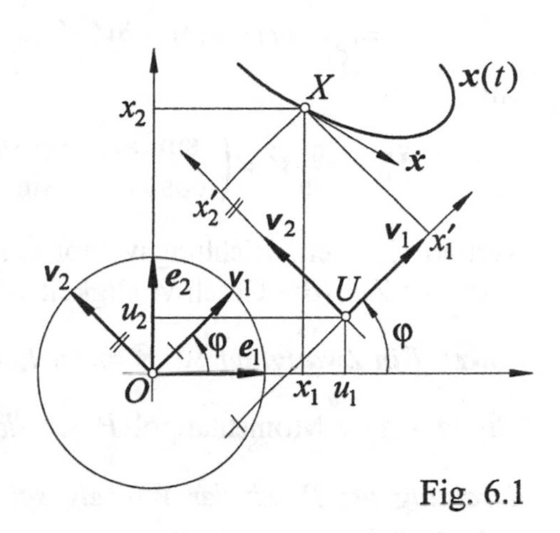

Fig. 6.1

$$\boldsymbol{x} = \boldsymbol{u} + V\boldsymbol{x}', \tag{6.12}$$

wenn $\boldsymbol{x}$ bzw. $\boldsymbol{x}'$ die Koordinaten ein und desselben Punktes X der Ebene bezüglich $\mathfrak{K}$:=KS$(O; x_1, x_2)$ bzw. $\mathfrak{K}'$:=KS$(U; x_1', x_2')$ darstellen.

Da eine rechtsorientierte orthonormale Basis in eine rechtsorientierte orthonormale Basis transformiert wird, gilt überdies $\det V = 1$.

6.2.2 Punktbahnen und -geschwindigkeiten

Wir wollen die Koordinatentransformation (6.12) in Abhängigkeit von einem Parameter t (Zeit) auffassen, also stetige Funktionen

$$\boldsymbol{u} = \boldsymbol{u}(t), \quad \varphi = \varphi(t) \tag{6.13}$$

annehmen.

Für einen Beobachter in $\mathfrak{K}$ ändert sich die Lage von $\mathfrak{K}'$ in Abhängigkeit von t. Man sagt, das *Gangsystem* $\mathfrak{K}'$ führt einen *Zwanglauf* $\mathfrak{K}/\mathfrak{K}'$ gegenüber dem *Rastsystem* $\mathfrak{K}$ aus. Ein bezüglich $\mathfrak{K}'$ dargestellter, fester Punkt X: $\boldsymbol{c}' = \boldsymbol{x}'$ wird dabei mitgenommen.
Seine verschiedenen Positionen im Rastsystem $\mathfrak{K}$ erfüllen nach (6.12) dann die *Bahnkurve*

$$\boldsymbol{x} = \boldsymbol{x}(t) = \boldsymbol{u}(t) + V(\varphi(t))\boldsymbol{c}'. \tag{6.14}$$

Dann ist

$$\dot{\boldsymbol{x}} = \frac{\mathrm{d}}{\mathrm{d}t}\boldsymbol{x}(t) = \dot{\boldsymbol{u}}(t) + \dot{\varphi}\boldsymbol{V}_{\varphi}\boldsymbol{c}' \tag{6.15}$$

mit

$$\boldsymbol{V}_{\varphi} = \frac{\mathrm{d}}{\mathrm{d}\varphi}\boldsymbol{V} = \begin{pmatrix} -\sin\varphi(t) & -\cos\varphi(t) \\ \cos\varphi(t) & -\sin\varphi(t) \end{pmatrix}$$

gemäß (3.7) ein Richtungsvektor der Bahnkurventangente, also (bei Interpretation von t als Zeit) die Geschwindigkeit von $\boldsymbol{c}'$ im Moment t.

Satz: *Ein Zwanglauf $\mathfrak{K}'/\mathfrak{K}$ besitzt bei $\dot{\varphi} \neq 0$ genau einen momentan stillstehenden Punkt – den* Momentanpol *P mit den Rastkoordinaten $\boldsymbol{p} = \boldsymbol{u} - \frac{1}{\dot{\varphi}}\begin{pmatrix} 0 & 1 \\ -1 & 0 \end{pmatrix}\dot{\boldsymbol{u}}$. Eine Drehung um P mit der Winkelgeschwindigkeit $\dot{\varphi}$ hat momentan das gleiche Geschwindigkeitsfeld wie der Zwanglauf. Die Bahnnormale eines beliebigen Punktes geht durch den Momentanpol P.*

B e w e i s : Bedingung für einen stillstehenden Punkt ist $\dot{\boldsymbol{x}} = \dot{\boldsymbol{u}} + \dot{\varphi}\boldsymbol{V}_{\varphi}\boldsymbol{x}' = \boldsymbol{o}$. Diese kann bei $\dot{\varphi} \neq 0$ nach $\boldsymbol{x}'$ aufgelöst werden und ergibt damit die Gangkoordinaten des Momentanpols:

$$\boldsymbol{x}' = \frac{1}{\dot{\varphi}}\boldsymbol{V}_{\varphi}^{-1}(-\dot{\boldsymbol{u}}) =: \boldsymbol{p}'. \tag{o}$$

Durch Transformation ermittelt man daraus dessen behauptete Rastkoordinaten

$$\boldsymbol{p} = \boldsymbol{u} + \boldsymbol{V}\boldsymbol{p}' = \boldsymbol{u} - \frac{1}{\dot{\varphi}}\boldsymbol{V}\boldsymbol{V}_{\varphi}^{-1}\dot{\boldsymbol{u}} = \boldsymbol{u} - \frac{1}{\dot{\varphi}}\begin{pmatrix} 0 & 1 \\ -1 & 0 \end{pmatrix}\dot{\boldsymbol{u}}. \tag{*}$$

Übrigens beschreibt die Matrix $\boldsymbol{V}\boldsymbol{V}_{\varphi}^{-1} = \begin{pmatrix} 0 & 1 \\ -1 & 0 \end{pmatrix}$ eine negative Vierteldrehung. Wenn (*) nach der Geschwindigkeit des Gangsystem-Ursprungs umgeformt wird, ergibt sich

$$\dot{\boldsymbol{u}} = \dot{\varphi}(\boldsymbol{V}\boldsymbol{V}_{\varphi}^{-1})^{-1}(\boldsymbol{u} - \boldsymbol{p}) = \dot{\varphi}\boldsymbol{V}_{\varphi}\boldsymbol{V}^{-1}(\boldsymbol{u} - \boldsymbol{p}). \tag{**}$$

Die Geschwindigkeit eines Punktes X bei $\mathfrak{K}'/\mathfrak{K}$ ist damit

$$\dot{\boldsymbol{x}} = \dot{\boldsymbol{u}} + \dot{\varphi}\boldsymbol{V}_{\varphi}\boldsymbol{x}' = \dot{\boldsymbol{u}} + \dot{\varphi}\boldsymbol{V}_{\varphi}\boldsymbol{V}^{-1}(\boldsymbol{x} - \boldsymbol{u}) \overset{(**)}{=} \dot{\varphi}\boldsymbol{V}_{\varphi}\boldsymbol{V}^{-1}(\boldsymbol{u} - \boldsymbol{p} + \boldsymbol{x} - \boldsymbol{u}).$$

So erhalten wir schließlich

$$\dot{\boldsymbol{x}} = \dot{\varphi}(\boldsymbol{x} - \boldsymbol{p})^{\perp} \text{ mit } (\boldsymbol{x} - \boldsymbol{p})^{\perp} = \boldsymbol{V}_{\varphi}\boldsymbol{V}^{-1}(\boldsymbol{x} - \boldsymbol{p}) = \begin{pmatrix} 0 & -1 \\ 1 & 0 \end{pmatrix}(\boldsymbol{x} - \boldsymbol{p}),$$

d. h. in geometrischer Interpretation: Die Geschwindigkeit $\dot{\boldsymbol{x}}$ erhält man durch eine positive Vierteldrehung des Vektors $\boldsymbol{x} - \boldsymbol{p}$ und Skalarmultiplikation mit $\dot{\varphi}$. Die gleiche Geschwindigkeit hat bekanntlich eine Drehung um P mit $\dot{\varphi}$ als Winkelgeschwindigkeit. Weil $\dot{\boldsymbol{x}}$ ein Richtungsvektor der Bahntangente ist und $\dot{\boldsymbol{x}} \perp \boldsymbol{x} - \boldsymbol{p}$ gilt, muss die Bahnnormale durch P gehen.

□

Folgerungen:

1) Die Spitzen der Geschwindigkeitsvektoren der Punkte einer Geraden g liegen wieder auf einer Geraden. (Fig. 6.2 illustriert den Fall $P \in g$.)

2) (1. Satz von BURMESTER) Die Spitzen X^*, Y^*, Z^*, ... der in den Punkten $X, Y, Z, \ldots$ angehefteten Geschwindigkeitsvektoren $\dot{x}, \dot{y}, \dot{z}$ bilden in jedem Augenblick eine zu den Punkten ähnliche Figur.

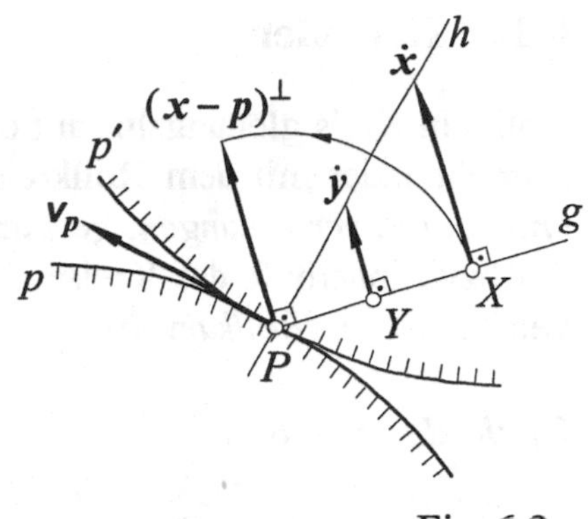

Fig. 6.2

Werden die Momentanpole für alle Zwanglaufparameterwerte t im Rast- bzw. Gangsystem betrachtet, so bilden sie dort die *Rastpolkurve* p bzw. *Gangpolkurve* p'. Parameterdarstellungen dieser Kurven ergeben sich aus (*) sowie (o) mit (**), nämlich

$$p\colon\ \boldsymbol{p}(t) = \boldsymbol{u}(t) - \frac{1}{\dot{\varphi}(t)} \begin{pmatrix} 0 & 1 \\ -1 & 0 \end{pmatrix} \dot{\boldsymbol{u}}(t),$$

$$p'\colon\ \boldsymbol{p}'(t) = \boldsymbol{V}^{-1}(t)(\boldsymbol{p}(t) - \boldsymbol{u}(t)).$$

Die Geschwindigkeit von P beim Durchlaufen von p bzw. p' ist

$$\boldsymbol{v}_r := \frac{\mathrm{d}}{\mathrm{d}t}\boldsymbol{p}(t) = \dot{\boldsymbol{p}}(t) \quad \text{bzw.}$$

$$\boldsymbol{v}_g' := \frac{\mathrm{d}}{\mathrm{d}t}\boldsymbol{p}'(t) = (\boldsymbol{V}^{-1})_{\varphi(t)}\dot{\varphi}(t)(\boldsymbol{p}(t) - \boldsymbol{u}(t)) + \boldsymbol{V}^{-1}(t)(\dot{\boldsymbol{p}}(t) - \dot{\boldsymbol{u}}(t)).$$

Letztere Geschwindigkeit lautet in Rastkoordinaten

$$\boldsymbol{v}_g = \boldsymbol{V}\boldsymbol{v}_g' = \dot{\varphi}\boldsymbol{V}(\boldsymbol{V}^{-1})_\varphi(\boldsymbol{p} - \boldsymbol{u}) + \dot{\boldsymbol{p}} - \dot{\boldsymbol{u}} \overset{(*)}{=} \dot{\varphi}\boldsymbol{V}(\boldsymbol{V}^{-1})_\varphi(-\tfrac{1}{\dot{\varphi}}\boldsymbol{V}\boldsymbol{V}_\varphi^{-1}\dot{\boldsymbol{u}}) + \dot{\boldsymbol{p}} - \dot{\boldsymbol{u}}$$

$$= \boldsymbol{E}\dot{\boldsymbol{u}} + \dot{\boldsymbol{p}} - \dot{\boldsymbol{u}} = \dot{\boldsymbol{p}}.$$

Deshalb gilt $\boldsymbol{v}_r = \boldsymbol{v}_g$. Somit sind die Bahntangenten von P beim Durchlaufen von p und p' zusammenfallend – also berühren sich p und p' in P. Weiter legt P auf p und p' in der gleichen Zeit die gleiche Weglänge zurück. Man nennt $\boldsymbol{v}_p := \boldsymbol{v}_r = \boldsymbol{v}_g$ die *Polwechselgeschwindigkeit* von $\mathfrak{K}'/\mathfrak{K}$.

Zusammenfassend gilt der

Satz: *Eine Zwanglaufbewegung mit $\dot{\varphi} \neq 0$ kann durch (gleitungsloses) Abrollen der Gangpolkurve auf der Rastpolkurve erzeugt werden.*
Dabei bewegt sich der augenblickliche Berührungspunkt der Gang- und Rastpolkurve – der Momentanpol – mit der Polwechselgeschwindigkeit.

6.2.3 Radlinien

Rollt ein Kreis gleitungslos auf einer Geraden bzw. auf einem anderen Kreis, so beschreibt jeder mit dem Rollkreis fest verbundene Punkt eine *Zykloide* bzw. *Trochoide*, die *verschlungen*, *gespitzt* bzw. *gestreckt* heißt, wenn der Punkt außerhalb, auf bzw. innerhalb des Kreises liegt. Zusammenfassend nennt man diese Bahnkurven *Radlinien* (*Rollkurven*).

Zykloide (Fig. 6.3)

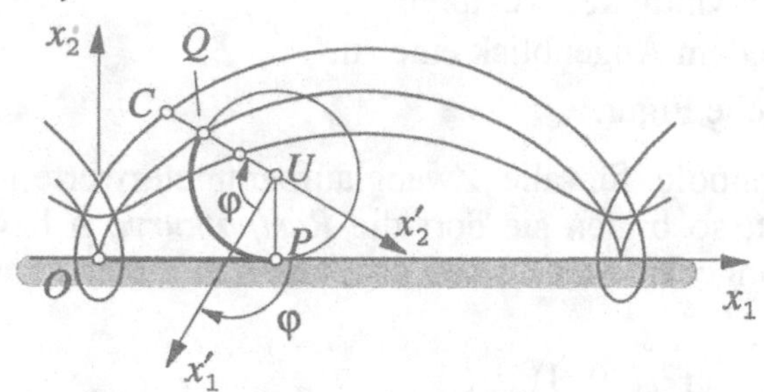

Fig. 6.3

Für einen Rollwinkel $\varphi = 0$ berühre der Kreis $k' = k'(U, r)$ die x_1-Achse im Ursprung O. Beim Abrollen auf der x_1-Achse von O nach P kommt er in die dargestellte Lage, wobei $\varphi = \sphericalangle(x_1, x_1')$.

Wegen der Abrollvorschrift ist

$$\widehat{QP} = \overline{OP} = |r\varphi|.$$

Mit (6.14) und $t = \varphi$ beschreibt der auf $\mathfrak{K}'$ bezogene Punkt $C: c' = \binom{0}{c}$ die *Zykloide*

$$\boldsymbol{x}(\varphi) = \boldsymbol{u}(\varphi) + \boldsymbol{D}(\varphi)\,\boldsymbol{c}',$$

wobei

$$\boldsymbol{D}(\varphi) = \begin{pmatrix} \cos\varphi & -\sin\varphi \\ \sin\varphi & \cos\varphi \end{pmatrix}, \quad \boldsymbol{u}(\varphi) = \begin{pmatrix} -r\varphi \\ r \end{pmatrix}.$$

Das Einsetzen und Ausrechnen liefert

$$\boldsymbol{x} = \boldsymbol{x}(\varphi) = \begin{pmatrix} -r\varphi - c\sin\varphi \\ r + c\cos\varphi \end{pmatrix}.$$

Bei $|c| > r$, $|c| = r$ bzw. $|c| < r$ ist die Zykloide verschlungen, gespitzt bzw. gestreckt.

Trochoide (Fig. 6.4)

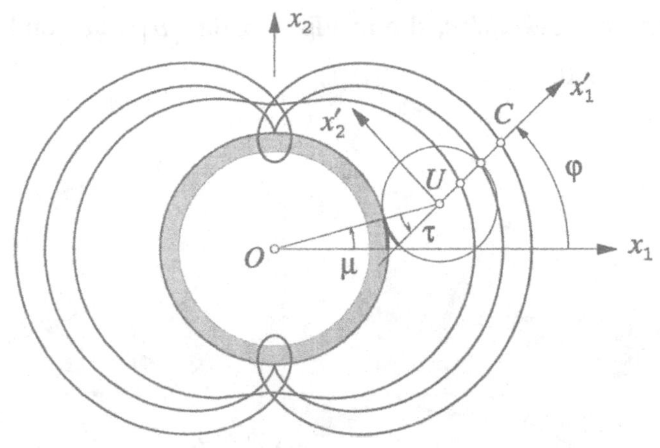

Fig. 6.4

Um eine Parameterdarstellung einer Trochoide zu erhalten, verknüpfen wir mit dem Rollkreis $k' = k'(U, b)$ ein $\mathrm{KS}(U; x_1', x_2')$ mit dem Nullpunkt U in dessen Mittelpunkt; mit der festen Geraden x_1 bzw. dem festen Kreis $k(O, a)$ ein $\mathrm{KS}(O; x_1, x_2)$.

Es sei $\varphi = \sphericalangle(x_1, x_1')$. Der mit dem Rollkreis k' fest verbundene Punkt sei $\boldsymbol{c}_0 = \begin{pmatrix} c \\ 0 \end{pmatrix}$ bezüglich $\mathrm{KS}(U; x_1', x_2')$. Mit μ bezeichnen wir den Polarwinkel von U.

Aufgrund (6.14) hat die von $\boldsymbol{c}_0$ erzeugte Trochoide die Darstellung

$$\boldsymbol{x}(\mu) = \boldsymbol{u}(\mu) + \boldsymbol{D}(\mu)\boldsymbol{c}_0,$$

wobei

$$\boldsymbol{u}(\mu) = \begin{pmatrix} (a+b)\cos\mu \\ (a+b)\sin\mu \end{pmatrix} \quad \text{mit} \quad \varphi = \mu + \tau \quad (\tau \text{ heißt der } \textit{Rollwinkel}).$$

Wegen der Abrollbedingung muss

$$\tau b = \mu a \text{ und damit } \varphi = \mu \frac{a+b}{b}$$

gelten, und damit folgt die Trochoidendarstellung bezüglich des Parameters μ:

$$\boldsymbol{x} = \boldsymbol{x}(\mu) = \begin{pmatrix} (a+b)\cos\mu + c\cos\dfrac{(a+b)}{b}\mu \\ (a+b)\sin\mu + c\sin\dfrac{(a+b)}{b}\mu \end{pmatrix}, \quad 0 \le \mu < 2\pi.$$

Fig. 6.3 zeigt eine verschlungene, gespitzte und gestreckte *Epizykloide*, für die $a > 0,\ b > 0$ gilt. Im Fall $a > 0,\ b < 0$ rollt $k'(U,b)$ im Inneren von $k(O,a)$ ab, und es entstehen *Hypozykloiden*, die in Fig. 6.5 für $|b| = \frac{1}{3}a$ und in Fig. 6.6 für $|b| = \frac{2}{3}a$ illustriert sind.

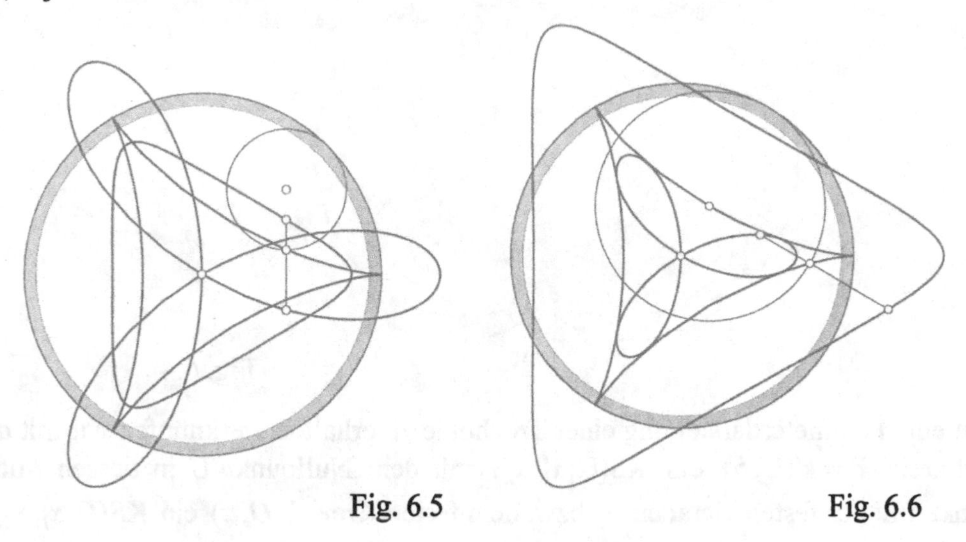

Fig. 6.5 Fig. 6.6

6.3 Anwendungen in der räumlichen Kinematik

6.3.1 Drehungen im Raum

Das kartesische $\mathrm{KS}(U; x_1', x_2', x_3')$ für den E^3 entstehe aus dem kartesischen $\mathrm{KS}(O; x_1, x_2, x_3)$ jeweils durch eine Drehung um die x_i-Achse ($i = 1,2,3$) im mathematisch positiven Drehsinn für einen Beobachter im positiven Halbraum mit der Randebene $\Sigma_i: \boldsymbol{e}_i \cdot \boldsymbol{x}_i = 0$. Die Nullpunkte sollen zusammenfallen: $O = U$. Dann ist nach (6.2.1) für die Drehung durch den Winkel φ um die x_3-Achse klar:

$$\begin{pmatrix} x_1 \\ x_2 \\ x_3 \end{pmatrix} = \boldsymbol{D}_3(\varphi) \begin{pmatrix} x_1' \\ x_2' \\ x_3' \end{pmatrix} \quad \text{mit} \quad \boldsymbol{D}_3(\varphi) := \begin{pmatrix} \cos\varphi & -\sin\varphi & 0 \\ \sin\varphi & \cos\varphi & 0 \\ 0 & 0 & 1 \end{pmatrix}, \quad \varphi = \sphericalangle(\boldsymbol{e}_1, \boldsymbol{e}_1'). \tag{6.16}$$

Man findet entsprechend für das um die x_2- bzw. x_1-Achse gedrehte Koordinatensystem die Transformationen

$$\begin{pmatrix} x_1 \\ x_2 \\ x_3 \end{pmatrix} = \boldsymbol{D}_2(\varphi) \begin{pmatrix} x_1' \\ x_2' \\ x_3' \end{pmatrix} \quad \text{mit} \quad \boldsymbol{D}_2(\varphi) := \begin{pmatrix} \cos\varphi & 0 & \sin\varphi \\ 0 & 1 & 0 \\ -\sin\varphi & 0 & \cos\varphi \end{pmatrix}, \quad \varphi = \sphericalangle(\boldsymbol{e}_3, \boldsymbol{e}_3'), \tag{6.17}$$

bzw.

$$\begin{pmatrix} x_1 \\ x_2 \\ x_3 \end{pmatrix} = \boldsymbol{D}_1(\varphi) \begin{pmatrix} x_1' \\ x_2' \\ x_3' \end{pmatrix} \quad \text{mit} \quad \boldsymbol{D}_1(\varphi) := \begin{pmatrix} 1 & 0 & 0 \\ 0 & \cos\varphi & -\sin\varphi \\ 0 & \sin\varphi & \cos\varphi \end{pmatrix}, \quad \varphi = \sphericalangle(\boldsymbol{e}_2, \boldsymbol{e}_2'). \tag{6.18}$$

Wegen $\cos\varphi = \cos(-\varphi)$ und $\sin(-\varphi) = -\sin\varphi$ und (6.9) findet man für die so genannten *Drehmatrizen* $\boldsymbol{D}_k(\varphi)$, $k = 1, 2, 3$, die Eigenschaft

$$\boldsymbol{D}_k^{\mathrm{T}}(\varphi) = \boldsymbol{D}_k^{-1}(\varphi) = \boldsymbol{D}_k(-\varphi). \tag{6.19}$$

Wir wollen diese Vorbetrachtung ausnutzen, um eine kartesische Koordinatentransformation mit *EULERschen Drehwinkeln* ψ, ϑ, φ zu beschreiben (Fig. 6.7). Die Lage von $\mathrm{KS}(O; y_1, y_2, y_3)$ bezüglich $\mathrm{KS}(O; x_1, x_2, x_3)$ wird mit drei Drehungen hergestellt:

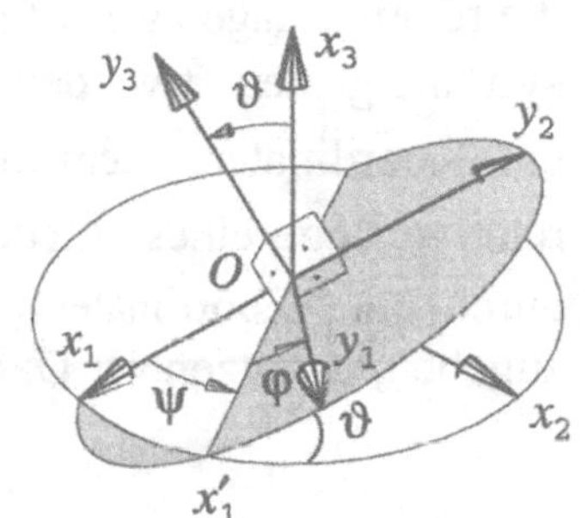

Fig. 6.7

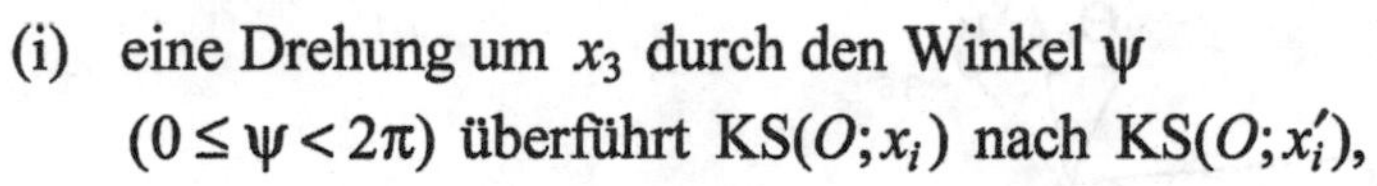

(i) eine Drehung um x_3 durch den Winkel ψ $(0 \le \psi < 2\pi)$ überführt $\mathrm{KS}(O; x_i)$ nach $\mathrm{KS}(O; x_i')$,

(ii) eine Drehung um x_1' durch den Winkel ϑ $(0 \le \vartheta < \pi)$ überführt $\mathrm{KS}(O; x_i')$ nach $\mathrm{KS}(O; x_i'')$,

(iii) eine Drehung um x_3'' durch den Winkel φ $(0 \le \varphi \le 2\pi)$ überführt $\mathrm{KS}(O; x_i'')$ nach $\mathrm{KS}(O; y_i)$.

Die EULERschen Drehwinkel ψ, ϑ, φ heißen in dieser Reihenfolge *Präzessions-, Nutations- und Rotationswinkel*.

Die Anwendung von (6.16) und (6.18) ergibt

$$\boldsymbol{x} = \boldsymbol{D}_3(\psi)\boldsymbol{x}', \qquad \boldsymbol{x}' = \boldsymbol{D}_1(\vartheta)\boldsymbol{x}'', \qquad \boldsymbol{x}'' = \boldsymbol{D}_3(\varphi)\boldsymbol{y},$$

also schließlich die Koordinatentransformation

$$\boldsymbol{x} = \boldsymbol{D}_3(\psi)\,\boldsymbol{D}_1(\vartheta)\,\boldsymbol{D}_3(\varphi)\,\boldsymbol{y} = \boldsymbol{V}\,\boldsymbol{y}$$

mit der orthonormalen Matrix

$$\boldsymbol{V} := \boldsymbol{D}_3(\psi)\boldsymbol{D}_1(\vartheta)\boldsymbol{D}_3(\varphi) = \begin{pmatrix} c_1c_3 - s_1c_2s_3 & -c_1s_3 - s_1c_2c_3 & s_1s_2 \\ c_1c_2s_3 + s_1c_3 & c_1c_2c_3 - s_1s_3 & -c_1s_2 \\ s_2s_3 & s_2c_3 & c_2 \end{pmatrix} =: (\boldsymbol{v}_1\ \boldsymbol{v}_2\ \boldsymbol{v}_3),$$

wobei

$$s_1 = \sin\psi, \quad s_2 = \sin\vartheta, \quad s_3 = \sin\varphi,$$

$$c_1 = \cos\psi, \quad c_2 = \cos\vartheta, \quad c_3 = \cos\varphi.$$

Wegen 6.1.1 ist $\boldsymbol{v}_i$ der Richtungsvektor der y_i-Achse bezüglich des $\mathrm{KS}(O; x_1, x_2, x_3)$, und es gilt wegen (6.9) $\boldsymbol{v}_i \cdot \boldsymbol{v}_j = \delta_{ij}$.

6.3.2 Roboter-Bewegung

Die Hintereinanderausführung von Koordinatentransformationen ist für die Beschreibung von Bewegungen eines Roboters wichtig. Ein Roboter ist ein Mechanismus, dessen Glieder durch Gelenke miteinander verbunden sind, wobei jeweils die relative Lage zweier Gelenke zueinander durch Elektromotoren oder Hydrauliksysteme gesteuert werden kann (Fig. 6.8). Mit jedem Glied G_k des Roboters wird ein Koordinatensystem $\mathfrak{K}_k := \mathrm{KS}(O_k; x_{1k}, x_{2k}, x_{3k})$ starr verbunden, so dass die relative Lage eines Gliedes G_{k-1} gegenüber dem benachbarten Glied G_k jeweils durch eine Koordinatentransformation festgelegt ist. Um diese übersichtlich anzugeben, benutzen wir DENAVIT-HARTENBERG-Parameter:

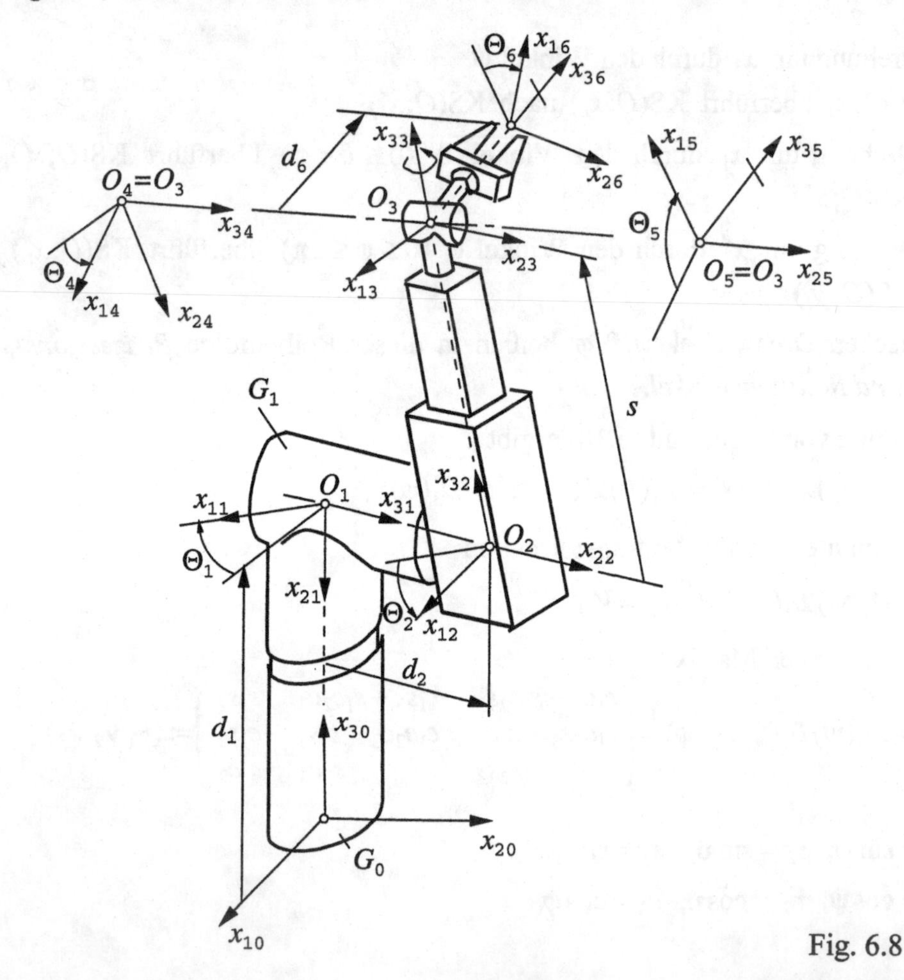

Fig. 6.8

Es seien

a_k der Achsabstand der x_{3k}-Achse zur $x_{3,k-1}$-Achse,

α_k der zugehörige Achswinkel,

d_k der Achsabstand der x_{1k}-Achse zur $x_{1,k-1}$-Achse,

θ_k der zugehörige Achswinkel.

Zur Beschreibung eines Drehgelenks (bzw. Schubgelenks) zwischen G_{k-1} und G_k werden die Parameter a_k, α_k, d_k als Konstanten betrachtet und θ_k als Steuerparameter (bzw. a_k, α_k, θ_k als Konstanten und d_k als Steuerparameter).

$\mathfrak{K}_k$ geht durch folgende Bewegungen aus $\mathfrak{K}_{k-1}$ hervor:

- einer Drehung um die $x_{3,k-1}$-Achse durch θ_k,
- einer Drehung um die neue x_{1k}-Achse durch α_k,
- einer Verschiebung längs der $x_{3,k-1}$-Achse um d_k,
- einer Verschiebung längs der neuen x_{1k}-Achse um a_k.

Deshalb gilt mit (6.16), (6.18) und (6.10)

$$\boldsymbol{x}_{k-1} = \begin{pmatrix} a_k \cos\theta_k \\ a_k \sin\theta_k \\ d_k \end{pmatrix} + \boldsymbol{V}_k \boldsymbol{x}_k \tag{6.20}$$

mit

$$\boldsymbol{V}_k = \boldsymbol{D}_3(\theta_k)\boldsymbol{D}_1(\alpha_k) = \begin{pmatrix} c_{1k} & -s_{1k}c_{2k} & s_{1k}s_{2k} \\ s_{1k} & c_{1k}c_{2k} & -c_{1k}s_{2k} \\ 0 & s_{2k} & c_{2k} \end{pmatrix},$$

wobei abkürzend gesetzt wurde:

$$s_{1k} := \sin\theta_k, \; s_{2k} := \sin\alpha_k,$$

$$c_{1k} := \cos\theta_k, \; c_{2k} := \cos\alpha_k.$$

Das erste Glied G_0 wird als *Roboterbasis* bezeichnet, das letzte Glied G_n eines $(n+1)$-gliedrigen Roboters als sein *Greifer*.

Um die Position des Greifers bezüglich der Basis und der Parameter a_k, α_k, d_k, θ_k $(k = 0, 1, \ldots, n)$ anzugeben, müssen n Koordinatentransformationen der Gestalt (6.20) hintereinander ausgeführt werden. Um die Produktbildung übersichtlich zu gestalten, werden vorhomogene Koordinaten bzw. Blockmatrizen verwendet.

Mit

$$\underset{\sim}{x} = \begin{pmatrix} 1 \\ \boldsymbol{x} \end{pmatrix} = \begin{pmatrix} 1 \\ x_1 \\ x_2 \\ x_3 \end{pmatrix}, \; \underset{\sim}{u} = \begin{pmatrix} 1 \\ \boldsymbol{u} \end{pmatrix}, \; \underset{\sim}{x}' = \begin{pmatrix} 1 \\ \boldsymbol{x}' \end{pmatrix}$$

gilt

$$\boldsymbol{x} = \boldsymbol{u} + \boldsymbol{V}\boldsymbol{x}' \Leftrightarrow \underset{\sim}{x} = \underset{\sim}{V}\underset{\sim}{x}' \quad \text{mit} \quad \underset{\sim}{V} = \left(\begin{array}{c|ccc} 1 & 0 & 0 & 0 \\ \hline \boldsymbol{u} & & \boldsymbol{V} & \end{array}\right), \tag{6.21}$$

und man berechnet

$$\underset{\sim}{V}^{-1} = \left(\begin{array}{c|ccc} 1 & 0 & 0 & 0 \\ \hline -\boldsymbol{V}^{-1}\boldsymbol{u} & & \boldsymbol{V}^{-1} & \end{array}\right).$$

Wenden wir diese Schreibweise (6.21) auf (6.20) an, so folgt

$$\underset{\sim}{x}_{k-1} = \underset{\sim}{V}_k \underset{\sim}{x}_k \quad \text{mit} \quad \underset{\sim}{V}_k = \left(\begin{array}{c|ccc} 1 & 0 & 0 & 0 \\ \hline a_k \cos\theta_k & c_{1k} & -s_{1k}c_{2k} & s_{1k}s_{2k} \\ a_k \sin\theta_k & s_{1k} & c_{1k}c_{2k} & -c_{1k}s_{2k} \\ d_k & 0 & s_{2k} & c_{2k} \end{array}\right).$$

Nach diesen Vorbereitungen können wir die sukzessive Ausführung von Koordinatentransformationen leicht formulieren:

$$\underset{\sim}{x}_0 = \underset{\sim}{V}_1 \underset{\sim}{x}_1 = \underset{\sim}{V}_1 \underset{\sim}{V}_2 \underset{\sim}{x}_2 = \ldots = \underset{\sim}{V}_1 \underset{\sim}{V}_2 \ldots \underset{\sim}{V}_n \underset{\sim}{x}_n$$

$$\underset{\sim}{x}_0 = \underset{\sim}{V} \underset{\sim}{x}_n \quad \text{mit} \quad \underset{\sim}{V} = \underset{\sim}{V}_1 \underset{\sim}{V}_2 \ldots \underset{\sim}{V}_n . \tag{6.22}$$

Die Produktmatrix $\underset{\sim}{V}$ enthält die $4n$ DENAVIT-HARTENBERG-Parameter, die die Koordinaten $\boldsymbol{x}_n$ eines Punktes bezüglich des Greiferkoordinatensystems $\mathfrak{K}_n$ in das Roboterbasis-Koordinatensystem $\mathfrak{K}_0$ umzurechnen gestatten.

Beispiel: Fig. 6.8 zeigt einen 6-gliedrigen Roboter, einen RRPRRR-Manipulator, wobei R bzw. P als Symbol für ein Drehgelenk (revolute) bzw. ein Schubgelenk (prismatic joint) steht. Nach unserer Wahl der Koordinatensysteme pro Glied des Roboters ergeben sich seine DENAVIT-HARTENBERG-Parameter wie folgt:

k	1	2	3	4	5	6
a_k	0	0	0	0	0	0
α_k	–90°	–90°	0°	–90°	–90°	0°
d_k	d_1	d_2	s	0	0	d_6
θ_k	θ_1	θ_2	0°	θ_4	θ_5	θ_6

(d_1, d_2, d_6 const.; $\theta_1, \theta_2, s, \theta_4, \theta_5, \theta_6$ variabel).

Im Einzelnen haben wir damit die Transformationsmatrizen

$$\underset{\sim}{V}_1(\theta_1)=\begin{pmatrix}1&0&0&0\\0&c_1&0&-s_1\\0&s_1&0&c_1\\d_1&0&-1&0\end{pmatrix},\qquad \underset{\sim}{V}_2(\theta_2)=\begin{pmatrix}1&0&0&0\\0&c_2&0&s_2\\0&s_2&0&-c_2\\d_2&0&1&0\end{pmatrix},$$

$$\underset{\sim}{V}_3(s)=\begin{pmatrix}1&0&0&0\\0&1&0&0\\0&0&1&0\\s&0&0&1\end{pmatrix},\qquad \underset{\sim}{V}_4(\theta_4)=\begin{pmatrix}1&0&0&0\\0&c_4&0&-s_4\\0&s_4&0&c_4\\0&0&-1&0\end{pmatrix},$$

$$\underset{\sim}{V}_5(\theta_5)=\begin{pmatrix}1&0&0&0\\0&c_5&0&s_5\\0&s_5&0&-c_5\\0&0&1&0\end{pmatrix},\qquad \underset{\sim}{V}_6(\theta_6)=\begin{pmatrix}1&0&0&0\\0&c_6&-s_6&0\\0&s_6&c_6&0\\d_6&0&0&1\end{pmatrix},$$

deren Produkt die Zielmatrix

$$\underset{\sim}{V}=\underset{\sim}{V}(\theta_1,\theta_2,s,\theta_4,\theta_5,\theta_6)=\underset{\sim}{V}_1(\theta_1)\underset{\sim}{V}_2(\theta_2)\underset{\sim}{V}_3(s)\underset{\sim}{V}_4(\theta_4)\underset{\sim}{V}_5(\theta_5)\underset{\sim}{V}_6(\theta_6)$$

ist.

Man nennt die daraus resultierende Punktkoordinatentransformation

$$\underset{\sim}{x}_0=\underset{\sim}{V}(\theta_1,\theta_2,s,\theta_4,\theta_5,\theta_6)\underset{\sim}{x}_6 \tag{6.23}$$

zwischen Basis und Greifer auch die *kinematische Bewegungsgleichung* des RRPRRR-Manipulators, wenn man die verschiedenen Positionen des Greifers in Abhängigkeit von den Steuerparametern $\theta_1,\theta_2,s,\theta_4,\theta_5,\theta_6$ untersucht.

Werden alle Steuerparameter als Funktionen der Zeit t angenommen und sind $\underset{\sim}{c}=\underset{\sim}{x}_6$ die Koordinaten eines Punktes C des Greifersystems G_6, dann hat die von C überstrichene Bahnkurve in G_0 eine Darstellung der Form

$$c\colon \underset{\sim}{x}_0(t)=\underset{\sim}{V}(t)\underset{\sim}{c}=\begin{pmatrix}1\\ \boldsymbol{x}(t)\end{pmatrix}\left(\begin{array}{c|ccc}1&0&0&0\\ \hline \boldsymbol{b}(t)&&\boldsymbol{B}(t)&\end{array}\right)\begin{pmatrix}1\\ \boldsymbol{c}\end{pmatrix}$$

mit einer orthonormierten 3×3-Matrix $\boldsymbol{B}(t)$ für alle t.

Verwenden wir (inhomogene) kartesische Koordinaten, so ergibt sich daraus die Bahnkurvendarstellung

$$c\colon \boldsymbol{x}(t)=\boldsymbol{b}(t)+\boldsymbol{B}(t)\boldsymbol{c}. \tag{6.24}$$

□

6.3.3 Getriebebewegung

In der Fig. 6.9 können die Glieder G_0 und G_3 als Zahnräder aufgefasst werden, die sich um die x_{30}- bzw. x_{33}-Achsen drehen. Diese Drehachsen sind windschief zueinander und starr verbunden, haben den Abstand a und den Achswinkel δ. Wählen wir entsprechend Fig. 6.8 Koordinatensysteme $\mathfrak{K}_k$, so kann der im vorhergehenden Abschnitt eingeführte Kalkül zur Darstellung der Bewegung des Zahnrades G_3 gegenüber dem Zahnrad G_0 verwendet werden, wobei θ_1 bzw. θ_3 den momentanen Auslenkungswinkel von G_0 bzw. G_3 gegenüber dem Achsen-Gemeinlot bezeichnen. Bei einem Zahnradgetriebe sind die Drehungen um die Achsen zwangsläufig gekoppelt, und es gilt

$$\theta_3 = \omega\theta_1 \tag{6.25}$$

mit dem *Übersetzungsverhältnis* $\omega = \dfrac{Z_0}{Z_3}$, wobei Z_k die Zähnezahl von G_k bezeichnet.

Die DENAVIT-HARTENBERG-Parameter sind:

k	1	2	3
a_k	0	a	0
α_k	0	δ	0
d_k	0	0	0
θ_k	θ_1	π	θ_2

a: Achsabstand
δ : Achswinkel.

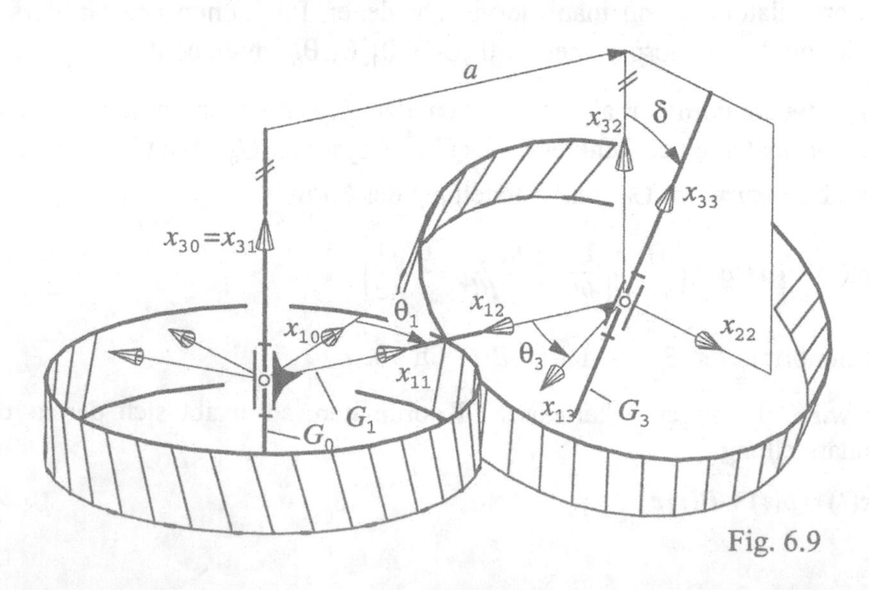

Fig. 6.9

Es ergeben sich nach (6.20) die Transformationsmatrizen

$$\underset{\sim}{V}_1(\theta_1)=\begin{pmatrix}1&0&0&0\\0&c_1&-s_1&0\\0&s_1&c_1&0\\0&0&0&1\end{pmatrix},\qquad \underset{\sim}{V}_2=\begin{pmatrix}1&0&0&0\\-a&-1&0&0\\0&0&-c_\delta&s_\delta\\0&0&s_\delta&c_\delta\end{pmatrix},$$

$s_\delta := \sin\delta,\ c_\delta := \cos\delta,\ s_i := \sin\theta_i,\ c_i := \cos\theta_i\ (i=1,3),$

$$\underset{\sim}{V}_3(\theta_3)=\begin{pmatrix}1&0&0&0\\0&c_3&-s_3&0\\0&s_3&c_3&0\\0&0&0&1\end{pmatrix},$$

und damit

$$\underset{\sim}{V}=\underset{\sim}{V}_1(\theta_1)\underset{\sim}{V}_2\,\underset{\sim}{V}_3(\theta_3)=\left(\begin{array}{c|ccc}1&0&0&0\\\hline -a\,c_1&-c_1c_3+c_\delta s_1s_3&c_1s_3+c_\delta c_3s_1&-s_\delta s_1\\-a\,s_1&-c_3s_1-c_\delta c_1s_3&s_1s_3-c_\delta c_1c_3&s_\delta c_1\\0&s_\delta s_3&s_\delta c_3&c_\delta\end{array}\right).$$

Im Sonderfall $\delta=0$ paralleler Drehachsen ergibt sich speziell

$$\underset{\sim}{V}=\underset{\sim}{V}_\parallel=\left(\begin{array}{c|ccc}1&0&0&0\\\hline -a\,c_1&-c_1c_3+s_1s_3&c_3s_1+c_1s_3&0\\-a\,s_1&-c_3s_1-c_1s_3&-c_1c_3+s_1s_3&0\\0&0&0&1\end{array}\right).$$

Im Sonderfall $\delta=\frac{\pi}{2}$ sich senkrecht kreuzender Drehachsen ergibt sich speziell

$$\underset{\sim}{V}=\underset{\sim}{V}_\perp=\left(\begin{array}{c|ccc}1&0&0&0\\\hline -a\,c_1&-c_1c_3&c_1s_3&-s_1\\-a\,s_1&-c_3s_1&s_1s_3&c_1\\0&s_3&c_3&0\end{array}\right). \tag{6.26}$$

Im letzten Fall erhalten wir mit (6.22) für die auf den Parameter θ_1 bezogene Bahnkurve eines in G_3 festen Punktes P mit den Koordinaten $\underset{\sim}{p}=(1,p_1,p_2,p_3)^{\mathrm{T}}$ bezüglich $\mathfrak{K}_3$ die Parameterdarstellung

$$c:\ \underset{\sim}{x}_0(\theta_1)=\underset{\sim}{V}_\perp(\theta_1)\underset{\sim}{p},\quad -\infty<\theta_1<\infty, \tag{6.27}$$

bezüglich $\mathfrak{K}_0$. Diese Bahnkurve c ist für ein rationales Übersetzungsverhältnis ω eine geschlossene Kurve und liegt auf einem Torus mit dem Mittenkreisradius a und dem Erzeugungskreisradius $\sqrt{p_1^2 + p_2^2}$.

Die Figur 6.10 zeigt ein Berechnungsbeispiel.

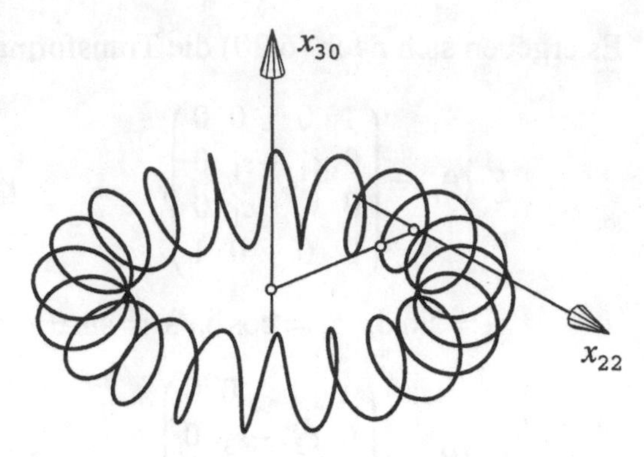

Fig. 6.10

6.4 Bewegflächen

6.4.1 Definition und Eigenschaften

Es sei

$$x = b + B\,y, \quad B^{\mathrm{T}} = B^{-1}, \quad \det B = 1, \tag{6.28}$$

eine Punktkoordinatentransformation zwischen zwei kartesischen Koordinatensystemen $\mathfrak{K} = \mathrm{KS}(O; x_1, x_2, x_3)$ und $\mathfrak{K}' = \mathrm{KS}(B; y_1, y_2, y_3)$. Für einen Beobachter im System $\mathfrak{K}$ ändere sich die Lage von $\mathfrak{K}'$ in Abhängigkeit von einem Parameter $u \in U \subseteq \mathbb{R}$ stetig, d. h., es sei

$$b = b(u), \;\; B = B(u), \;\; B^{\mathrm{T}}(u) = B^{-1}(u), \;\; \det B(u) = 1 \;\text{ für alle }\; u \in U. \tag{6.29}$$

Wenn eine bezüglich $\mathfrak{K}'$ dargestellte und feste Kurve

$$e\colon\, y = y(v), \quad v \in V,$$

bei der Lageänderung (Bewegung) mitgenommen wird, dann überstreicht jeder ihrer Punkte eine Bahnkurve, deren Gesamtheit die *Bahnfläche*

$$\Phi\colon\, x = x(u,v) = b(u) + B(u)\,y(v), \quad (u,v) \in U \times V, \tag{6.30}$$

in $\mathfrak{K}$ bildet.

Man nennt e eine *Erzeugende* von Φ.

Jede Fläche, die eine Darstellung (6.30) mit Matrizen der Eigenschaft (6.29) hat, heißt *Bewegfläche*.

Eigenschaften:

(1) Jede u-Parameterkurve $\boldsymbol{x}(u,v_j) = \boldsymbol{b}(u) + \boldsymbol{B}(u)\,\boldsymbol{y}_j$ ist die Bahnkurve des durch $v = v_j = \text{const}.$ festgelegten Punktes $\boldsymbol{y}_j = \boldsymbol{y}(v_j)$ auf der Erzeugenden e bei der Bewegung nach (6.29).

(2) Jede v-Parameterkurve $\boldsymbol{x}(u_i,v) = \boldsymbol{b}(u_i) + \boldsymbol{B}(u_i)\,\boldsymbol{y}(v)$ ist kongruent zu der Erzeugenden e in dem zu $u = u_i = \text{const}.$ gehörenden Bewegungsmoment.

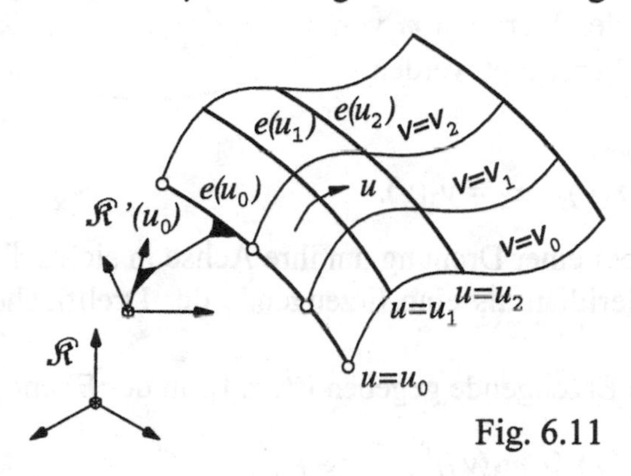

Fig. 6.11

6.4.2 Drehflächen

Wir betrachten eine Drehung durch 2π von $\mathfrak{K}'$ gegenüber $\mathfrak{K}$ um die x_3-Achse, die nach (6.16) durch

$$\boldsymbol{x}(u) = \boldsymbol{D}_3(u)\boldsymbol{y},\quad u \in U = [0,2\pi)$$

dargestellt wird. Eine Erzeugende sei

$$e\colon \boldsymbol{y} = (y_1(v), y_2(v), y_3(v))^{\mathrm{T}},\qquad v \in V.$$

Die erzeugte Bewegfläche ist speziell eine *Drehfläche* (*Rotationsfläche*)

$$\Phi\colon \boldsymbol{x}(u,v) = \boldsymbol{D}_3(u)\,\boldsymbol{y}(v) = \begin{pmatrix} y_1(v)\cos u - y_2(v)\sin u \\ y_1(v)\sin u + y_2(v)\cos u \\ y_3(v) \end{pmatrix},\quad (u,v) \in U \times V. \quad (6.31)$$

Offensichtlich ist jede u-Parameterkurve ein Kreis durch den Punkt $\boldsymbol{y}(v_j)$ in der Ebene $x_3 = y_3(v_j)$ mit Mittelpunkt $(0,0,y_3(v_j))$ auf der x_3-Achse vom Radius

$$r = r(v_j) = \sqrt{y_1^2(v_j) + y_2^2(v_j)}$$

$$\left(= \sqrt{x_1^2(u,v_j) + x_2^2(u,v_j)}\right).$$

Solche Kreise werden also durch Ebenen senkrecht zur Drehachse aus der Drehfläche ausgeschnitten. Sie heißen *Breitenkreise* von Φ. Jede Schnittkurve einer Drehfläche mit einer Ebene, die die Drehachse enthält, wird *Meridian* der Drehfläche genannt.

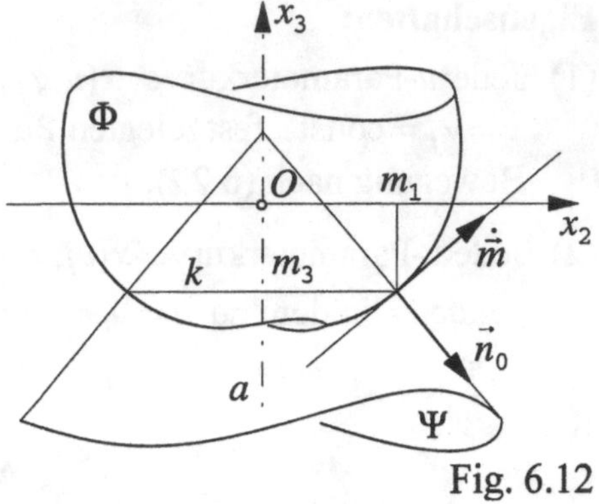

Fig. 6.12

Aus (6.31) kann z. B. der Meridian m von Φ in der Ebene $x_1 = 0$ berechnet werden.

Wir finden

$$m\colon x_1 = 0, x_2 = r(v), \quad x_3 = y_3(v). \tag{6.32}$$

Eine Drehfläche wird bei einer Drehung um ihre Achse in sich selbst abgebildet. Deshalb kann jeder Meridian als eine Erzeugende der Drehfläche aufgefasst werden.
Wenn ein Meridian als Erzeugende gegeben ist, z. B. in der Ebene $x_2 = 0$:

$$\boldsymbol{m} = \boldsymbol{m}(v) = (m_1(v), 0, m_3(v))^{\mathrm{T}}, \qquad v \in V,$$

dann folgt

$$\Phi\colon\ \boldsymbol{x}(u,v) = \begin{pmatrix} m_1(v)\cos u \\ m_1(v)\sin u \\ m_3(v) \end{pmatrix}, \quad (u,v) \in U \times V, \tag{6.33}$$

als Parameterdarstellung der erzeugten Drehfläche. Diese Parameterdarstellung von Φ ist dadurch ausgezeichnet, dass sie ein orthogonales Parameterkurvennetz besitzt ($\boldsymbol{x}_u \cdot \boldsymbol{x}_v = 0$ gilt in allen Flächenpunkten).

In einem Punkt $\boldsymbol{x}(u,v)$ von Φ ergibt sich als Normalenvektor

$$\boldsymbol{n} = \boldsymbol{x}_u \times \boldsymbol{x}_v = -m_1 \boldsymbol{D}_3(u) \boldsymbol{n}_0, \qquad \boldsymbol{n}_0 = (-\dot{m}_3, 0, \dot{m}_1)^{\mathrm{T}}, \tag{6.34}$$

wobei $\boldsymbol{n}_0$ ein Richtungsvektor der Kurvennormale des Meridians ist (geht durch eine Vierteldrehung aus dem Tangentenvektor $(\dot{m}_1, 0, \dot{m}_3)$ hervor). Deshalb gilt:

Die Flächennormale n in $\boldsymbol{x}(u,v)$ ist die durch den Winkel u gedrehte Kurvennormale

$$n_0\colon \boldsymbol{y}(\lambda) = \begin{pmatrix} m_1 \\ 0 \\ m_3 \end{pmatrix} + \lambda \begin{pmatrix} -\dot{m}_3 \\ 0 \\ \dot{m}_1 \end{pmatrix}, \quad \lambda \in \mathbb{R},$$

des Meridians im Punkt $\boldsymbol{x}(0,v)$.

Die Kurvennormale n_0 kann als geradlinige Erzeugende einer Drehfläche Ψ mit der x_3-Achse als Drehachse aufgefasst werden, von der dann

$$\Psi: \boldsymbol{x}(u,\lambda) = \boldsymbol{D}_3(u)\boldsymbol{y}(\lambda) = \begin{pmatrix} m_1 \cos u \\ m_1 \sin u \\ m_3 \end{pmatrix} + \lambda \begin{pmatrix} -\dot{m}_3 \cos u \\ -\dot{m}_3 \sin u \\ \dot{m}_1 \end{pmatrix}, \quad (u,\lambda) \in U \times \mathbb{R},$$

eine Parameterdarstellung ist. Ψ ist ein Drehkegel mit der Spitze $S = x_3 \cap n_0$.

Alle Flächennormalen in den Punkten des Breitenkreises k liegen auf diesem Drehkegel Ψ, der deshalb der *Normalenkegel* zu k heißt.

6.4.3 Schraubflächen

Unter einer *Schraubung* um eine Achse a: $\boldsymbol{x} = \boldsymbol{a} + \lambda \boldsymbol{v}$, $\|\boldsymbol{v}\| = 1$, mit dem Schraubparameter h versteht man eine Bewegung des Raumes, bei der der Raum um a gedreht wird und zugleich proportional zum Drehwinkel längs a so verschoben wird, dass der zugehörige Schiebvektor $hu\boldsymbol{v}$ ist, wenn u den Drehwinkel bezeichnet.

Die Bahnkurve eines Punktes bei einer Schraubung heißt *Schraublinie*.

Die Schraubachse sei jetzt speziell die x_3-Achse des Koordinatensystems $\mathfrak{K}$. Dann hat eine Schraubung mit dem Schraubparameter h die Darstellung

$$\boldsymbol{x} = \boldsymbol{D}_3(u)\,\boldsymbol{y} + hu\boldsymbol{v} \quad \text{mit } \boldsymbol{v} = (0,0,1)^{\mathrm{T}}, \quad u \in U \subseteq \mathbb{R}.$$

Eine Erzeugende sei gegeben durch

$$e: \boldsymbol{y}(v) = (y_1(v), y_2(v) y_3(v))^{\mathrm{T}}, \quad v \in V.$$

Dann hat die erzeugte Schraubfläche die Parameterdarstellung

$$\Phi: \boldsymbol{x}(u,v) = \begin{pmatrix} y_1(v)\cos u - y_2(v)\sin u \\ y_1(v)\sin u + y_2(v)\cos u \\ y_3(v) + hu \end{pmatrix}, \quad (u,v) \in U \times V. \tag{6.35}$$

Eigenschaften: Offensichtlich ist jede u-Parameterkurve eine Schraublinie durch den Punkt $\boldsymbol{y}(v)$, deren Punkte von der x_3-Achse sämtlich den Abstand

$$r = r(v) = \sqrt{y_1^2(v) + y_2^2(v)} = \sqrt{x_1^2(u,v) + x_2^2(u,v)}$$

(unabhängig von u) haben.

Jede Schnittkurve einer Schraubfläche mit einer Ebene, die die Drehachse enthält, wird *Achsschnitt* (*Meridian*) m der Schraubfläche genannt.

Jede Schnittkurve einer Schraubfläche mit einer Ebene, die senkrecht zur Schraubachse verläuft, wird *Stirnschnitt* (*Querschnitt*) q der Schraubfläche genannt.

m bzw. q können als Erzeugende von Φ fungieren.

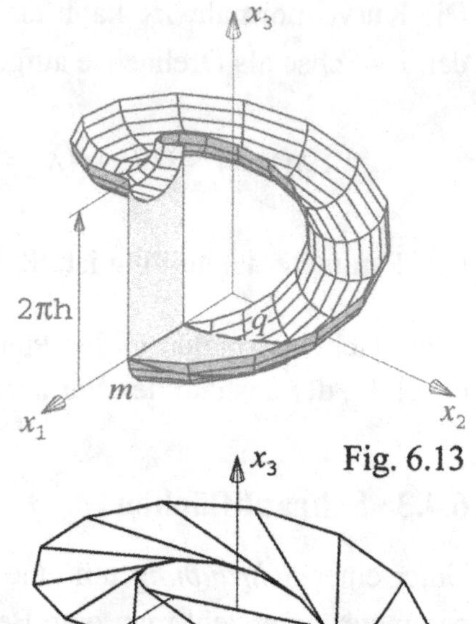

Fig. 6.13

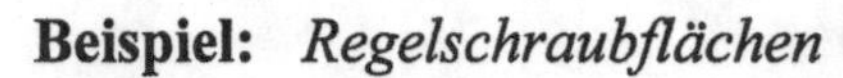

Beispiel: *Regelschraubflächen*

Die Schraubfläche einer Geraden (lat. *regula*) heißt Regelschraubfläche. Erzeugende ist also eine *Gerade*

$$e\colon \boldsymbol{e}(v) = \boldsymbol{l} + v\boldsymbol{g},$$

wobei

$$\boldsymbol{l} = (l,0,0)^{\mathrm{T}},\ l = \overline{ex_3},\ \boldsymbol{g} = (0,\cos\gamma,\sin\gamma)^{\mathrm{T}},$$

γ = Neigungswinkel von e gegenüber Π_1.

Fig. 6.14

Nach spezieller Wahl des Koordinatensystems wie bei der oben genannten Schraubung gilt:

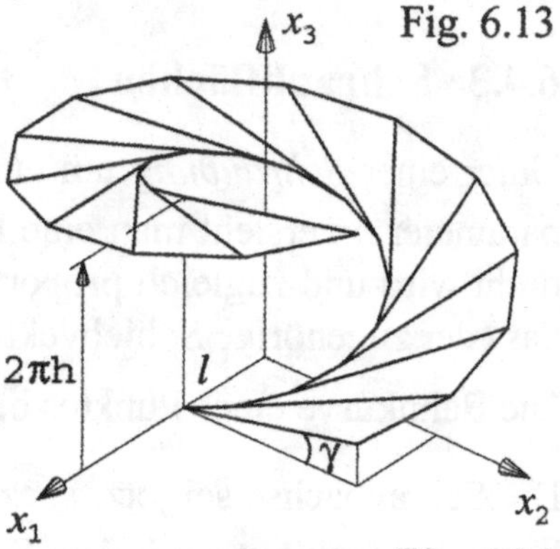

$$\Gamma\colon \boldsymbol{x}(u,v) = \boldsymbol{D}_3(v)\boldsymbol{e}(v) + (0,0,hu)^{\mathrm{T}} = \begin{pmatrix} l\cos u \\ l\sin u \\ hu \end{pmatrix} + v\begin{pmatrix} -\cos\gamma\sin u \\ \cos\gamma\cos u \\ \sin\gamma \end{pmatrix}. \tag{6.36}$$

Eine **Klassifikation** der Regelschraubflächen wird nach dem Neigungswinkel γ und dem Abstand l der Erzeugenden gemäß folgender Tabelle vorgenommen:

Bezeichnung	γ	l
gerade, geschlossene Regelschraubfläche (Wendelfläche)	0	0
gerade, offene Regelschraubfläche	0	$\neq 0$
schiefe, geschlossene Regelschraubfläche	$\neq 0$	0
schiefe, offene Regelschraubfläche	$\tan\gamma \neq \frac{h}{l}$	$\neq 0$
Schraubtorse ($\boldsymbol{g}$ ist Richtungsvektor der Schraubtangente von $L = (l,0,0)$)	$\tan\gamma = \frac{h}{l}$	$\neq 0$

Als Normalenvektor von Γ finden wir

$$\boldsymbol{n} = \boldsymbol{x}_u \times \boldsymbol{x}_v = \boldsymbol{D}_3(u)\begin{pmatrix} l\sin\gamma - h\cos\gamma \\ v\sin\gamma\cos\gamma \\ -v\cos^2\gamma \end{pmatrix}.$$

□

Aufgaben

6.1 Sind die Vektoren $\boldsymbol{a} = (2,-2,1)^{\mathrm{T}}$, $\boldsymbol{b} = (4,2,-4)^{\mathrm{T}}$, $\boldsymbol{c} = (1,2,2)^{\mathrm{T}}$ linear unabhängig? Wenn ja, welche Koordinaten hat dann der Vektor $\boldsymbol{x} = (4,-4,11)^{\mathrm{T}}$ bezüglich der Basis $\boldsymbol{a}, \boldsymbol{b}, \boldsymbol{c}$?

6.2 Mit Bezug auf die natürliche Basis $\boldsymbol{e}_1, \boldsymbol{e}_2, \boldsymbol{e}_3$ kann jeder neue Basisvektor $\boldsymbol{v}_i$ einer Orthonormalbasis $\boldsymbol{v}_1, \boldsymbol{v}_2, \boldsymbol{v}_3$ durch seine Richtungskosinuswerte festgelegt werden. Wie lautet die Basistransformationsmatrix?

6.3 Bezüglich $\mathrm{KS}(O; x_1, x_2, x_3)$ seien die Punkte $A = (3,4,0)$, $B = (-4,3,-2)$ bzw. $U = (0,0,-2)$ gegeben.

a) Bestimmen Sie die Punktkoordinatentransformation zu einem neuen $\mathrm{KS}(U; x_1', x_2', x_3')$, von dem U der Nullpunkt sei und dessen x_1'- bzw. x_2'-Achse durch den Punkt A bzw. B verläuft.

b) Unter welchen Bedingungen ist $\mathrm{KS}(U; x_1', x_2', x_3')$ kartesisch?

6.4 Die Fig. 6.15 zeigt ein räumliches 4-Gelenk-Getriebe vom Typ RSSR.
Die Abmessungen

$$r_1 = \overline{A_0A},\quad r_2 = \overline{B_0B},$$

$$s_1 = \overline{OA_0},\quad s_2 = \overline{O'B_0},$$

$$k = \overline{AB},\quad \delta = \sphericalangle(OA_0, O'B_0) \text{ und}$$

$$e = \overline{OO'}$$

des RSSR-Getriebes seien bekannt.

Man finde die *Übertragungsfunktion* $f(\varphi, \psi) = 0$.

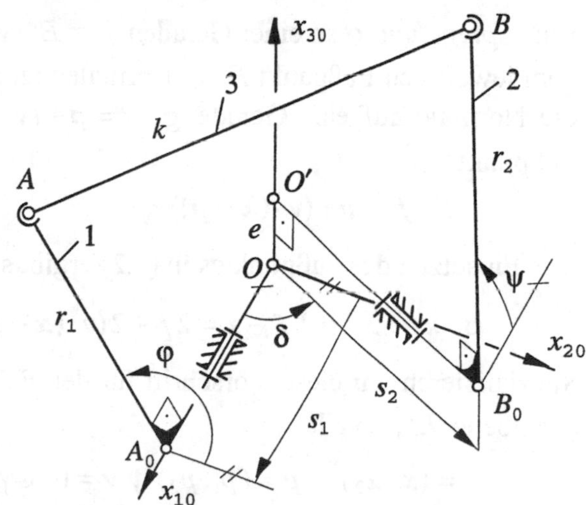

Fig. 6.15

7 Abbildungen

7.1 Translationen, Spiegelungen und Drehungen

Im euklidischen Raum E^d $(d=2,3)$ sei ein KS$(O;x_1,\ldots,x_d)$ vereinbart, auf welches sich die folgenden verwendeten Orts- und Richtungsvektoren beziehen.

7.1.1 Translation

Die Punktabbildung

$$\tau\colon E^d \to E^d : X \mapsto X^\tau : \boldsymbol{x} \mapsto \boldsymbol{x}^\tau = \boldsymbol{x} + \boldsymbol{t} \tag{7.1}$$

mit einem (konstanten) *Schieb-* oder *Translationsvektor* $\boldsymbol{t} \in \mathbb{R}^d$ heißt eine *Schiebung* oder *Translation* des E^d. Bei $\boldsymbol{t} = \boldsymbol{o}$ ist τ die *Identität* (identische Abbildung). Eine Translation τ ist gegeben, wenn ein Paar $(\boldsymbol{x}_0, \boldsymbol{x}_0^\tau)$ aus Urbild- und Bildpunkt bekannt ist, denn dann ist $\boldsymbol{t} = \boldsymbol{x}_0^\tau - \boldsymbol{x}_0$.

7.1.2 Spiegelung an einem Punkt bzw. einer Geraden

Die Punktabbildung $\sigma_P\colon E^d \to E^d : X \mapsto X^\sigma$ heißt *Punktspiegelung* an einem Punkt F, wenn für alle X, X^σ gilt, dass F der Mittelpunkt der Strecke XX^σ ist. Mit 2.1.6, Satz 1, folgt sofort

$$\sigma_P : \boldsymbol{x} \mapsto \boldsymbol{x}^\sigma = 2\boldsymbol{f} - \boldsymbol{x}. \tag{7.2}$$

Eine *Spiegelung* σ an einer Geraden $g \subset E^d$ wird für alle X als Punktspiegelung an dem jeweiligen Fußpunkt F der Normalen zu g durch X erklärt. Nach (2.51) besitzt die Normale auf eine Gerade $g\colon \boldsymbol{x} = \boldsymbol{p} + t\boldsymbol{v}$, $\|\boldsymbol{v}\| = 1$, durch einen Punkt X den Fußpunkt

$$F\colon \boldsymbol{f} = \boldsymbol{p} + (\boldsymbol{v}\cdot(\boldsymbol{x}-\boldsymbol{p}))\boldsymbol{v}.$$

Das Einsetzen des Fußpunktes in (7.2) ergibt sofort

$$\sigma\colon \boldsymbol{x} \mapsto \boldsymbol{x}^\sigma = 2\boldsymbol{f} - \boldsymbol{x} = 2\boldsymbol{p} + 2(\boldsymbol{v}\cdot(\boldsymbol{x}-\boldsymbol{p}))\boldsymbol{v} - \boldsymbol{x}. \tag{7.3}$$

Spezialisieren wir diese Vorschrift für den Fall der Spiegelung an einer Geraden in der Ebene E^2, so gilt

$$\boldsymbol{x} = (x_1, x_2)^{\mathrm{T}},\ \ \boldsymbol{p} = (p_1, p_2)^{\mathrm{T}},\ \ \boldsymbol{v} = (\cos\gamma, \sin\gamma)^{\mathrm{T}},$$

wobei γ der Neigungswinkel von g gegenüber der x_1-Achse ist.

Aus (7.3) folgt (man beachte $\boldsymbol{x}\cdot\boldsymbol{y}=\boldsymbol{x}^{\mathrm{T}}\boldsymbol{y}$) durch Umformung in Matrixschreibweise

$$\boldsymbol{x}^{\sigma}=2\boldsymbol{p}+2\boldsymbol{v}\boldsymbol{v}^{\mathrm{T}}(\boldsymbol{x}-\boldsymbol{p})-\boldsymbol{x}=(2\boldsymbol{v}\boldsymbol{v}^{\mathrm{T}}-\boldsymbol{E})\boldsymbol{x}+2(\boldsymbol{E}-\boldsymbol{v}\boldsymbol{v}^{\mathrm{T}})\boldsymbol{p}.$$

Wir berechnen nun

$$\boldsymbol{v}\boldsymbol{v}^{\mathrm{T}}=\begin{pmatrix}\cos^2\gamma & \sin\gamma\cos\gamma\\ \sin\gamma\cos\gamma & \sin^2\gamma\end{pmatrix}$$

und finden unter Ausnutzung der Additionstheoreme trigonometrischer Funktionen

$$\sigma\colon E^2\to E^2\colon X\mapsto X^{\sigma}\colon \boldsymbol{x}\mapsto\boldsymbol{x}^{\sigma}=\boldsymbol{S}\boldsymbol{x}+\boldsymbol{s},\tag{7.4}$$

wobei

$$\boldsymbol{S}:=2\boldsymbol{v}\boldsymbol{v}^{\mathrm{T}}-\boldsymbol{E}=\begin{pmatrix}\cos2\gamma & \sin2\gamma\\ \sin2\gamma & -\cos2\gamma\end{pmatrix},$$

$$\boldsymbol{s}:=2(\boldsymbol{E}-\boldsymbol{v}\boldsymbol{v}^{\mathrm{T}})\boldsymbol{p}=\begin{pmatrix}1-\cos2\gamma & -\sin2\gamma\\ -\sin2\gamma & 1+\cos2\gamma\end{pmatrix}\boldsymbol{p}.$$

7.1.3 Spiegelung an einer Ebene

Die *Spiegelung* $\sigma\colon E^3\to E^3\colon X\mapsto X^{\sigma}$ *an einer Ebene* Σ des E^3 wird für alle X als Punktspiegelung an dem jeweiligen Fußpunkt F der Normalen zu Σ durch X erklärt. Nach (2.48) besitzt die Normale zu $\Sigma\colon \boldsymbol{n}\cdot(\boldsymbol{x}-\boldsymbol{a})=0,\ \|\boldsymbol{n}\|=1,$ durch einen Punkt $\boldsymbol{x}$ den Fußpunkt

$$\boldsymbol{f}=\boldsymbol{x}-((\boldsymbol{x}-\boldsymbol{a})\cdot\boldsymbol{n})\boldsymbol{n}.$$

Das Einsetzen in (7.2) ergibt

$$\sigma\colon\boldsymbol{x}\mapsto\boldsymbol{x}^{\sigma}=2\boldsymbol{f}-\boldsymbol{x}=\boldsymbol{x}-2((\boldsymbol{x}-\boldsymbol{a})\cdot\boldsymbol{n})\boldsymbol{n}=\boldsymbol{x}-2\boldsymbol{n}(\boldsymbol{n}\cdot(\boldsymbol{x}-\boldsymbol{a})).$$

Eine weitere Umformung in Matrixschreibweise ergibt

$$\sigma\colon\boldsymbol{x}\mapsto\boldsymbol{x}^{\sigma}=\boldsymbol{S}\boldsymbol{x}+\boldsymbol{s},\tag{7.5}$$

wobei

$$\boldsymbol{S}:=\boldsymbol{E}-2\boldsymbol{n}\boldsymbol{n}^{\mathrm{T}}=\begin{pmatrix}1-2n_1n_1 & -2n_1n_2 & -2n_1n_3\\ -2n_1n_2 & 1-2n_2n_2 & -2n_2n_3\\ -2n_1n_3 & -2n_2n_3 & 1-2n_3n_3\end{pmatrix},$$

$$\boldsymbol{s}=2(\boldsymbol{n}\boldsymbol{n}^{\mathrm{T}})\boldsymbol{a},\qquad \boldsymbol{n}\boldsymbol{n}^{\mathrm{T}}=\begin{pmatrix}n_1n_1 & n_1n_2 & n_1n_3\\ n_1n_2 & n_2n_2 & n_2n_3\\ n_1n_3 & n_2n_3 & n_3n_3\end{pmatrix}.$$

7.1.4 Drehung

Wir bleiben im Raum E^3 und betrachten gemäß Fig. 7.1 eine Gerade

$$g\colon \boldsymbol{z}=\boldsymbol{p}+\lambda\boldsymbol{v},\quad -\infty<\lambda<\infty,\ \|\boldsymbol{v}\|=1. \tag{7.6}$$

Dann ist für $X\notin g$ nach (2.51) der Lotfußpunkt $F\in g$ eindeutig bestimmt:

$$\boldsymbol{f}=\boldsymbol{p}+((\boldsymbol{x}-\boldsymbol{p})\cdot\boldsymbol{v})\boldsymbol{v}. \tag{7.7}$$

Eine *Drehung* $\delta\colon X\mapsto X^\delta$ um eine (orientierte) Gerade g, die *Drehachse*, durch den orientierten Winkel φ ist eine Bewegung, die einen beliebigen Punkt $X\notin g$ zu dem Punkt $\delta(X)=X^\delta$ bewegt, so dass gilt

1) $\overline{XF}=\overline{X^\delta F}$
2) $X^\delta F\perp g$
3) $\varphi=\sphericalangle(\boldsymbol{x}-\boldsymbol{f},\boldsymbol{x}^\delta-\boldsymbol{f})$, gemessen im mathematisch positiven Drehsinn für einen Beobachter im positiven Halbraum bezüglich der Randebene $\boldsymbol{v}\cdot(\boldsymbol{x}-\boldsymbol{f})=0$.

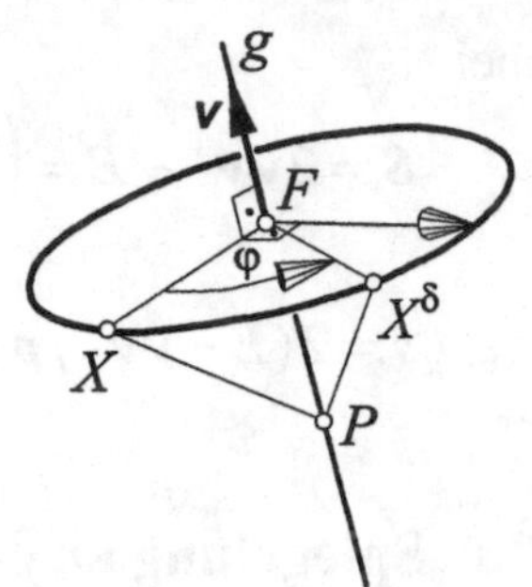

Fig. 7.1

Satz (EULERsche Drehformel): *Sind eine Drehachse g, ein Drehwinkel φ und ein Punkt X gegeben, so berechnet man den Bildpunkt X^δ gemäß*

$$\boldsymbol{x}^\delta=\boldsymbol{p}+(1-\cos\varphi)((\boldsymbol{x}-\boldsymbol{p})\cdot\boldsymbol{v})\boldsymbol{v}+\cos\varphi(\boldsymbol{x}-\boldsymbol{p})+\sin\varphi(\boldsymbol{v}\times(\boldsymbol{x}-\boldsymbol{p})). \tag{7.8}$$

Beweis: Es sei $\boldsymbol{s}:=\boldsymbol{v}\times(\boldsymbol{x}-\boldsymbol{p})$, dann gilt $\boldsymbol{f}$ nach (7.7) auch $\boldsymbol{s}=\boldsymbol{v}\times(\boldsymbol{x}-\boldsymbol{f})$ und damit $\|\boldsymbol{s}\|=\|\boldsymbol{v}\|\|\boldsymbol{x}-\boldsymbol{f}\|\sin\frac{\pi}{2}=\|\boldsymbol{x}-\boldsymbol{f}\|$.

Wird weiter $(\boldsymbol{x}-\boldsymbol{f})\perp\boldsymbol{s}$ bedacht, so ergibt sich damit folgende Komponentendarstellung:

$$\boldsymbol{x}^\delta-\boldsymbol{f}=(\boldsymbol{x}-\boldsymbol{f})\cos\varphi+\boldsymbol{s}\sin\varphi.$$

Setzen wir $\boldsymbol{f}$ und $\boldsymbol{s}$ ein, so folgt

$$\boldsymbol{x}^\delta=\boldsymbol{p}+((\boldsymbol{x}-\boldsymbol{p})\cdot\boldsymbol{v})\cdot\boldsymbol{v}+(\boldsymbol{x}-\boldsymbol{p}-((\boldsymbol{x}-\boldsymbol{p})\cdot\boldsymbol{v})\cdot\boldsymbol{v})\cos\varphi+\boldsymbol{v}\times(\boldsymbol{x}-\boldsymbol{p})\sin\varphi,$$

d. h.

$$\boldsymbol{x}^\delta=\boldsymbol{p}+(1-\cos\varphi)((\boldsymbol{x}-\boldsymbol{p})\cdot\boldsymbol{v})\cdot\boldsymbol{v}+(\boldsymbol{x}-\boldsymbol{p})\cos\varphi+\boldsymbol{v}\times(\boldsymbol{x}-\boldsymbol{p})\sin\varphi.$$

Damit ist (7.8) bewiesen.

□

Wir suchen jetzt eine Matrixdarstellung der EULERschen Drehformel. Zunächst gilt mit $\boldsymbol{z} := \boldsymbol{x} - \boldsymbol{p}$ für die zugehörigen Koordinatenvektoren

$$\boldsymbol{v} \times \boldsymbol{z} = \begin{pmatrix} v_2 z_3 - v_3 z_2 \\ v_3 z_1 - v_1 z_3 \\ v_1 z_2 - v_2 z_1 \end{pmatrix} = \begin{pmatrix} 0 & -v_3 & v_2 \\ v_3 & 0 & -v_1 \\ -v_2 & v_1 & 0 \end{pmatrix} \begin{pmatrix} z_1 \\ z_2 \\ z_3 \end{pmatrix} = \boldsymbol{V}\boldsymbol{z}. \tag{7.9}$$

Das Kreuzprodukt kann also als Matrixprodukt mit einer schiefsymmetrischen Matrix

$$\boldsymbol{V} := \begin{pmatrix} 0 & -v_3 & v_2 \\ v_3 & 0 & -v_1 \\ -v_2 & v_1 & 0 \end{pmatrix}$$

geschrieben werden, die aus dem Einheitsvektor $\boldsymbol{v}$ der Drehachsenrichtung gebildet wird. Des Weiteren ist

$$((\boldsymbol{x}-\boldsymbol{p})^{\mathrm{T}}\boldsymbol{v})\boldsymbol{v} = (\boldsymbol{v}^{\mathrm{T}}(\boldsymbol{x}-\boldsymbol{p}))\boldsymbol{v} = \boldsymbol{v}(\boldsymbol{v}^{\mathrm{T}}(\boldsymbol{x}-\boldsymbol{p})) = \boldsymbol{v}\boldsymbol{v}^{\mathrm{T}}(\boldsymbol{x}-\boldsymbol{p}).$$

Das Einsetzen dieser beiden Zwischenergebnisse in (7.8) liefert

$$\boldsymbol{x}^{\delta} = \boldsymbol{p} + (1-\cos\varphi)\boldsymbol{v}\boldsymbol{v}^{\mathrm{T}}(\boldsymbol{x}-\boldsymbol{p}) + \cos\varphi(\boldsymbol{x}-\boldsymbol{p}) + \sin\varphi\boldsymbol{V}(\boldsymbol{x}-\boldsymbol{p})$$

also

$$\boldsymbol{x}^{\delta} = \boldsymbol{p} + \boldsymbol{D}(\boldsymbol{x}-\boldsymbol{p})$$

mit

$$\boldsymbol{D} = \boldsymbol{D}(\boldsymbol{v},\varphi) := [\,(1-\cos\varphi)\boldsymbol{v}\boldsymbol{v}^{\mathrm{T}} + \cos\varphi\boldsymbol{E} + \sin\varphi\boldsymbol{V}\,]. \tag{7.10}$$

Das ist die EULERsche Drehformel in Matrixdarstellung.

7.2 Affine Abbildungen

7.2.1 Definition und Eigenschaften

Der euklidische Raum E^d $(d = 2,3)$ sei auf ein kartesisches Koordinatensystem bezogen.

Eine Punktabbildung

$$\alpha\colon E^d \to E^d : X \mapsto X^{\alpha} : \boldsymbol{x} \mapsto \boldsymbol{x}^{\alpha} := \alpha(\boldsymbol{x}) := \boldsymbol{A}\boldsymbol{x} + \boldsymbol{a} \tag{7.11}$$

mit einer (d,d)-Matrix $\boldsymbol{A}$ und einer $(d,1)$-Matrix $\boldsymbol{a}$ heißt eine *affine Abbildung* des E^d in sich.

Als Beispiele kennen wir Spiegelungen an Geraden oder Ebenen sowie Drehungen.

Satz 1: *Eine affine Abbildung* (7.11) *ist eindeutig bestimmt, wenn von* $d+1$ *Punkten* $P_0,\ldots,P_d$ *in allgemeiner Lage die Bildpunkte* $P_0^\alpha,\ldots,P_d^\alpha$ *vorgegeben werden. Mit den Bezeichnungen* $\boldsymbol{u}_i := \boldsymbol{p}_i - \boldsymbol{p}_0$, $\boldsymbol{u}_i^\alpha := \boldsymbol{p}_i^\alpha - \boldsymbol{p}_0^\alpha$, $i=1,\ldots,d$, *gilt dann nämlich in* (7.11):

$$A = (\boldsymbol{u}_1^\alpha \ldots \boldsymbol{u}_d^\alpha)(\boldsymbol{u}_1 \ldots \boldsymbol{u}_d)^{-1}, \tag{7.12}$$

$$\boldsymbol{a} = \boldsymbol{p}_0^\alpha - A\boldsymbol{p}_0. \tag{7.13}$$

Beweis: Wegen (7.11) muss

$$\boldsymbol{p}_j^\alpha = A\boldsymbol{p}_j + \boldsymbol{a}, \quad j=0,\ldots,d \tag{7.14}$$

nach Voraussetzung gelten. Damit folgt

$$\boldsymbol{u}_i^\alpha := \boldsymbol{p}_i^\alpha - \boldsymbol{p}_0^\alpha = A\boldsymbol{p}_i^\alpha - A\boldsymbol{p}_0^\alpha = A\boldsymbol{u}_i, \quad i=1,\ldots,d,$$

d. h. zusammengefasst $(\boldsymbol{u}_1^\alpha \ldots \boldsymbol{u}_d^\alpha) = A(\boldsymbol{u}_1 \ldots \boldsymbol{u}_d)$.

Zu der Matrix $(\boldsymbol{u}_1 \ldots \boldsymbol{u}_d)$ existiert die inverse Matrix, wenn $\boldsymbol{u}_1,\ldots,\boldsymbol{u}_d$ linear unabhängig sind, d. h., wenn im Fall $d=2$ die Vektoren $\boldsymbol{p}_1 - \boldsymbol{p}_0$ und $\boldsymbol{p}_2 - \boldsymbol{p}_0$ linear unabhängig sind, also die Punkte P_0, P_1, P_2 nicht auf einer Geraden liegen.

Im Fall $d=3$ müssen hierzu die Vektoren $\boldsymbol{p}_3 - \boldsymbol{p}_0$, $\boldsymbol{p}_2 - \boldsymbol{p}_0$, $\boldsymbol{p}_1 - \boldsymbol{p}_0$ linear unabhängig sein, d. h. die Punkte $P_0,\ldots,P_3$ nicht in einer Ebene liegen.

Diese Sonderlagen haben wir durch die Voraussetzung „$d+1$ Punkten in allgemeiner Lage" verboten. Also existiert $(\boldsymbol{u}_1 \ldots \boldsymbol{u}_d)^{-1}$, und damit gilt (7.12) für A. Die zweite Gleichung (7.13) folgt aus (7.14) für $j=0$.

□

Aus (7.11) ist sofort der folgende Sachverhalt zu erkennen:

Satz 2: *Eine affine Abbildung* α *ist genau dann bijektiv* (*d. h. eine umkehrbar eindeutige Abbildung des* E^d *auf sich*), *wenn jede Gerade wieder auf eine Gerade* (*nicht etwa auf einen Punkt*) *abgebildet wird. Dies ist genau dann der Fall, wenn in* (7.11) $\det A \neq 0$ *gilt.*

Eine bijektive affine Abbildung wird auch *Affinität* genannt. Eine Affinität α hat folgende **Eigenschaften**:

(α1) Parallele Geraden werden auf parallele Geraden abgebildet, d. h., α ist *parallelentreu.*

(α2) Das Teilverhältnis dreier Punkte einer Geraden ist gleich dem Teilverhältnis der Bildpunkte, d. h., α ist *teilverhältnistreu.*

Eine affine Abbildung α, die jede Strecke auf eine Strecke gleicher Länge abbildet, d. h. für die

$$\overline{X^\alpha Y^\alpha} = \overline{XY} \quad \text{für alle} \quad X, Y, X^\alpha, Y^\alpha \in E^d \tag{7.15}$$

gilt, heißt *längentreue* oder *kongruente* Abbildung.

Satz 3: *Eine affine Abbildung* (7.11) *ist genau dann kongruent, wenn* $\boldsymbol{A}$ *eine orthonormale Matrix ist, also*

$$\boldsymbol{A}^{\mathrm{T}}\boldsymbol{A} = \boldsymbol{E} \tag{7.16}$$

gilt.

Beweis:

$$\begin{aligned}
(7.15) \text{ gilt} &\Leftrightarrow \| \boldsymbol{x}^\alpha - \boldsymbol{y}^\alpha \|^2 = \| \boldsymbol{x} - \boldsymbol{y} \|^2 \\
&\Leftrightarrow (\boldsymbol{x}-\boldsymbol{y})^{\mathrm{T}} \boldsymbol{A}^{\mathrm{T}} \boldsymbol{A}(\boldsymbol{x}-\boldsymbol{y}) = (\boldsymbol{x}-\boldsymbol{y})^{\mathrm{T}}(\boldsymbol{x}-\boldsymbol{y}) \\
&\Leftrightarrow (\boldsymbol{x}-\boldsymbol{y})^{\mathrm{T}}(\boldsymbol{A}^{\mathrm{T}}\boldsymbol{A}-\boldsymbol{E})(\boldsymbol{x}-\boldsymbol{y}) = 0.
\end{aligned}$$

Weil $\boldsymbol{A}^{\mathrm{T}}\boldsymbol{A}-\boldsymbol{E}$ symmetrisch ist, gilt die letzte Gleichung genau dann, wenn $\boldsymbol{A}^{\mathrm{T}}\boldsymbol{A} = \boldsymbol{E}$.

Dieser letzte Beweisschritt soll näher begründet werden.

Mit $\boldsymbol{M} = \boldsymbol{A}^{\mathrm{T}}\boldsymbol{A}-\boldsymbol{E}$ ist $\boldsymbol{M}^{\mathrm{T}} = (\boldsymbol{A}^{\mathrm{T}}\boldsymbol{A}-\boldsymbol{E})^{\mathrm{T}} = \boldsymbol{M}$. Nun gilt $0 = \boldsymbol{z}^{\mathrm{T}}\boldsymbol{M}\boldsymbol{z} = m_{11}z_1^2 + 2m_{12}z_1z_2 + \ldots + m_{dd}z_d^2$ für alle $\boldsymbol{z} \in \mathbb{R}^d \Leftrightarrow m_{ij} = 0$ für alle i, j. Also ist $\boldsymbol{M} = \boldsymbol{A}^{\mathrm{T}}\boldsymbol{A}-\boldsymbol{E} = \boldsymbol{O}$ und damit $\boldsymbol{A}^{\mathrm{T}}\boldsymbol{A} = \boldsymbol{E}$.

□

Bemerkung: Für eine orthonormale Matrix $\boldsymbol{A}$ folgt aus (7.16) mit Hilfe des Determinanten-Multiplikationssatzes $\det(\boldsymbol{A}^{\mathrm{T}}\boldsymbol{A}) = \det \boldsymbol{A}^{\mathrm{T}} \det \boldsymbol{A} = (\det \boldsymbol{A})^2 = \det \boldsymbol{E} = 1$, und damit stets $\det \boldsymbol{A} = 1$ oder $\det \boldsymbol{A} = -1$. Deshalb kann definiert werden:

Eine kongruente Abbildung (7.11) heißt *eigentlich* bzw. *uneigentlich*, wenn $\det \boldsymbol{A} = +1$ bzw. $\det \boldsymbol{A} = -1$ gilt. Wir wollen, wie es in der Ingenieurgeometrie vorteilhaft ist, die eigentlichen kongruenten Abbildungen kurz als *Bewegungen*, die uneigentlichen jedoch als *Umlegungen* bezeichnen.

Man bestätigt leicht, dass Translationen und Drehungen Beispiele für Bewegungen sind, während Spiegelungen an Geraden bzw. Ebenen Beispiele für Umlegungen sind.

Im Folgenden werden wir alle Bewegungen und Umlegungen kennen lernen. Hierzu wird der ebene und der räumliche Fall getrennt behandelt.

Zuvor werden kurz eine weitere affine Abbildung besprochen sowie Produkte von affinen Abbildungen als Handwerkszeug bereitgestellt.

7.2.2 Ähnlichkeit

Eine affine Abbildung

$$\beta\colon E^d \to E^d : \boldsymbol{x} \mapsto \boldsymbol{x}^\beta = \boldsymbol{B}\boldsymbol{x} + \boldsymbol{b} \tag{7.17}$$

heißt *ähnlich* oder eine *Ähnlichkeit*, wenn es eine positive reelle Zahl (*Ähnlichkeitsfaktor*) k gibt, so dass für alle Punkte X, Y und zugehörige Bildpunkte X^β, Y^β gilt:

$$\overline{X^\beta Y^\beta} = k\overline{XY}. \tag{7.18}$$

Satz 1: *Eine affine Abbildung* (7.17) *ist genau dann ähnlich, wenn* $k > 0$ *existiert, so dass* $(\frac{1}{k}\boldsymbol{B})$ *orthonormal ist, d. h.*

$$\boldsymbol{B}^\mathrm{T}\boldsymbol{B} = k^2\boldsymbol{E} \tag{7.19}$$

gilt.

Beweis:

$$\begin{aligned}
(7.18)\text{ gilt} &\Leftrightarrow \overline{X^\beta Y^\beta}^2 = \| \boldsymbol{x}^\beta - \boldsymbol{y}^\beta \|^2 = (\boldsymbol{x}^\beta - \boldsymbol{y}^\beta)^\mathrm{T}(\boldsymbol{x}^\beta - \boldsymbol{y}^\beta) = k^2\overline{XY}^2 = k^2(\boldsymbol{x}-\boldsymbol{y})^\mathrm{T}(\boldsymbol{x}-\boldsymbol{y})\\
&\Leftrightarrow (\boldsymbol{B}(\boldsymbol{x}-\boldsymbol{y})^\mathrm{T})(\boldsymbol{B}(\boldsymbol{x}-\boldsymbol{y})) = k^2(\boldsymbol{x}-\boldsymbol{y})^\mathrm{T}(\boldsymbol{x}-\boldsymbol{y})\\
&\Leftrightarrow (\boldsymbol{x}-\boldsymbol{y})^\mathrm{T}\boldsymbol{B}^\mathrm{T}\boldsymbol{B}(\boldsymbol{x}-\boldsymbol{y}) - k^2(\boldsymbol{x}-\boldsymbol{y})^\mathrm{T}(\boldsymbol{x}-\boldsymbol{y}) = 0 \qquad (7.20)\\
&\Leftrightarrow \text{(vgl. Beweis von (7.16))}\ \boldsymbol{B}^\mathrm{T}\boldsymbol{B} = k^2\boldsymbol{E}\\
&\Leftrightarrow \left(\tfrac{1}{k}\boldsymbol{B}\right)^\mathrm{T}\left(\tfrac{1}{k}\boldsymbol{B}\right) = \boldsymbol{E}.
\end{aligned}$$

□

Bemerkung. Jede kongruente Abbildung ist ähnlich, und zwar mit dem Ähnlichkeitsfaktor $k = 1$.

Satz 2: *Ähnliche Abbildungen sind winkeltreu.*

Beweis: Wir betrachten den Winkel $\varphi = \sphericalangle ASB$ und seinen Bildwinkel $\varphi^\beta = \sphericalangle A^\beta S^\beta B^\beta$ unter der ähnlichen Abbildung (7.17). Mit $\boldsymbol{s}_1 = \boldsymbol{a} - \boldsymbol{s}$, $\boldsymbol{s}_2 = \boldsymbol{b} - \boldsymbol{s}$ ist

$\boldsymbol{s}_1^\beta = \boldsymbol{a}^\beta - \boldsymbol{s}^\beta = \boldsymbol{B}(\boldsymbol{a}-\boldsymbol{s}) = \boldsymbol{B}\boldsymbol{s}_1$, $\boldsymbol{s}_2^\beta = \boldsymbol{b}^\beta - \boldsymbol{s}^\beta = \boldsymbol{B}(\boldsymbol{b}-\boldsymbol{s}) = \boldsymbol{B}\boldsymbol{s}_2$ und dann mit (7.20)

$$\cos\varphi^\beta = \frac{(\boldsymbol{s}_1^\beta)^\mathrm{T}\boldsymbol{s}_2^\beta}{\|\boldsymbol{s}_1^\beta\|\|\boldsymbol{s}_2^\beta\|} = \frac{(\boldsymbol{B}\boldsymbol{s}_1)^\mathrm{T}(\boldsymbol{B}\boldsymbol{s}_2)}{\|\boldsymbol{B}\boldsymbol{s}_1\|\|\boldsymbol{B}\boldsymbol{s}_2\|} = \frac{\boldsymbol{s}_1^\mathrm{T}\boldsymbol{B}^\mathrm{T}\boldsymbol{B}\boldsymbol{s}_2}{\sqrt{\boldsymbol{s}_1^\mathrm{T}\boldsymbol{B}^\mathrm{T}\boldsymbol{B}\boldsymbol{s}_1}\sqrt{\boldsymbol{s}_2\boldsymbol{B}^\mathrm{T}\boldsymbol{B}\boldsymbol{s}_2}} = \frac{k^2\boldsymbol{s}_1^\mathrm{T}\boldsymbol{s}_2}{k^2\sqrt{\boldsymbol{s}_1^\mathrm{T}\boldsymbol{s}_1}\sqrt{\boldsymbol{s}_2^\mathrm{T}\boldsymbol{s}_2}} = \frac{\boldsymbol{s}_1^\mathrm{T}\boldsymbol{s}_2}{\|\boldsymbol{s}_1\|\|\boldsymbol{s}_2\|} = \cos\varphi\,.$$

□

7.2.3 Produkte und Fixpunkte

Zu den affinen Abbildungen

$$\begin{aligned}
&\beta\colon E^d \to E^d : \boldsymbol{x} \mapsto \boldsymbol{x}^\beta = \boldsymbol{B}\boldsymbol{x} + \boldsymbol{b}, \qquad (7.21)\\
&\gamma\colon E^d \to E^d : \boldsymbol{x} \mapsto \boldsymbol{x}^\gamma = \boldsymbol{C}\boldsymbol{x} + \boldsymbol{c}
\end{aligned}$$

heißt die affine Abbildung $\alpha := \beta \cdot \gamma$ mit

$$\alpha\colon E^d \to E^d : \boldsymbol{x} \mapsto \boldsymbol{x}^\alpha = \boldsymbol{A}\boldsymbol{x} + \boldsymbol{a},$$

wobei

$$\boldsymbol{A} := \boldsymbol{C}\boldsymbol{B}, \quad \boldsymbol{a} := \boldsymbol{C}\boldsymbol{b} + \boldsymbol{c},$$

das *Produkt* (die *Hintereinanderausführung*) von β und γ in dieser Reihenfolge ist.

Bemerkungen:

1. Da die Matrizenmultiplikation nicht kommutativ ist, ist auch das Produkt $\alpha = \beta \cdot \gamma$ nicht kommutativ.
2. Die Produktabbildung α ist bijektiv, wenn seine Faktoren β und γ es sind.

Satz 1:

1) *Das Produkt ähnlicher Abbildungen ist wieder eine Ähnlichkeit.*

2) *Das Produkt kongruenter Abbildungen ist wieder kongruent.*

Beweis: Sind β und γ in (7.21) ähnlich, dann gibt es wegen (7.19) Zahlen $b, c > 0$ mit $\boldsymbol{B}^{\mathrm{T}}\boldsymbol{B} = b^2\boldsymbol{E}$ und $\boldsymbol{C}^{\mathrm{T}}\boldsymbol{C} = c^2\boldsymbol{E}$. Wegen

$$\boldsymbol{A}^{\mathrm{T}}\boldsymbol{A} = \boldsymbol{B}^{\mathrm{T}}\boldsymbol{C}^{\mathrm{T}}\boldsymbol{C}\boldsymbol{B} = b^2c^2\boldsymbol{E} = (bc)^2\boldsymbol{E}$$

gibt es eine Zahl $a = bc > 0$ mit $\boldsymbol{A}^{\mathrm{T}}\boldsymbol{A} = a^2\boldsymbol{E}$, woraus mit (7.19) die Behauptung folgt.
Als Folgerung erhält man sofort die Behauptung (b), denn mit $b = c = 1$ ergibt sich auch $a = 1$.

□

Ein Punkt $\boldsymbol{x}$ heißt *Fixpunkt* einer affinen Abbildung $\alpha\colon \boldsymbol{x} \mapsto \boldsymbol{x}^\alpha = \boldsymbol{A}\boldsymbol{x} + \boldsymbol{a}$, wenn er mit seinem Bildpunkt identisch ist, d. h. wenn

$$\boldsymbol{x} = \boldsymbol{A}\boldsymbol{x} + \boldsymbol{a}, \quad \text{d. h.} \quad (\boldsymbol{A} - \boldsymbol{E})\boldsymbol{x} = -\boldsymbol{a} \tag{7.22}$$

gilt.
Eine affine Abbildung der speziellen Gestalt

$$\alpha\colon E^d \to E^d : \boldsymbol{x} \mapsto \boldsymbol{x}^\alpha = \boldsymbol{A}\boldsymbol{x} \tag{7.23}$$

heißt *nullfix* oder *radial*, weil sie offenbar den Koordinatenursprung als Fixpunkt hat.

Satz 2: *Jede affine Abbildung ist das Produkt einer nullfixen Abbildung und einer Translation.*

Beweis: Es seien $\nu\colon \boldsymbol{x} \mapsto \boldsymbol{x}^\nu = \boldsymbol{V}\boldsymbol{x}$, $\tau\colon \boldsymbol{x} \mapsto \boldsymbol{x}^\tau = \boldsymbol{E}\boldsymbol{x} + \boldsymbol{t}$ eine nullfixe Abbildung ν bzw. eine Translation τ. Ihr Produkt $\alpha = \nu \cdot \tau$ ist nach (7.21) $\alpha\colon \boldsymbol{x} \mapsto \boldsymbol{x}^\alpha = \boldsymbol{A}\boldsymbol{x} + \boldsymbol{a}$ mit $\boldsymbol{A} = \boldsymbol{E}\boldsymbol{V} = \boldsymbol{V}$, $\boldsymbol{a} = \boldsymbol{E}\boldsymbol{o} + \boldsymbol{t} = \boldsymbol{t}$.

Ist nun α gegeben, dann sind durch $V := A$ und $t := a$ die Abbildungen ν und τ definiert mit $\alpha = \nu \cdot \tau$. Im Fall $a = o$ ist dabei die Translation τ speziell die Identität.

□

Satz 3: *Besitzt eine affine Abbildung der Ebene (bzw. des Raumes) mindestens* 3 *nicht kollineare Fixpunkte (bzw. mindestens* 4 *nicht in einer Ebene liegende), dann ist sie die Identität.*

Beweis: Eine affine Abbildung ist nach (7.12) und (7.13) eindeutig bestimmt, wenn von $d+1$ Punkten, die nicht kollinear liegen ($d = 2$) bzw. nicht in einer Ebene liegen ($d = 3$), die Bildpunkte vorgegeben werden. Diese Punkte seien Fixpunkte. Dann gilt in (7.12) und (7.13) $u_i = u_i^\alpha$ $(i = 0,\ldots,d)$ und damit $A = E$ und $a = o$.

□

7.3 Kongruente Abbildungen in der Ebene

7.3.1 Orthonormale zweireihige Matrizen

Wir betrachten in der Ebene die kongruente Abbildung

$$\alpha : E^2 \to E^2 : X \mapsto X^\alpha : x \mapsto x^\alpha = Ax + a \tag{7.24}$$

mit einer orthonormalen (2,2)-Matrix $A = \begin{pmatrix} a_{11} & a_{12} \\ a_{21} & a_{22} \end{pmatrix}$, für die also $A^{\mathrm{T}} A = E$ gilt, d. h. die Gleichungen

$$a_{11}^2 + a_{21}^2 = a_{12}^2 + a_{22}^2 = 1 \tag{7.25}$$

$$a_{11}a_{12} + a_{21}a_{22} = 0 \tag{7.26}$$

erfüllt sind. Wegen (7.25) und $\cos^2\varphi + \sin^2\varphi = 1$ (für beliebiges φ) gibt es einen Winkel φ, so dass $a_{11} = \cos\varphi$, $a_{21} = \sin\varphi$ gesetzt werden kann.

Im Fall $\det A = +1$,
d. h. $a_{11}a_{22} - a_{12}a_{21} = +1$, folgt nun mit (7.26) $a_{12} = -\sin\varphi$, $a_{22} = \cos\varphi$, also

$$A = \begin{pmatrix} \cos\varphi & -\sin\varphi \\ \sin\varphi & \cos\varphi \end{pmatrix}. \tag{7.27}$$

Im Fall $\det A = -1$,
d. h. $a_{11}a_{22} - a_{12}a_{21} = -1$, folgt mit (7.26) $a_{12} = \sin\varphi$, $a_{22} = -\cos\varphi$, also

$$A = \begin{pmatrix} \cos\varphi & \sin\varphi \\ \sin\varphi & -\cos\varphi \end{pmatrix}. \tag{7.28}$$

Um die Struktur dieser kongruenten Abbildung α zu erkennen, fragen wir nach ihren Fixpunkten, d. h. nach den Punkten der Ebene, die mit ihren Bildpunkten zusammenfallen, d. h. für die gilt

$$\boldsymbol{x} = \boldsymbol{A}\boldsymbol{x} + \boldsymbol{a} \quad \text{bzw.} \quad (\boldsymbol{A} - \boldsymbol{E})\boldsymbol{x} = -\boldsymbol{a}. \tag{7.29}$$

7.3.2 Bewegungen

Im Fall einer Bewegung α $(\det \boldsymbol{A} = 1)$ ist

$$(\boldsymbol{A} - \boldsymbol{E})\boldsymbol{x} = \begin{pmatrix} \cos\varphi - 1 & -\sin\varphi \\ \sin\varphi & \cos\varphi - 1 \end{pmatrix} \begin{pmatrix} x_1 \\ x_2 \end{pmatrix} = \begin{pmatrix} -a_1 \\ -a_2 \end{pmatrix}.$$

Die Koeffizientendeterminante dieses linearen Gleichungssystems lautet

$$\det(\boldsymbol{A} - \boldsymbol{E}) = (\cos\varphi - 1)^2 + \sin^2\varphi = 2(1 - \cos\varphi).$$

Im Fall $\cos\varphi \neq 1$ gibt es demnach eine eindeutige Lösung, also genau einen Fixpunkt

$$\boldsymbol{f} = (\boldsymbol{A} - \boldsymbol{E})^{-1}(-\boldsymbol{a}) = -(\boldsymbol{A} - \boldsymbol{E})^{-1}\boldsymbol{a}.$$

Mit (7.24) folgt

$$\boldsymbol{x}^\alpha - \boldsymbol{f} = \boldsymbol{A}\boldsymbol{x} + \boldsymbol{a} - \boldsymbol{f} = \boldsymbol{A}\boldsymbol{x} - (-\boldsymbol{a}) - \boldsymbol{f} = \boldsymbol{A}\boldsymbol{x} - (\boldsymbol{A} - \boldsymbol{E})\boldsymbol{f} - \boldsymbol{f} = \boldsymbol{A}(\boldsymbol{x} - \boldsymbol{f})$$

und mit (7.27)

$$\boldsymbol{x}^\alpha = \boldsymbol{f} + \begin{pmatrix} \cos\varphi & -\sin\varphi \\ \sin\varphi & \cos\varphi \end{pmatrix}(\boldsymbol{x} - \boldsymbol{f}). \tag{7.30}$$

Der Vergleich mit (1.15) zeigt, dass die Abbildung in diesem Fall eine Drehung um F durch den Winkel φ ist.

Im Fall $\cos\varphi = 1$ ist dann $\sin\varphi = 0$, und (7.24) lautet $\boldsymbol{x}^\alpha = \boldsymbol{x} + \boldsymbol{a}$, womit dann α für $\boldsymbol{a} = \boldsymbol{o}$ die identische Abbildung, aber für $\boldsymbol{a} \neq \boldsymbol{o}$ nach (7.1) eine Translation mit $\boldsymbol{a}$ als Translationsvektor darstellt.

Insgesamt haben wir damit bewiesen:

Satz: *Jede Bewegung* $\boldsymbol{x}^\alpha = \boldsymbol{A}\boldsymbol{x} + \boldsymbol{a}$, $\det \boldsymbol{A} = 1$, *der Ebene ist entweder eine Drehung* (7.30) *um einen festen Punkt F, eine Translation* $\boldsymbol{x}^\alpha = \boldsymbol{x} + \boldsymbol{a}$ *mit dem Translationsvektor* $\boldsymbol{a}$ *oder die Identität* $\boldsymbol{x}^\alpha = \boldsymbol{x}$.

7.3.3 Umlegungen

Im Fall einer Umlegung ($\det A = -1$) ergibt (7.29) mit (7.28) die Fixpunktgleichungen

$$(\boldsymbol{A}-\boldsymbol{E})x = \begin{pmatrix} \cos\varphi - 1 & \sin\varphi \\ \sin\varphi & -\cos\varphi - 1 \end{pmatrix}\begin{pmatrix} x_1 \\ x_2 \end{pmatrix} = \begin{pmatrix} -a_1 \\ -a_2 \end{pmatrix}. \tag{7.31}$$

Die Koeffizientendeterminante dieses linearen Gleichungssystems lautet

$$\det(\boldsymbol{A}-\boldsymbol{E}) = (\cos\varphi - 1)(-\cos\varphi - 1) - \sin^2\varphi = -\cos^2\varphi - \sin^2\varphi + 1 = 0.$$

Es gibt also keinen eindeutig bestimmten Fixpunkt bei einer Umlegung.

Weil $\mathrm{Rang}(\boldsymbol{A}-\boldsymbol{E}) = 1$ gilt, muss die Lösungsmenge eindimensional sein.

Im Fall $\cos\varphi \neq 1$ beschreibt die erste Gleichung von (7.31), nämlich

$$(\cos\varphi - 1)\,x_1 + \sin\varphi\, x_2 + a_1 = 0,$$

die Fixpunkt-Menge, andernfalls die zweite Gleichung von (7.31): $-2x_2 + a_2 = 0$. Die Fixpunkte liegen also auf einer Geraden.

Es bleibt zu klären, wann diese Gerade punktweise fest bleibt – also eine *Fixpunktgerade* ist – oder nur auf sich selbst abgebildet wird und dann eine *Fixgerade* heißt. Mit (7.24) und (7.28) hat jede Umlegung die Darstellung

$$\boldsymbol{x}^{\alpha} = \boldsymbol{A}\boldsymbol{x} + \boldsymbol{a} = \begin{pmatrix} \cos\varphi & \sin\varphi \\ \sin\varphi & -\cos\varphi \end{pmatrix}\boldsymbol{x} + \begin{pmatrix} a_1 \\ a_2 \end{pmatrix}.$$

Der Vergleich mit (7.4) zeigt, dass dies eine Spiegelung oder das Produkt einer Spiegelung und einer Translation längs der Spiegelgeraden, eine so genannte *Gleitspiegelung*, darstellt, für die angesetzt werden kann:

$$\boldsymbol{A} = \boldsymbol{S} \quad \text{und} \quad \boldsymbol{a} = \boldsymbol{s} + \boldsymbol{t}.$$

Wegen $\boldsymbol{A} = \boldsymbol{S}$ besitzt die Spiegelgerade g den Richtungsvektor $\boldsymbol{v} = \left(\cos\frac{\varphi}{2}, \sin\frac{\varphi}{2}\right)^{\mathrm{T}}$.

Mit dem Ansatz $\boldsymbol{a} = \boldsymbol{s} + \boldsymbol{t} = 2\delta\boldsymbol{v}^{\perp} + t\boldsymbol{v}$ ergibt sich

$$\delta = \tfrac{1}{2}\boldsymbol{a}^{\mathrm{T}}\boldsymbol{v}^{\perp} = \tfrac{1}{2}(-a_1\sin\tfrac{\varphi}{2} + a_2\cos\tfrac{\varphi}{2}) \tag{7.32}$$

für den Abstand von g zum Ursprung. Für den Schubvektor $\boldsymbol{t} = t\boldsymbol{v}$ ergibt sich

$$t = a_1\cos\tfrac{\varphi}{2} + a_2\sin\tfrac{\varphi}{2}. \tag{7.33}$$

Genau im Fall $t = a_1\cos\frac{\varphi}{2} + a_2\sin\frac{\varphi}{2} = 0$ liegt eine (reine) Spiegelung an g vor. Deshalb gilt folgender Satz.

Satz: *Jede Umlegung ist eine Spiegelung an einer Geraden oder eine Gleitspiegelung.*

Zusammenfassend ergibt sich folgende Klassifikation der kongruenten Abbildungen der Ebene:

	mind. 3 nichtkollineare Fixpunkte	genau 1 Fixpunktgerade	genau 1 Fixpunkt	0 Fixpunkte
Bewegungen	Identität	—	Drehung	Translation (unendlich viele Fixgeraden)
Umlegungen	—	Geradenspiegelung	—	Gleitspiegelung (genau eine Fixgerade)

7.4 Kongruente Abbildungen im Raum

Wir betrachten im Raum die kongruente Abbildung

$$\alpha: E^3 \to E^3 : X \mapsto X^\alpha : \boldsymbol{x} \mapsto \boldsymbol{x}^\alpha = \boldsymbol{A}\boldsymbol{x} + \boldsymbol{a} \tag{7.34}$$

mit einer orthonormalen (3,3)-Matrix $\boldsymbol{A} = \begin{pmatrix} a_{11} & a_{12} & a_{13} \\ a_{21} & a_{22} & a_{23} \\ a_{31} & a_{32} & a_{33} \end{pmatrix}$, für die (vgl. 7.2.1)

$$\boldsymbol{A}^{\mathrm{T}}\boldsymbol{A} = \boldsymbol{E} \quad \text{und} \quad \det \boldsymbol{A} = \pm 1 \tag{7.35}$$

gilt.
Für einen Fixpunkt X muss gelten

$$(\boldsymbol{A} - \boldsymbol{E})\boldsymbol{x} = -\boldsymbol{a}. \tag{7.36}$$

7.4.1 Bewegungen

Es sei α speziell eine Bewegung, also $\det \boldsymbol{A} = 1$ in (7.34).
Wir zeigen zuerst, dass

$$\mathrm{Rang}(\boldsymbol{A} - \boldsymbol{E}) < 3 \tag{7.37}$$

gilt, und somit nicht genau 1 Fixpunkt vorkommen wird. Es ist nämlich

$$\boldsymbol{A}^{\mathrm{T}}(\boldsymbol{A} - \boldsymbol{E}) = \boldsymbol{A}^{\mathrm{T}}\boldsymbol{A} - \boldsymbol{A}^{\mathrm{T}} = \boldsymbol{E} - \boldsymbol{A}^{\mathrm{T}}, \tag{7.38}$$

so dass mit dem Determinanten-Multiplikationssatz und $\det \boldsymbol{A} = \det \boldsymbol{A}^{\mathrm{T}} = 1$ folgt

$$\begin{aligned}\det(\boldsymbol{A}-\boldsymbol{E}) &= \det(\boldsymbol{A}-\boldsymbol{E})\det \boldsymbol{A}^{\mathrm{T}} = \det(\boldsymbol{E}-\boldsymbol{A}^{\mathrm{T}}) = \det((\boldsymbol{E}-\boldsymbol{A}^{\mathrm{T}})^{\mathrm{T}})\\ &= \det(\boldsymbol{E}-\boldsymbol{A}) = \det(-(\boldsymbol{A}-\boldsymbol{E})) = -\det(\boldsymbol{A}-\boldsymbol{E}).\end{aligned}$$

Deshalb ist

$$\det(\boldsymbol{A}-\boldsymbol{E}) = 0,$$

woraus sich (7.37) ergibt.

Satz 1: *Eine nullfixe Bewegung ist eine Drehung um eine Gerade (Fixpunktgerade) durch den Nullpunkt.*

B e w e i s : Die Fixpunkte einer nullfixen Abbildung ν müssen

$$(\boldsymbol{A}-\boldsymbol{E})\boldsymbol{x} = \boldsymbol{o} \tag{7.39}$$

erfüllen.

Fall 1: Bei $\mathrm{Rang}(\boldsymbol{A}-\boldsymbol{E}) = 0$ gilt $\boldsymbol{A} = \boldsymbol{E}$, d. h., die vorausgesetzte nullfixe Abbildung ν wird dann durch

$$\boldsymbol{x}^{\nu} = \boldsymbol{E}\boldsymbol{x} = \boldsymbol{x} \tag{7.40}$$

beschrieben, ist also die Identität.

Fall 2: Bei $\mathrm{Rang}(\boldsymbol{A}-\boldsymbol{E}) = 1$ hat (7.39) eine Lösungsmenge von Fixpunkten der Gestalt

$$\boldsymbol{x} = \lambda \boldsymbol{v} + \mu \boldsymbol{w}, \qquad -\infty < \lambda, \mu < \infty,$$

die eine Fixpunktebene Φ beschreibt. Es seien $X \notin \Phi$ und $F = (X \perp \Phi) \cap \Phi$.

Wegen der Winkel- und Längentreue jeder kongruenten Abbildung ist dann $X^{\nu}F \perp \Phi$ und $\overline{XF} = \overline{X^{\nu}F}$, also die nullfixe Abbildung eine Spiegelung an Φ und folglich keine Bewegung.

Fall 3: Dieses homogene Gleichungssystem hat im Fall $\mathrm{Rang}(\boldsymbol{A}-\boldsymbol{E}) = 2$ eine eindimensionale Lösungsmenge der Gestalt

$$\boldsymbol{x} = \lambda \boldsymbol{v}, \quad -\infty < \lambda < \infty, \tag{7.41}$$

für einen bestimmten Vektor $\boldsymbol{v}$ mit $\|\boldsymbol{v}\| = 1$, die eine Fixpunktgerade g mit dem Richtungsvektor $\boldsymbol{v}$ beschreibt. Wir betrachten zwei beliebige, verschiedene Ebenen Σ_1 und Σ_2, die g in den Fixpunkten F_1 und F_2 senkrecht schneiden.

Sei $X_1 \in \Sigma_1$ $(X_1 \neq F_1)$. Wegen $F_1 = F_1^{\nu}$, $F_2 = F_2^{\nu}$ und der Winkeltreue gilt $\sphericalangle X_1F_1F_2 = \sphericalangle X_1^{\nu}F_1F_2$, also $X_1^{\nu} \in \Sigma_1$ $(X_1^{\nu} \neq X_1)$. Die Bewegung ν bildet Σ_1 auf sich ab, wobei genau nur F_1 Fixpunkt ist. Nach der Klassifikation in 7.3.3 ist die Einschränkung von ν auf Σ_1 deshalb eine Drehung durch einen Winkel φ_1. Analog ist die Einschränkung von ν auf Σ_2 eine Drehung durch einen Winkel φ_2. Um ν als Drehung des Raumes um g durch φ zu erkennen, muss noch $\varphi_1 = \varphi_2 =: \varphi$ gezeigt werden.

Es sei $X_2 := (X_1 \parallel g) \cap \Sigma_2$, dann ist wegen der Längentreue von ν

$$\overline{X_1F_1} = \overline{X_2F_2} = \overline{X_1^\nu F_1} = \overline{X_2^\nu F_2}$$
$$\overline{X_1X_2} = \overline{X_1^\nu X_2^\nu}$$

und wegen $\Sigma_1 \parallel \Sigma_2$ schließlich $\overline{X_1X_1^\nu} = \overline{X_2X_2^\nu}$. Deshalb gilt $\Delta X_1F_1X_1^\nu \cong \Delta X_2F_2X_2^\nu$ und damit $\varphi_1 = \varphi_2$.

□

Aus dem soeben bewiesenen Sachverhalt folgt unter Beachtung von Satz 2 aus 7.2.3, dass eine beliebige Bewegung des Raumes das Produkt $\alpha = \nu \cdot \tau$ einer Drehung ν und einer Translation τ ist, wobei (unter Verwendung von (7.10))

$$\nu\colon\ \boldsymbol{x}^\nu = \boldsymbol{D}\boldsymbol{x} \quad \text{mit} \quad \boldsymbol{D} = (1-\cos\varphi)\boldsymbol{v}\boldsymbol{v}^\mathrm{T} + \cos\varphi\,\boldsymbol{E} + \sin\varphi\,\boldsymbol{V} \tag{7.42}$$
$$\tau\colon\ \boldsymbol{x}^\tau = \boldsymbol{E}\boldsymbol{x} + \boldsymbol{t}\,.$$

Sei α nun eine nicht nullfixe Bewegung, d. h. $\boldsymbol{t} \neq \boldsymbol{o}$. Mit $\boldsymbol{t} =: \boldsymbol{n} + \beta\boldsymbol{v}$, $\beta = \boldsymbol{t}^\mathrm{T}\boldsymbol{v}$ zerlegen wir $\boldsymbol{t}$ in eine zum Richtungsvektor $\boldsymbol{v}$ der Drehachse orthogonale Komponente $\boldsymbol{n}$ und eine zu $\boldsymbol{v}$ parallele Komponente $\beta\boldsymbol{v}$. Dann ist

$$\alpha\colon\ \boldsymbol{x}^\alpha = \boldsymbol{D}\boldsymbol{x} + \boldsymbol{n} + \beta\boldsymbol{v} \quad \text{mit}$$
$$\boldsymbol{n}^\mathrm{T}\boldsymbol{v} = 0, \tag{7.43}$$
$$\boldsymbol{D}\boldsymbol{v} = \boldsymbol{v}. \tag{7.44}$$

Fixpunkte X der Abbildung $\delta\colon\ \boldsymbol{x}^\delta = \boldsymbol{D}\boldsymbol{x} + \boldsymbol{n}$ müssen das inhomogene Gleichungssystem

$$(\boldsymbol{D} - \boldsymbol{E})\boldsymbol{x} = -\boldsymbol{n}$$

erfüllen.

Wegen $\operatorname{Rang}(\boldsymbol{D} - \boldsymbol{E}) = \operatorname{Rang}(\boldsymbol{D} - \boldsymbol{E}, \boldsymbol{n}) = 2$ ist dieses lösbar mit $\boldsymbol{x} = \boldsymbol{p} + \lambda\boldsymbol{v}$, d. h., es gilt

$$(\boldsymbol{D} - \boldsymbol{E})\boldsymbol{p} = -\boldsymbol{n} \quad \text{bzw.} \quad -\boldsymbol{D}\boldsymbol{p} + \boldsymbol{p} = \boldsymbol{n}. \tag{7.45}$$

Einsetzen in (7.43) liefert

$$\alpha\colon\ \boldsymbol{x}^\alpha = \boldsymbol{x}^\delta + \beta\boldsymbol{v} \quad \text{mit} \quad \boldsymbol{x}^\delta = \boldsymbol{D}\boldsymbol{x} - \boldsymbol{D}\boldsymbol{p} + \boldsymbol{p} = \boldsymbol{p} + \boldsymbol{D}(\boldsymbol{x} - \boldsymbol{p}), \text{ d. h } \alpha = \delta \cdot \tau_1\,.$$

Die Bewegung ist bei $\operatorname{Rang}(\boldsymbol{D} - \boldsymbol{E}) = 2$ demnach das Produkt einer Drehung δ um die Gerade durch $P\colon \boldsymbol{p}$ mit dem Richtungsvektor $\boldsymbol{v}$ und einer Translation $\tau_1\colon\ \boldsymbol{x}^{\tau_1} = \boldsymbol{x} + \beta\boldsymbol{v}$ längs dieser Geraden, also für $\beta = 0$ eine Drehung, für $\beta \neq 0$ eine Schraubung.

Damit haben wir bewiesen

Satz 2: *Eine Bewegung im Raum ist entweder eine Translation (speziell Identität) mit* $\text{Rang}(\boldsymbol{A}-\boldsymbol{E})=0$ *oder eine Schraubung (speziell Drehung) mit* $\text{Rang}(\boldsymbol{A}-\boldsymbol{E})=2$.

7.4.2 Umlegungen

Es sei

$$\alpha\colon \boldsymbol{x}^{\alpha}=\boldsymbol{A}\boldsymbol{x}+\boldsymbol{a},\ \det\boldsymbol{A}=-1, \tag{7.46}$$

eine Umlegung. Im Fall $\text{Rang}(\boldsymbol{A}-\boldsymbol{E})=0$ ist die zugehörige nullfixe Abbildung ν nach (7.40) die Identität. Wegen $\alpha=\nu\cdot\tau=\tau$ ist α dann eine Translation, also eine Bewegung. Im Fall $\text{Rang}(\boldsymbol{A}-\boldsymbol{E})=2$ liegt nach Satz 2 in 7.4.1 ebenfalls eine Bewegung (Drehung oder Schraubung) vor. Für eine Umlegung haben wir somit die Fälle $\text{Rang}(\boldsymbol{A}-\boldsymbol{E})\in\{1,3\}$ zu untersuchen.

Fall 1: $\text{Rang}(\boldsymbol{A}-\boldsymbol{E})=3$.
Die Fixpunktaufgabe (7.36) besitzt dann genau eine Lösung, den Fixpunkt

$$F\colon \boldsymbol{f}=-(\boldsymbol{A}-\boldsymbol{E})^{-1}\boldsymbol{a}. \tag{7.47}$$

Durch Betrachtung der nullfixen Abbildung

$$\nu\colon \boldsymbol{x}^{\nu}=-\boldsymbol{A}\boldsymbol{x}, \tag{7.48}$$

die wegen $\det(-\boldsymbol{A})=-\det\boldsymbol{A}=1$ eine Bewegung ist, kann weiter klassifiziert werden: Wegen 7.4.1, Satz 2, ist $\text{Rang}(\boldsymbol{A}+\boldsymbol{E})=\text{Rang}(-\boldsymbol{A}-\boldsymbol{E})\in\{0,2\}$.

Fall 1.1: $\text{Rang}(\boldsymbol{A}+\boldsymbol{E})=0$.
Dann gilt $\boldsymbol{A}=-\boldsymbol{E}$ und damit

$$\alpha\colon \boldsymbol{x}^{\alpha}=-\boldsymbol{x}+\boldsymbol{a},\quad \boldsymbol{f}=\tfrac{1}{2}\boldsymbol{a},$$

woraus folgt

$$\boldsymbol{x}^{\alpha}-\boldsymbol{f}=-\boldsymbol{x}+\boldsymbol{a}-\boldsymbol{f}=-(\boldsymbol{x}-\boldsymbol{f}).$$

Man erkennt, daß α eine *Punktspiegelung* an F ist.

Fall 1.2: $\text{Rang}(\boldsymbol{A}+\boldsymbol{E})=2$.
Dann besitzt die nullfixe Bewegung (7.48) genau eine Fixpunktgerade

$$g\colon \boldsymbol{x}=\lambda\boldsymbol{n},\ \|\boldsymbol{n}\|=1,$$

deren Normalebene Σ durch F die Gleichung hat:

$$\boldsymbol{n}^{\mathrm{T}}(\boldsymbol{x}-\boldsymbol{f})=0.$$

Wegen der Klassifikation in 7.3.3 ist die Einschränkung von α auf Σ eine Drehung um $F\in\Sigma$.

Es seien jetzt X ein beliebiger Punkt und Q der Schnittpunkt der g-parallelen Geraden durch X mit Σ, dann gilt

$$\boldsymbol{x}=\boldsymbol{q}+\lambda\boldsymbol{n},$$

und mit (7.34) und (7.48) folgt

$$\boldsymbol{x}^{\alpha}=\boldsymbol{A}(\boldsymbol{q}+\lambda\boldsymbol{n})+\boldsymbol{a}=\boldsymbol{A}\boldsymbol{q}+\boldsymbol{a}+\lambda\boldsymbol{A}\boldsymbol{n}=\boldsymbol{q}^{\alpha}-\lambda\boldsymbol{n}. \tag{7.49}$$

Man erkennt, dass α das Produkt einer Drehung um g und einer Spiegelung an Σ ist, d. h. eine *Drehspiegelung* an Σ.

Fall 2: $\mathrm{Rang}(\boldsymbol{A}-\boldsymbol{E})=1$.
Nach 7.4.1, Satz 1, Beweisfall 2, besitzt

$$\nu:\ \boldsymbol{x}^{\nu}=\boldsymbol{A}\boldsymbol{x} \tag{7.50}$$

eine Fixpunktebene

$$\Phi:\ \boldsymbol{x}=\lambda\boldsymbol{v}+\mu\boldsymbol{w},\quad -\infty<\lambda,\mu<\infty,$$

von der

$$\boldsymbol{n}=\boldsymbol{v}\times\boldsymbol{w} \tag{7.51}$$

ein Normalenvektor ist.

Nach Satz 2 aus 7.2.3 ist nun die Umlegung α (7.46) das Produkt von ν mit der Translation

$$\tau:\ \boldsymbol{x}^{\tau}=\boldsymbol{x}+\boldsymbol{a},\ \text{ d. h.}$$

$$\alpha:\ \boldsymbol{x}^{\alpha}=\boldsymbol{x}^{\nu}+\boldsymbol{a}=\boldsymbol{A}\boldsymbol{x}+\boldsymbol{a}. \tag{7.52}$$

Wenn $\boldsymbol{n}\times\boldsymbol{a}=\boldsymbol{o}$ gilt, dann gibt es eine Zahl a mit

$$\boldsymbol{a}=a\boldsymbol{n}. \tag{7.53}$$

Wenn $\boldsymbol{n}\times\boldsymbol{a}=:\boldsymbol{s}\neq\boldsymbol{o}$ gilt, dann gibt es das orthogonale Dreibein $\boldsymbol{n}, \boldsymbol{s}, \boldsymbol{n}\times\boldsymbol{s}$, und wegen $\boldsymbol{a}^{\mathrm{T}}\boldsymbol{s}=0$ gibt es Zahlen a, b mit

$$\boldsymbol{a}=a\boldsymbol{n}+b(\boldsymbol{n}\times\boldsymbol{s}). \tag{7.54}$$

Dies liefert mit (7.52) in beiden Fällen (7.53) und (7.54)

$$\alpha:\ \boldsymbol{x}^{\alpha}=\boldsymbol{A}\boldsymbol{x}+a\boldsymbol{n}+b(\boldsymbol{n}\times\boldsymbol{s}).$$

Wir erkennen daraus die Produktdarstellung $\alpha = \sigma \cdot \tau_1$ mit

$$\begin{aligned} \sigma&: \boldsymbol{x}^{\sigma} = A\boldsymbol{x} + a\boldsymbol{n}, \\ \tau_1&: \boldsymbol{x}^{\tau_1} = \boldsymbol{x} + b(\boldsymbol{n} \times \boldsymbol{s}). \end{aligned} \tag{7.55}$$

τ_1 ist bei $b \neq 0$ eine zu Φ parallele Translation mit dem Translationsvektor $\boldsymbol{n} \times \boldsymbol{s}$, sonst die Identität. Wir wollen nun zeigen, dass σ eine Spiegelung an der Ebene $\Sigma_{F,\boldsymbol{n}}$ ist, wobei $\boldsymbol{f} = \frac{a}{2}\boldsymbol{n}$ gilt.

Eine Umlegung ν bildet das Rechtssystem $\boldsymbol{n}$, $\boldsymbol{s}$, $\boldsymbol{n} \times \boldsymbol{s}$ auf ein Linkssystem ab. Dabei sind $\boldsymbol{s}$ und $\boldsymbol{n} \times \boldsymbol{s}$ Fixvektoren, also gilt bei ν:

$$A\boldsymbol{n} = -\boldsymbol{n}. \tag{7.56}$$

Weiter ist wegen $0^{\sigma}: \boldsymbol{o}^{\sigma} = a\boldsymbol{n}$ dann $\boldsymbol{f} = \frac{a}{2}\boldsymbol{n}$ der Mittelpunkt der Strecke 00^{σ}. Jeder Punkt der Ebene

$$\Phi': \boldsymbol{x} = \boldsymbol{f} + \lambda \boldsymbol{v} + \mu \boldsymbol{w}$$

ist Fixpunkt von σ, denn mit (7.50) und (7.56) gilt

$$\begin{aligned} \boldsymbol{x}^{\sigma} &= A\boldsymbol{x} + a\boldsymbol{n} = A(\boldsymbol{f} + \lambda \boldsymbol{v} + \mu \boldsymbol{w}) + a\boldsymbol{n} = A(\tfrac{a}{2}\boldsymbol{n}) + A(\lambda \boldsymbol{v}) + A(\mu \boldsymbol{w}) + a\boldsymbol{n} \\ &= -\tfrac{a}{2}\boldsymbol{n} + a\boldsymbol{n} + \lambda \boldsymbol{v} + \mu \boldsymbol{w} \\ &= \boldsymbol{f} + \lambda \boldsymbol{v} + \mu \boldsymbol{w} \\ &= \boldsymbol{x}. \end{aligned}$$

Es seien jetzt X ein beliebiger Punkt, X^{σ} sein Bildpunkt bei σ und Q der Fußpunkt des Lotes durch X in Φ'. Dann gilt

$$\begin{aligned} \boldsymbol{x} &= \boldsymbol{q} + \lambda \boldsymbol{n} \\ \boldsymbol{x}^{\sigma} &= A(\boldsymbol{q} + \lambda \boldsymbol{n}) + a\boldsymbol{n} = A\boldsymbol{q} + A(\lambda \boldsymbol{n}) + a\boldsymbol{n} \\ &= \boldsymbol{q} - a\boldsymbol{n} - \lambda \boldsymbol{n} + a\boldsymbol{n} \\ &= \boldsymbol{q} - \lambda \boldsymbol{n}, \end{aligned}$$

also

$$\boldsymbol{x} - \boldsymbol{q} = \lambda \boldsymbol{n} \quad \text{und} \quad \boldsymbol{x}^{\sigma} - \boldsymbol{q} = -\lambda \boldsymbol{n},$$

was zeigt, dass σ eine Spiegelung an Φ' ist. Damit gilt

Satz: *Eine Umlegung des Raumes ist bei* $\text{Rang}(A - E) = 3$ *eine Punktspiegelung oder eine Drehspiegelung oder bei* $\text{Rang}(A - E) = 1$ *eine Gleitspiegelung (speziell Spiegelung an einer Ebene).*

7.4.3 Klassifikation

Die folgende Tabelle fasst die Klassifikation der kongruenten Abbildungen $\boldsymbol{x}^{\alpha} = \boldsymbol{A}\boldsymbol{x} + \boldsymbol{a}$ des Raumes zusammen.

Rang$(\boldsymbol{A}-\boldsymbol{E})$	3	2	1	0
Bewegung ($\det \boldsymbol{A} = 1$)	—	Schraubung, speziell Drehung um eine Gerade	—	Translation, speziell Identität
Umlegung ($\det \boldsymbol{A} = -1$)	Drehspiegelung bei Rang$(\boldsymbol{A}+\boldsymbol{E}) = 2$, Punktspiegelung bei Rang$(\boldsymbol{A}+\boldsymbol{E}) = 0$	—	Gleitspiegelung, speziell Ebenenspiegelung	—

Aufgaben

7.1 Berechnen Sie die Matrixdarstellung

a) der Geradenspiegelung an $g\colon \boldsymbol{x} = \begin{pmatrix}1\\0\end{pmatrix} + \lambda\begin{pmatrix}4\\3\end{pmatrix}$,

b) der Ebenenspiegelung an $\Sigma\colon 9 - x_1 - x_2 + 2x_3 = 0$!

7.2 Beweisen Sie, dass jede Spiegelungsmatrix $\boldsymbol{S}$ orthonormal ist und dass $\boldsymbol{S}^2 = \boldsymbol{E}$ gilt.

7.3 Eine affine Abbildung $\alpha\colon E^2 \to E^2\colon X \mapsto X^{\alpha}\colon \boldsymbol{x}^{\alpha} = \boldsymbol{A}\boldsymbol{x}$ mit dem Fixpunkt O heißt

(1) *EULER-Affinität*, wenn sie zwei verschiedene reelle Eigenwerte,

(2) *Streckscherung*, wenn sie einen (doppelt zählenden) Eigenwert,

(3) *Affindrehung*, wenn sie keinen reellen Eigenwert besitzt.

a) Zu welchem Typ gehört die durch $A_1 = \begin{pmatrix}1 & 1\\2 & 0\end{pmatrix}$ bzw. $A_2 = \begin{pmatrix}1 & -1\\1 & 1\end{pmatrix}$ bzw. $A_3 = \begin{pmatrix}3 & 2\\-2 & 7\end{pmatrix}$ festgelegte affine Abbildung?

b) Welche Fixpunktmengen treten bei den oben genannten Typen von Affinitäten auf?

7.4 Beweisen Sie, dass eine affine Abbildung der Ebene, die nicht die Identität ist, entweder genau einen Fixpunkt, eine Fixpunktgerade oder keinen Fixpunkt besitzt!

7.5 Von einer affinen Abbildung α: $\boldsymbol{x}^\alpha = \boldsymbol{A}\boldsymbol{x} + \boldsymbol{a}$ der Ebene ist bekannt, dass sie die Punkte $P_0 = (1,0)$, $P_1 = (4,1)$ und $P_2 = (\lambda,1)$ auf $P_0^\alpha = (2,1)$, $P_1^\alpha = (5,-2)$ und $P_2^\alpha = (1,\mu)$ abbildet, wobei $\lambda, \mu \in \mathbb{R}$ freie Parameter sind.

Man bestimme λ, μ derart, dass die affine Abbildung α

a) genau einen Fixpunkt,

b) eine Fixpunktgerade,

c) keinen Fixpunkt besitzt.

7.6 Beweisen Sie:
Jede kongruente Abbildung in der Ebene ist das Produkt von zwei oder drei Geradenspiegelungen.

7.7 Beweisen Sie:

a) Die ähnlichen Abbildungen des E^d auf sich bilden mit der Hintereinanderausführung (Produkt) als innerer Verknüpfung eine Gruppe $\mathbb{G}_H$, die als Hauptgruppe bezeichnet wird.

b) Die kongruenten Abbildungen des E^d sind eine Untergruppe von $\mathbb{G}_H$.

7.8 Wie ändert sich die Darstellung einer affinen Abbildung des E^d in sich bei einem Wechsel des Koordinatensystems?

8 Grundbegriffe der projektiven Geometrie

Der Wunsch, die ideellen geometrischen Objekte, wie Fernpunkte und Ferngeraden aus dem Abschnitt 5.1, auch rechnerisch behandeln zu können, wird in diesem Kapitel erfüllt. Hierzu erklären wir zuerst homogene Koordinaten für eigentliche und uneigentliche Punkte des d-dimensionalen affinen Raumes. Aus den Eigenschaften dieser Koordinaten erkennt man, wie ein allgemeiner projektiver Raum zu definieren ist.

Am Spezialfall der projektiven Ebene machen wir uns mit den neuen Begriffen vertraut, bevor dann projektive Abbildungen studiert werden. Als instruktive Anwendungsbeispiele dienen die Rekonstruktion ebener Figuren und Beziehungen an Kegelschnitten.

Mit einem Blick auf die analytische Behandlung des 3-dimensionalen projektiven Raumes und das Rechnen mit Geradenkoordinaten endet das Kapitel.

8.1 Vom projektiv erweiterten Raum zum projektiven Raum

8.1.1 Homogene Punkt- und Hyperebenenkoordinaten

Bekanntlich wird ein Punkt X des d-dimensionalen Punktraumes E^d nach der Festlegung eines (kartesischen) Koordinatensystems durch einen Koordinatenvektor $\boldsymbol{\xi} = (\xi_1, \dots, \xi_d)^{\mathrm{T}} \in \mathbb{R}^d$ dargestellt. Wir definieren mit diesen kartesischen Koordinaten ξ_i $(i = 1, \dots, d)$ von X und einer beliebigen reellen Zahl $x_0 \neq 0$ so genannte *homogene Koordinaten*

$$x_i := x_0 \xi_i \quad (i = 1, \dots, d) \tag{8.1}$$

von $X \in E^d$, die zu dem *homogenen Koordinatenvektor*

$$\underset{\sim}{x} = (x_0, x_1, \dots, x_d)^{\mathrm{T}} \in \mathbb{R}^{d+1}, \quad \underset{\sim}{x} \neq \underset{\sim}{o} \ (\underset{\sim}{o} \text{ Nullvektor des } \mathbb{R}^{d+1}),$$

zusammengefasst werden.

Wählt man an Stelle von x_0 die Zahl ρx_0 $(\rho \neq 0)$, so erhält man mit (8.1) an Stelle von $\underset{\sim}{x}$ den homogenen Koordinatenvektor $\rho \underset{\sim}{x}$; also sind homogene Koordinaten eines Punktes nur bis auf einen gemeinsamen Faktor $(\neq 0)$ festgelegt. Umgekehrt entspricht einem $(d+1)$-Tupel $\underset{\sim}{x}$ mit $x_0 \neq 0$ wegen $\xi_i = x_i / x_0$ jedoch genau ein d-Tupel $\boldsymbol{\xi}$.

Eine lineare Gleichung der Form

$$H: h_0 + h_1 \xi_1 + \dots + h_d \xi_d = 0 \tag{8.2}$$

definiert eine *Hyperebene* H des E^d als Menge aller Punkte X: $\underset{\sim}{\xi}$ des E^d, die dieser Gleichung genügen.

Beispiel:
Eine Hyperebene in der Ebene E^2 (bzw. im Raum E^3) ist eine Gerade (bzw. Ebene) mit der Gleichung $h_0 + h_1\xi_1 + h_2\xi_2 = 0$ (bzw. $h_0 + h_1\xi_1 + h_2\xi_2 + h_3\xi_3 = 0$).

□

Eine Hyperebene (8.2) ist durch $d+1$ homogene Koordinaten h_i $(i = 0,\dots,d)$ festgelegt, die zum homogenen Koordinatenvektor

$$\underset{\sim}{h} = (h_0, h_1, \dots, h_d)^{\mathrm{T}} \in \mathbb{R}^{d+1}, \quad \underset{\sim}{h} \neq \underset{\sim}{o},$$

zusammengefasst werden.

Diese Koordinaten sind tatsächlich homogen, denn die Gleichung (8.2) kann mit einer Zahl $\rho \neq 0$ multipliziert werden, ohne die dadurch festgelegte Menge H von Punkten zu verändern. Also legen $\rho\underset{\sim}{h}$ und $\underset{\sim}{h}$ dieselbe Hyperebene H fest.

Zwei Hyperebenen H: $\underset{\sim}{h} = (h_0, h_1, \dots, h_d)^{\mathrm{T}}$ und U: $\underset{\sim}{u} = (u_0, u_1, \dots, u_d)^{\mathrm{T}}$ heißen *parallel*, wenn es eine Zahl $\rho \neq 0$ gibt, so dass gilt:

$$(h_1, \dots, h_d)^{\mathrm{T}} = \rho(u_1, \dots, u_d)^{\mathrm{T}}. \tag{8.3}$$

Diese Definition erweitert den für Geraden des E^2 und Ebenen des E^3 bekannten Sachverhalt in natürlicher Weise. Bekanntlich schneiden sich in der projektiv erweiterten Ebene (bzw. im Raum) verschiedene parallele Geraden (bzw. Ebenen) in ihrem Fernpunkt (bzw. in ihrer Ferngeraden). Wir fragen deshalb nach der Schnittmenge zweier verschiedener paralleler Hyperebenen

$$\begin{aligned} H&: h_0 + h_1\xi_1 + \ldots + h_d\xi_d = 0 \\ U&: u_0 + u_1\xi_1 + \ldots + u_d\xi_d = 0 \end{aligned} \quad \text{mit} \quad \begin{aligned} &(h_1, \dots, h_d)^{\mathrm{T}} = \rho(u_1, \dots, u_d)^{\mathrm{T}}, \\ &\rho \neq 0, \; h_0 \neq \rho u_0. \end{aligned} \tag{8.4}$$

Da in kartesischen Koordinaten keine Lösung zu erwarten ist, führen wir in (8.4) homogene Koordinaten (8.1) ein und erhalten (nach Multiplikation mit x_0)

$$\begin{aligned} H&: h_0x_0 + h_1x_1 + \ldots + h_dx_d = 0 \\ U&: u_0x_0 + u_1x_1 + \ldots + u_dx_d = 0. \end{aligned}$$

Multipliziert man die zweite Gleichung mit $\rho \neq 0$ und subtrahiert sie von der ersten, so folgt

$$H: (h_0 - \rho u_0)x_0 + (h_1 - \rho u_1)x_1 + \ldots + (h_d - \rho u_d)x_d = 0.$$

Unter Beachtung von $h_i = \rho u_i$ für $i = 1,\dots,d$, aber $h_0 \neq \rho u_0$ ergibt sich

$$x_0 = 0$$

als notwendige Bedingung für die Schnittmenge verschiedener paralleler Hyperebenen. Mit unseren Definitionen aus 5.1 folgern wir:

Die Gleichung $x_0 = 0$ beschreibt also die Ferngerade des $\overline{E^2}$ bzw. die Fernebene des $\overline{E^3}$ und im Allgemeinen die *Fernhyperebene des* $\overline{E^d}$.

Einem homogenen Koordinatenvektor $\underset{\sim}{x} = (x_0, \ldots, x_d)^{\mathrm{T}}$ mit $x_0 = 0$ entspricht offenbar ein Fernpunkt des $\overline{E^d}$.

Da jeder Geraden g des $\overline{E^d}$ genau ein Fernpunkt G_{u} zugeordnet ist, können wir diese homogenen Koordinatenvektoren $(0, x_1, \ldots, x_d)^{\mathrm{T}}$ näher charakterisieren.

Die Verbindungsgerade $g = AB$ zweier eigentlicher Punkte A: $\alpha = (\alpha_1, \ldots, \alpha_d)^{\mathrm{T}}$ und B: $\beta = (\beta_1, \ldots, \beta_d)^{\mathrm{T}}$, $A \neq B$, besitzt mit baryzentrischen Koordinaten λ und μ (vgl. 2.1.5, Satz 1) die Parameterdarstellung

$$g\colon \xi = \tfrac{1}{\lambda+\mu}(\lambda\alpha + \mu\beta) \quad \text{mit} \quad \lambda + \mu \neq 0.$$

Geht man mit (8.1) zu homogenen Koordinaten für A, B und X über, so findet man

$$g\colon \begin{pmatrix} x_0 \\ \vdots \\ x_d \end{pmatrix} = \lambda \begin{pmatrix} a_0 \\ \vdots \\ a_d \end{pmatrix} + \mu \begin{pmatrix} b_0 \\ \vdots \\ b_d \end{pmatrix} \quad \text{mit } \lambda, \mu \in \mathbb{R},\ a_0 b_0 \neq 0,\ (\lambda, \mu) \neq (0,0).$$

Der Fernpunkt G_{u} von g ist durch $x_0 = 0$, d. h. $\lambda a_0 + \mu b_0 = 0$ gekennzeichnet, also $\lambda = -\mu \frac{b_0}{a_0}$. Die weiteren Koordinaten von G_{u} sind damit

$$x_i = \lambda a_i + \mu b_i = (-\mu \frac{b_0}{a_0})(a_0 \alpha_i) + \mu(b_0 \beta_i) = \mu b_0 (\beta_i - \alpha_i), \quad i = 1, \ldots, d.$$

Mit $\boldsymbol{v} := \begin{pmatrix} \beta_1 - \alpha_1 \\ \vdots \\ \beta_d - \alpha_d \end{pmatrix}$ als Richtungsvektor von $g = AB$ hat der Fernpunkt G_{u} von g den homogenen Koordinatenvektor $\begin{pmatrix} 0 \\ \boldsymbol{v} \end{pmatrix} \in \mathbb{R}^{d+1}$ $(\boldsymbol{v} \neq \boldsymbol{o})$.

Wir fassen unsere Ergebnisse zusammen:

Satz: *Jeder eigentliche Punkt X des $\overline{E^d}$ mit kartesischen Koordinaten $\xi = (\xi_1, \ldots, \xi_d)^{\mathrm{T}}$ besitzt die homogenen Koordinaten $\underset{\sim}{x} = (x_0, \ldots, x_d)^{\mathrm{T}}$ mit $x_0 \neq 0$ und $x_i = x_0 \xi_i$ $(i = 1, \ldots, d)$. Jeder uneigentliche Punkt G_{u} einer eigentlichen Geraden g des $\overline{E^d}$ besitzt die homogenen Koordinaten $\underset{\sim}{x} = (x_0, \ldots, x_d)^{\mathrm{T}}$ mit $x_0 = 0$, und $(x_1, \ldots, x_d)^{\mathrm{T}}$ ist ein (kartesischer) Richtungsvektor von g.*

Beispiel: Im Fall $d = 2$ der projektiv erweiterten Ebene gibt die folgende Tabelle für spezielle Punkte und Geraden die zugehörigen homogenen Koordinatenvektoren an:

Punkt / Geraden	homogene Koordinaten
eigentlicher Punkt $X(x,y)$	$(1,x,y)^T = (x_0, x_0x, x_0y)^T$ mit $x_0 \neq 0$
uneigentlicher Punkt G_u einer Geraden mit Richtungsvektor $(v_1,v_2)^T$	$(0,v_1,v_2)^T$
uneigentlicher Punkt A_1 der x-Achse	$(0,1,0)^T$
uneigentlicher Punkt A_2 der y-Achse	$(0,0,1)^T$
Gerade $u_0 + u_1x + u_2y = 0$	$(u_0,u_1,u_2)^T$
Gerade $x = 0$ (y-Achse)	$(0,1,0)^T$

□

8.1.2 Der d-dimensionale projektive Raum

Jeder Punkt X des $\overline{E^d}$ wird nach 8.1.1 durch einen homogenen Koordinatenvektor $\underset{\sim}{x} \in \mathbb{R}^{d+1}$ dargestellt. Dabei beschreibt $\rho\underset{\sim}{x}$ $(\rho \neq 0)$ denselben Punkt, aber $\underset{\sim}{x} = \underset{\sim}{o}$ beschreibt keinen Punkt. Die Menge $\{\underset{\sim}{z}\colon \underset{\sim}{z} = \rho\underset{\sim}{x}, \rho \in \mathbb{R}\}$, $\underset{\sim}{x}$ fest, ist bekanntlich ein 1-dimensionaler Unterraum des $\mathbb{R}^{d+1}$. Somit wird definiert:

Die 1-dimensionalen Unterräume $[\underset{\sim}{x}] = \{\underset{\sim}{z}\colon \underset{\sim}{z} = \rho\underset{\sim}{x};\ \rho \in \mathbb{R},\ \underset{\sim}{x} \in \mathbb{R}^{d+1},\ \underset{\sim}{x} \neq \underset{\sim}{o}\}$ sind die *Punkte des projektiven Raumes*

$$P^d := \{[\underset{\sim}{x}]\colon \underset{\sim}{x} \in \mathbb{R}^{d+1} \setminus \{\underset{\sim}{o}\}\}.$$

Der Vektor $\underset{\sim}{x}$ heißt dabei ein *Repräsentant* des Punktes $X = [\underset{\sim}{x}]$ des P^d.

Wir schreiben $X\colon \underset{\sim}{x}$, falls $X \in P^d$ durch $\underset{\sim}{x} \in \mathbb{R}^{d+1}$ repräsentiert wird.

Nach dieser Definition sind homogene Punktkoordinaten nicht mehr verfügbar. Man kann aber projektive Punktkoordinaten folgendermaßen konstruieren.

Man nennt $m+1$ Punkte $A_i\colon \underset{\sim}{a}_i$ $(i = 0,\ldots,m)$ *linear unabhängig*, wenn die Repräsentanten $\underset{\sim}{a}_0,\ldots,\underset{\sim}{a}_m \in \mathbb{R}^{d+1}$ linear unabhängig sind. Andernfalls heißen sie *linear abhängig*.

Wenn je $n-1$ Punkte von n gegebenen Punkten linear unabhängig sind, dann heißen die n Punkte *unabhängig*.

Satz: *Im P^d bestimmen $d+2$ geordnete, unabhängige Punkte $(A_0,\ldots,A_d,E)$, repräsentiert durch $\underset{\sim}{a}_0,\underset{\sim}{a}_1,\ldots,\underset{\sim}{a}_d,\underset{\sim}{e}\in\mathbb{R}^{d+1}$ eindeutig einen Repräsentanten $\underset{\sim}{x}=(x_0,\ldots,x_d)^{\mathrm{T}}\in\mathbb{R}^{d+1}$ eines beliebigen Punktes X des P^d, wobei*

$$x_i=\frac{\lambda_i}{\eta_i}\quad (i=0,\ldots,d)\ \textit{und} \tag{8.5}$$

$$\lambda\underset{\sim}{x}=\sum_{i=0}^{d}\lambda_i\underset{\sim}{a}_i,\quad (\lambda\neq 0), \tag{8.6}$$

$$\underset{\sim}{e}=\sum_{i=0}^{d}\eta_i\underset{\sim}{a}_i. \tag{8.7}$$

Beweis: Wegen ihrer vorausgesetzten linearen Unabhängigkeit sind $\underset{\sim}{a}_0,\underset{\sim}{a}_1,\ldots,\underset{\sim}{a}_d$ eine Basis des $\mathbb{R}^{d+1}$. Deshalb sind $(\lambda_0,\ldots,\lambda_d)^{\mathrm{T}}$ bzw. $(\eta_0,\ldots,\eta_d)^{\mathrm{T}}$ die Koordinatenvektoren von $\underset{\sim}{x}$ bzw. $\underset{\sim}{e}$ bezüglich dieser Basis entsprechend (8.6) und (8.7). Ersetzt man die Repräsentanten $\underset{\sim}{a}_i$ von A_i durch „neue" Repräsentanten

$$\overline{\underset{\sim}{a}}_i=\rho_i\underset{\sim}{a}_i\quad (\rho_i\neq 0) \tag{8.8}$$

und auch den Repräsentanten $\underset{\sim}{e}$ von E durch

$$\overline{\underset{\sim}{e}}=\eta\underset{\sim}{e}\quad (\eta\neq 0), \tag{8.9}$$

dann wird der Punkt X: $\underset{\sim}{x}$ (nach (8.5), (8.6) und (8.7)) durch einen „neuen" Repräsentanten $\overline{\underset{\sim}{x}}$ beschrieben. Der behauptete Sachverhalt ist richtig, wenn $\underset{\sim}{x}=\overline{\rho}\overline{\underset{\sim}{x}}$ mit $\overline{\rho}\neq 0$ gezeigt werden kann (weil sich dann jeder „neue" Repräsentant von X nur durch einen Faktor von „alten" unterscheidet). Nach Berechnungsvorschrift gilt

$$\overline{\underset{\sim}{x}}=(\overline{x}_0,\ldots,\overline{x}_0)^{\mathrm{T}}\qquad \text{mit}\quad \overline{x}_i=\frac{\overline{\lambda}_i}{\overline{\eta}_i}\qquad (i=0,\ldots,d) \tag{8.5'}$$

$$\text{und}\quad \overline{\lambda}\underset{\sim}{x}=\sum_{i=0}^{d}\overline{\lambda}_i\overline{\underset{\sim}{a}}_i\quad \left(=\sum_{i=0}^{d}\overline{\lambda}_i\rho_i\underset{\sim}{a}_i\right),\quad (\overline{\lambda}\neq 0), \tag{8.6'}$$

$$\overline{\underset{\sim}{e}}=\sum_{i=0}^{d}\overline{\eta}_i\overline{\underset{\sim}{a}}_i\quad \left(=\sum_{i=0}^{d}\overline{\eta}_i\rho_i\underset{\sim}{a}_i\right), \tag{8.7'}$$

wobei mit (8.8) und (8.9) sogleich die geklammerten Ausdrücke entstehen.

Da die Darstellung eines Vektors bezüglich einer Basis des $\mathbb{R}^{d+1}$ eindeutig ist, folgt aus (8.6) und (8.6′) $\frac{\lambda_i}{\lambda}=\frac{\overline{\lambda}_i\rho_i}{\overline{\lambda}}$ und aus (8.7) und (8.7′) finden wir mit (8.9) $\eta\eta_i=\overline{\eta}_i\rho_i$.

Diese Gleichungen liefern sofort

$$\frac{\overline{\lambda}_i}{\overline{\lambda}}\frac{1}{\overline{\eta}_i}=\frac{\lambda_i}{\lambda}\frac{1}{\eta\eta_i},\quad \text{d. h.}\quad \frac{\overline{\lambda}_i}{\overline{\eta}_i}=\frac{\overline{\lambda}}{\lambda\eta}\frac{\lambda_i}{\eta_i},$$

also ist $\overline{x}_i=\overline{\rho}x_i$ für $i=0,\ldots,d$ mit $\overline{\rho}=\frac{\overline{\lambda}}{\lambda\eta}$, was zu zeigen war.

□

Aufgrund des Satzes heißen $d+2$ geordnete, unabhängige Punkte $(A_0,\ldots,A_d,E)$ des P^d ein *projektives Koordinatensystem*. Dabei sind $A_0,\ldots,A_d$ die *Grundpunkte*, E der *Einheitspunkt* und $(x_0,\ldots,x_d)^{\mathrm{T}}$ nach (8.5), (8.6) und (8.7) die projektiven Koordinaten eines beliebigen Punktes X des P^d.

Beispiel: Im P^2 $(d=2)$ kann man folgendes projektive Koordinatensystem wählen:

$$A_0: \underset{\sim}{a}_0 = \begin{pmatrix}1\\0\\0\end{pmatrix},\quad A_1: \underset{\sim}{a}_1 = \begin{pmatrix}0\\1\\0\end{pmatrix},\quad A_2: \underset{\sim}{a}_2 = \begin{pmatrix}0\\0\\1\end{pmatrix},\quad E: \underset{\sim}{e} = \begin{pmatrix}1\\1\\1\end{pmatrix}.$$

Ein Repräsentant eines beliebigen Punktes X des P^2 berechnet sich dann gemäß (8.7), (8.6), (8.5) recht einfach:

$$\underset{\sim}{e} = \eta_0\begin{pmatrix}1\\0\\0\end{pmatrix} + \eta_1\begin{pmatrix}0\\1\\0\end{pmatrix} + \eta_2\begin{pmatrix}0\\0\\1\end{pmatrix} = \begin{pmatrix}1\\1\\1\end{pmatrix} \quad \Rightarrow \eta_0 = \eta_1 = \eta_2 = 1 \quad \Rightarrow x_i = \lambda_i,$$

$$\lambda\underset{\sim}{x} = \lambda\begin{pmatrix}x_0\\x_1\\x_2\end{pmatrix} = \lambda_0\begin{pmatrix}1\\0\\0\end{pmatrix} + \lambda_1\begin{pmatrix}0\\1\\0\end{pmatrix} + \lambda_2\begin{pmatrix}0\\0\\1\end{pmatrix} = \begin{pmatrix}\lambda_0\\\lambda_1\\\lambda_2\end{pmatrix}.$$

Also wird ein Punkt X bereits durch $(\lambda_0,\lambda_1,\lambda_2)^{\mathrm{T}}$ aus (8.6) repräsentiert.

Wir erkennen weiter:

Ein projektiver Koordinatenvektor $\underset{\sim}{x}$ von X bezüglich (A_0, A_1, A_2, E) ist gleich dem homogenen Koordinatenvektor von X, wenn in $P^2 = \overline{E^2}$ ein kartesisches Koordinatensystem so gewählt wird, dass A_0 dessen Ursprung, A_1 bzw. A_2 der Fernpunkt der ξ_1 - bzw. ξ_2 -Koordinatenachse und E dem Punkt $(\xi_1,\xi_2) = (1,1)$ entspricht.

Homogene Koordinaten sind also spezielle projektive Koordinaten.

□

8.1.3 Dualitätsprinzip

Eine Gleichung $h_0x_0 + h_1x_1 + \ldots + h_dx_d = 0$ kann mit homogenen Koordinatenvektoren $\underset{\sim}{h}^{\mathrm{T}} := (h_0,\ldots,h_d)$ und $\underset{\sim}{x}^{\mathrm{T}} := (x_0,\ldots,x_d)$ auch kurz wie folgt notiert werden:

$$\underset{\sim}{h}^{\mathrm{T}}\underset{\sim}{x} = 0 \quad \text{oder} \quad \underset{\sim}{x}^{\mathrm{T}}\underset{\sim}{h} = 0. \tag{8.10}$$

Die Gleichung (8.10) kann als

- Gleichung aller Punkte $X\colon \underset{\sim}{x}$, die auf der Hyperebene $H\colon \underset{\sim}{h}$ liegen,
- Gleichung aller Hyperebenen $H\colon \underset{\sim}{h}$, die einen Punkt $X\colon \underset{\sim}{x}$ schneiden,

aufgefasst werden. Es wird also die Menge

(A) aller Punkte beschrieben, die in einer Hyperebene liegen, d. h. eine Hyperebene als Menge von Punkten bzw.

(A*) aller Hyperebenen beschrieben, die einen Punkt schneiden, d. h. ein Punkt als Menge von Hyperebenen.

Man erkennt, dass die Aussage (A*) aus der Aussage (A) hervorgeht, wenn die Begriffe „Punkt" und „Hyperebene" sowie „Verbinden" und „Schneiden" miteinander vertauscht werden.

Allgemein gilt das

Dualitätsprinzip: *Vertauscht man in einem in P^d gültigen Satz* (S) *die Begriffe „Punkt" und „Hyperebene" sowie „Verbinden" und „Schneiden", so entsteht ein gültiger Satz* (S*), *der* zu (S) duale Satz.

Beispiel: Lesen wir an den Optionsklammern jeweils den oberen Teil des folgenden Satzes, so erscheint dort ein aus 8.1.1 bekannter Sachverhalt. Der dazu duale Satz wird durch den unteren Teil an den Optionsklammern formuliert.

Sind $A\colon \underset{\sim}{a}$ und $B\colon \underset{\sim}{b}$ zwei verschiedene $\left\{\begin{matrix}\textit{Punkte}\\ \textit{Hyperebenen}\end{matrix}\right.$ *des P^d, dann beschreibt die Parameterdarstellung*

$$X\colon \underset{\sim}{x} = \alpha \underset{\sim}{a} + \beta \underset{\sim}{b}, \quad (\alpha,\beta) \in \mathbb{R}^2 \setminus \{(0,0)\}, \tag{8.11}$$

die Menge aller $\left\{\begin{matrix}\textit{Punkte}\\ \textit{Hyperebenen}\end{matrix}\right.$ *X, welche* $\left\{\begin{matrix}\textit{auf der Verbindungsgeraden}\\ \textit{die Schnittgerade}\end{matrix}\right.$ *der*

$\left\{\begin{matrix}\textit{Punkte}\\ \textit{Hyperebenen}\end{matrix}\right.$ *A und B* $\left\{\begin{matrix}\textit{liegen.}\\ \textit{schneiden.}\end{matrix}\right.$ *Das durch* (8.11) *definierte* (*geometrische*)

Gebilde heißt $\left\{\begin{matrix}\textit{eine Punktreihe,}\\ \textit{ein Hyperebenenbüschel.}\end{matrix}\right.$

□

8.2 Analytische Geometrie in der projektiven Ebene

8.2.1 Verbinden und Schneiden von Punkten und Geraden

Im Fall $d = 2$ der projektiven Ebene P^2 lautet die Gleichung (8.10)

$$\underset{\sim}{h}^{\mathrm{T}}\underset{\sim}{x} = h_0x_0 + h_1x_1 + h_2x_2 = 0.$$

Jede Hyperebene wird hier Gerade genannt und ihr Koordinatenvektor $\underset{\sim}{h}$ als *Geradenkoordinatenvektor* bezeichnet.

Weil in der projektiven Ebene Zahlentripel Punkte oder Geraden repräsentieren, folgt mit (8.11) sofort:

Zwei verschiedene $\left\{\begin{matrix}\text{Punkte}\\ \text{Geraden}\end{matrix}\right.$ A: $\underset{\sim}{a} = (a_0, a_1, a_2)^{\mathrm{T}}$, B: $\underset{\sim}{b} = (b_0, b_1, b_2)^{\mathrm{T}}$ definieren

$\left\{\begin{matrix}\text{eine Punktreihe (Gerade als Menge der auf ihr liegenden Punkte)}\\ \text{ein Geradenbüschel (Punkt als Menge sich schneidender Geraden)}\end{matrix}\right.$ durch die Parameterdarstellung X: $\underset{\sim}{x} = \alpha\underset{\sim}{a} + \beta\underset{\sim}{b}$, $(\alpha, \beta) \in \mathbb{R}^2 \setminus \{(0,0)\}$.

Man erkennt daraus sofort die Gültigkeit von

Satz 1: *Drei* $\left\{\begin{matrix}\textit{Punkte}\\ \textit{Geraden}\end{matrix}\right.$ A: $\underset{\sim}{a}$, B: $\underset{\sim}{b}$ *und* C: $\underset{\sim}{c}$ *sind genau dann linear abhängig,*

d. h. $\left\{\begin{matrix}\textit{liegen auf einer Geraden,}\\ \textit{schneiden einen Punkt,}\end{matrix}\right.$ *wenn es Zahlen* $\alpha, \beta, \gamma \in \mathbb{R}$ *gibt mit*

$(\alpha, \beta, \gamma) \neq (0,0,0)$, *so dass gilt:*

$$\alpha\underset{\sim}{a} + \beta\underset{\sim}{b} + \gamma\underset{\sim}{c} = \underset{\sim}{o}.$$

In der projektiv erweiterten Ebene bestimmen zwei verschiedene Punkte genau eine Gerade, auf der beide Punkte liegen, die so genannte *Verbindungsgerade*.

Dual dazu bestimmen zwei verschiedene Geraden genau einen Punkt, den beide Geraden schneiden, den so genannten *Schnittpunkt*. Diese Aussagen gelten völlig analog in der projektiven Ebene. Der folgende Satz zeigt überdies, wie man eine Verbindungsgerade bzw. einen Schnittpunkt berechnet.

Satz 2: *Für zwei verschiedene* $\left\{\begin{matrix}\textit{Punkte}\\ \textit{Geraden}\end{matrix}\right.$ A: $\underset{\sim}{a}$, B: $\underset{\sim}{b}$ *der projektiven Ebene* P^2

existiert genau $\left\{\begin{matrix}\textit{eine Verbindungsgerade}\\ \textit{ein Schnittpunkt}\end{matrix}\right.$

$$U\colon \underset{\sim}{u}=(u_0,u_1,u_2)^{\mathrm{T}} \text{ mit } u_0=\begin{vmatrix} a_1 & a_2 \\ b_1 & b_2 \end{vmatrix},\ u_1=\begin{vmatrix} a_2 & a_0 \\ b_2 & b_0 \end{vmatrix},\ u_2=\begin{vmatrix} a_0 & a_1 \\ b_0 & b_1 \end{vmatrix}. \quad (8.12)$$

B e w e i s : Nach (8.8) sind $\begin{cases}\text{Punkte}\\ \text{Geraden}\end{cases}$ A, B und X (beliebig) linear abhängig genau dann, wenn

$$\det(\underset{\sim}{a},\underset{\sim}{b},\underset{\sim}{x})=\begin{vmatrix} a_0 & a_1 & a_2 \\ b_0 & b_1 & b_2 \\ x_0 & x_1 & x_2 \end{vmatrix}=0.$$

Die Entwicklung der Determinante nach der letzten Zeile liefert

$$0=x_0\begin{vmatrix} a_1 & a_2 \\ b_1 & b_2 \end{vmatrix}+x_1\begin{vmatrix} a_2 & a_0 \\ b_2 & b_0 \end{vmatrix}+x_2\begin{vmatrix} a_0 & a_1 \\ b_0 & b_1 \end{vmatrix}=:x_0u_0+x_1u_1+x_2u_2=\underset{\sim}{x}^{\mathrm{T}}\underset{\sim}{u}.$$

Dabei ist $\underset{\sim}{u}=(u_0,u_1,u_2)^{\mathrm{T}}\neq(0,0,0)^{\mathrm{T}}$, weil $(a_0,a_1,a_2)\neq k(b_0,b_1,b_2)$ für $k\in\mathbb{R}\setminus\{0\}$, da $A\neq B$ vorausgesetzt ist. □

Bemerkung: Der $\begin{cases}\text{Geraden-}\\ \text{Punkt-}\end{cases}$ Koordinatenvektor $\underset{\sim}{u}$ $\begin{cases}\text{einer Geraden}\\ \text{eines Schnittpunktes}\end{cases}$ nach Formel (8.12) kann formal mit dem Kreuzprodukt des $\mathbb{R}^3$ berechnet werden:

$$\underset{\sim}{u}=\underset{\sim}{a}\times\underset{\sim}{b}=\begin{pmatrix} a_0 \\ a_1 \\ a_2 \end{pmatrix}\times\begin{pmatrix} b_0 \\ b_1 \\ b_2 \end{pmatrix}=\left(\begin{vmatrix} a_1 & a_2 \\ b_1 & b_2 \end{vmatrix},\begin{vmatrix} a_2 & a_0 \\ b_2 & b_0 \end{vmatrix},\begin{vmatrix} a_0 & a_1 \\ b_0 & b_1 \end{vmatrix}\right)^{\mathrm{T}}.$$

8.2.2 Schnittpunktsätze

Die folgenden (klassischen) Schnittpunktsätze haben für die Entwicklung der projektiven Geometrie (insbesondere mit endlich vielen Punkten und Geraden) besondere Bedeutung gehabt (vgl. z. B. [2], [17]).

Satz von DESARGUES (GIRARD D.: 1591 bis 1661; Ingenieur in Paris)**:** *Schneiden sich die Verbindungsgeraden A_0B_0, A_1B_1 und A_2B_2 entsprechender Ecken zweier Dreiecke $A_0A_1A_2$ und $B_0B_1B_2$ in einem Punkt S, dann liegen die Schnittpunkte $C_k=A_iA_j\cap B_iB_j$ $(ijk=012,\ 120,\ 201)$ entsprechender Dreieckseiten auf einer Geraden und umgekehrt.*

B e w e i s : Nach Voraussetzung gilt unter Verwendung von Satz 1 (Abschn. 8.2.1) und der Homogenität der Punktkoordinaten, dass $\underset{\sim}{s}=\underset{\sim}{a}_0+\underset{\sim}{b}_0=\underset{\sim}{a}_1+\underset{\sim}{b}_1=\underset{\sim}{a}_2+\underset{\sim}{b}_2$ und damit

$\underset{\sim}{a}_1-\underset{\sim}{a}_0=\underset{\sim}{b}_0-\underset{\sim}{b}_1=:\underset{\sim}{c}_2$ als Schnittpunkt $A_0A_1\cap B_0B_1$

$\underset{\sim}{a}_2-\underset{\sim}{a}_1=\underset{\sim}{b}_1-\underset{\sim}{b}_2=:\underset{\sim}{c}_0$ als Schnittpunkt $A_1A_2\cap B_1B_2$

$\underset{\sim}{a}_0-\underset{\sim}{a}_2=\underset{\sim}{b}_2-\underset{\sim}{b}_0=:\underset{\sim}{c}_1$ als Schnittpunkt $A_2A_0\cap B_2B_0$.

Addition ergibt

$$\underset{\sim}{c}_0+\underset{\sim}{c}_1+\underset{\sim}{c}_2=\underset{\sim}{o},$$

was nach dem Kollinearitätskriterium bedeutet, dass die drei Punkte auf einer Geraden liegen.

Die zu der eben bewiesenen Aussage duale Aussage lautet: Liegen die Schnittpunkte entsprechender Seiten zweier Dreiecke auf einer Geraden, dann schneiden sich die entsprechenden Verbindungsgeraden in einem Punkt. Dies ist aber die Umkehrung der bewiesenen Aussage, die deshalb auf Grund des Dualitätsprinzips ebenfalls gültig ist. □

Bemerkungen:

1. Ein konstruktiver Beweis ist möglich, indem man die Figur zum Satz von DESARGUES als Bild des Schnitts einer Pyramide mit einer Ebene interpretiert.
2. Wenn S als ein Fernpunkt angenommen wird, dann nennt man die resultierende spezielle Aussage den affinen Satz von DESARGUES.
3. Von extremer Wichtigkeit für Grundlagenuntersuchungen ist die DESARGUES-Konfiguration: Die Figur zum Satz besteht aus 10 Punkten und auch 10 Geraden, wobei jeder Punkt mit 3 Geraden inzidiert und umgekehrt. Gibt es analoge Konfigurationen mit mehr oder weniger Punkten und Geraden? Vgl. [2].

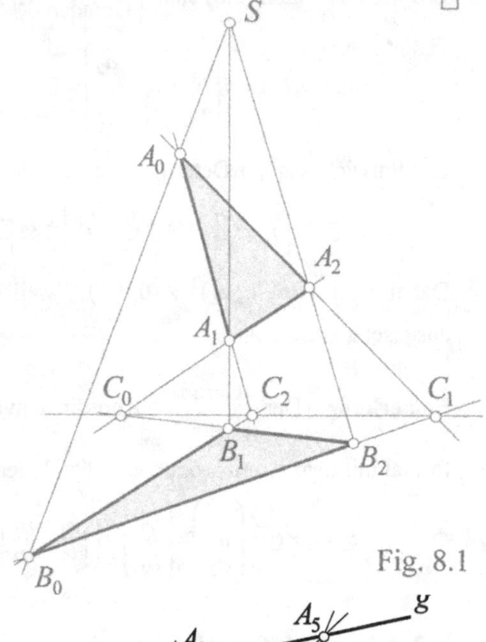

Fig. 8.1

Satz von PAPPOS (von Alexandria, um 320):
Wenn die Punkte $A_1A_3A_5$ und $A_2A_4A_6$ je auf einer Geraden liegen, dann liegen auch die drei Schnittpunkte

$$S_1 = A_1A_2 \cap A_4A_5$$
$$S_2 = A_2A_3 \cap A_5A_6$$
$$S_3 = A_3A_4 \cap A_6A_1$$

auf einer Geraden, der so genannten PAPPOS-Geraden.

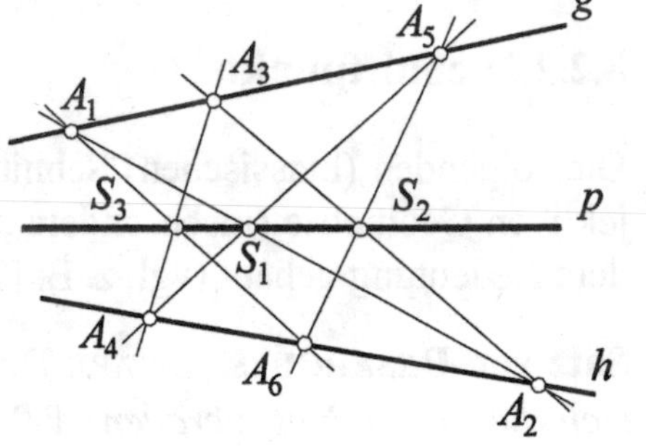

Fig. 8.2

Bemerkungen:

1. Auch **Sechsecksatz** genannt: Liegen die Ecken eines Sechsecks abwechselnd auf zwei Geraden, so liegen auch die Schnittpunkte gegenüberliegender Sechseckseiten auf einer Geraden.
2. Auch **Satz von PAPPOS-PASCAL** genannt, da er später als Spezialfall des PASCALschen Satzes über Kegelschnitte abgeleitet werden konnte. (B. PASCAL, 1623 bis 1662)

B e w e i s : Nach Voraussetzung gilt mit Repräsentanten $\underset{\sim}{a}_i$ für A_i $(i = 1, \ldots, 6)$:

$$\underset{\sim}{a}_1 + \underset{\sim}{a}_3 + \underset{\sim}{a}_5 = \underset{\sim}{o} \quad \text{und} \quad \underset{\sim}{a}_2 + \underset{\sim}{a}_4 + \underset{\sim}{a}_6 = \underset{\sim}{o}. \tag{*}$$

Das Schneiden der Geraden laut Voraussetzung ergibt die Schnittpunkte

$$\underset{\sim}{s}_1 = \underset{\sim}{a}_1 + \underset{\sim}{a}_2 = \underset{\sim}{a}_4 + \underset{\sim}{a}_5, \quad \underset{\sim}{s}_2 = \underset{\sim}{a}_2 + \underset{\sim}{a}_3 = \underset{\sim}{a}_5 + \underset{\sim}{a}_6, \quad \underset{\sim}{s}_3 = \underset{\sim}{a}_3 + \underset{\sim}{a}_4 = \underset{\sim}{a}_6 + \underset{\sim}{a}_1$$

und damit

$$\underset{\sim}{s}_1+\underset{\sim}{s}_2+\underset{\sim}{s}_3=2(\underset{\sim}{a}_2+\underset{\sim}{a}_3)+\underset{\sim}{a}_1+\underset{\sim}{a}_4$$
$$\underset{\sim}{s}_1+\underset{\sim}{s}_2+\underset{\sim}{s}_3=2(\underset{\sim}{a}_5+\underset{\sim}{a}_6)+\underset{\sim}{a}_1+\underset{\sim}{a}_4.$$

Addition und Verwendung von (*) liefern

$$2(\underset{\sim}{s}_1+\underset{\sim}{s}_2+\underset{\sim}{s}_3)=2(\underset{\sim}{a}_1+\underset{\sim}{a}_2+\underset{\sim}{a}_3+\underset{\sim}{a}_4+\underset{\sim}{a}_5+\underset{\sim}{a}_6)=\underset{\sim}{o},$$

was die Behauptung ist. □

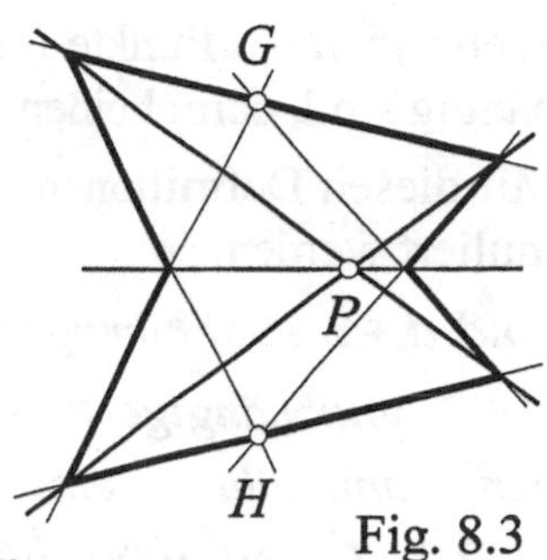

Fig. 8.3

Satz von BRIANCHON (CHARLES-JULIAN B.:1783 bis 1864):
Gehen die Seiten eines Sechsecks abwechselnd durch zwei (feste) Punkte, so gehen die Verbindungsgeraden gegenüberliegender Ecken durch einen Punkt (BRIANCHON-Punkt).

Beweis: Die Aussage des Satzes ist dual zum Satz von PAPPOS und gilt deshalb aufgrund des Dualitätsprinzips. □

8.3 Kollineationen und Korrelationen

8.3.1 Projektive Abbildungen

Eine $(d+1,d+1)$-Matrix $\underset{\sim}{K}$ mit $\det\underset{\sim}{K}\neq 0$ vermittelt eine reguläre *projektive Abbildung*

$$\kappa\colon P^d \to \overline{P}^d : \underset{\sim}{z} \mapsto \overline{\underset{\sim}{z}} = \underset{\sim}{K}\underset{\sim}{z} \qquad (8.13)$$

des projektiven Raumes P^d in einen projektiven Raum $\overline{P}^d$. Repräsentieren dabei Urbild- und Bildkoordinatenvektoren $\underset{\sim}{z}$, $\overline{\underset{\sim}{z}}$ jeweils Punkte oder jeweils Hyperebenen, so heißt κ eine *Kollineation*. Repräsentieren dagegen die $\underset{\sim}{z}$ Punkte und die $\overline{\underset{\sim}{z}}$ Ebenen (oder umgekehrt), so heißt κ eine *Korrelation*.
Die Namensgebung Kollineation wählte A. F. MÖBIUS 1827, weil gilt:

Satz 1: *Eine Kollineation des P^d bildet die Punkte einer Geraden auf die Punkte einer Geraden ab.*

Beweis: Sei eine Kollineation nach (8.13) gegeben und $g = AB$ eine Gerade mit der Parameterdarstellung $\underset{\sim}{x}=\alpha\underset{\sim}{a}+\beta\underset{\sim}{b}$. Dann gilt $\kappa\colon \underset{\sim}{x}\mapsto\overline{\underset{\sim}{x}}=\underset{\sim}{K}\underset{\sim}{x}=\underset{\sim}{K}(\alpha\underset{\sim}{a}+\beta\underset{\sim}{b})=\alpha\underset{\sim}{K}\underset{\sim}{a}+\beta\underset{\sim}{K}\underset{\sim}{b}=\alpha\overline{\underset{\sim}{a}}+\beta\overline{\underset{\sim}{b}}$ mit $\overline{\underset{\sim}{a}}=\underset{\sim}{K}\underset{\sim}{a}$, $\overline{\underset{\sim}{b}}=\underset{\sim}{K}\underset{\sim}{b}$. □

In völliger Analogie zu der für Punkte des P^d gegebenen Definition nennt man $m+1$ Hyperebenen $Z_i\colon \underset{\sim}{z}_i$ $(i=0,\dots,m)$ *linear unabhängig*, wenn die Repräsentanten $\underset{\sim}{z}_0,\dots,\underset{\sim}{z}_m \in \mathbb{R}^{d+1}$ linear unabhängig sind.
Andernfalls heißen sie *linear abhängig*.

Wenn je $n-1$ Punkte (Hyperebenen) von n gegebenen Hyperebenen linear unabhängig sind, dann heißen die n Hyperebenen *unabhängig*.

Mit diesen Definitionen kann nun der **Hauptsatz der Projektiven Geometrie** formuliert werden:

Sind $d+2$ unabhängige Urbild-Punkte (Hyperebenen) Z_i: $\underset{\sim}{z}_i$ $(i=0,\ldots,d+1)$ und $d+2$ unabhängige Bild-Punkte (Hyperebenen) $\overline{Z}_i$: $\overline{\underset{\sim}{z}}_i$ $(i=0,\ldots,d+1)$ vorgegeben, dann gibt es eine (bis auf einen konstanten Faktor) eindeutig bestimmte Matrix $\underset{\sim}{K}$, so dass die projektive Abbildung κ: $\underset{\sim}{z} \mapsto \overline{\underset{\sim}{z}} = \underset{\sim}{K}\underset{\sim}{z}$ die Zuordnung $\overline{\underset{\sim}{z}}_i = \underset{\sim}{K}\underset{\sim}{z}_i$ für $i=0,\ldots,d+1$ leistet.

Beweis: Da $\underset{\sim}{z}_0,\ldots,\underset{\sim}{z}_d \in \mathbb{R}^{d+1}$ linear unabhängig und die Z_i $(i=0,\ldots,d+1)$ unabhängig sind, gilt

$$\underset{\sim}{z}_{d+1} = \sum_{i=0}^{d} \alpha_i \underset{\sim}{z}_i \quad \text{mit } \alpha_i \neq 0 \text{ für alle } i. \tag{8.14}$$

Analog gilt im Bild:

$$\overline{\underset{\sim}{z}}_{d+1} = \sum_{i=0}^{d} \beta_i \overline{\underset{\sim}{z}}_i. \tag{8.15}$$

Nun soll eine Matrix $\underset{\sim}{K}$ bestimmt werden, so dass mit Faktoren $\lambda_i \in \mathbb{R}\setminus\{0\}$ gilt:

$$\lambda_i \overline{\underset{\sim}{z}}_i = \underset{\sim}{K}\underset{\sim}{z}_i, \quad i=0,\ldots,d+1. \tag{8.16}$$

Multipliziert man (8.14) mit $\underset{\sim}{K}$, so ergibt sich mit (8.16)

$$\underset{\sim}{K}\underset{\sim}{z}_{d+1} = \lambda_{d+1}\overline{\underset{\sim}{z}}_{d+1} = \sum_{i=0}^{d} \alpha_i \lambda_i \overline{\underset{\sim}{z}}_i.$$

Da $\lambda_{d+1} \neq 0$ ist, folgt

$$\overline{\underset{\sim}{z}}_{d+1} = \sum_{i=0}^{d} \alpha_i \frac{\lambda_i}{\lambda_{d+1}} \overline{\underset{\sim}{z}}_i;$$

und bei Vergleich mit (8.15) resultiert

$$\beta_i = \alpha_i \frac{\lambda_i}{\lambda_{d+1}} \quad \text{bzw.} \quad \lambda_i = \lambda_{d+1}\frac{\beta_i}{\alpha_i}. \tag{8.17}$$

Aus (8.16) kann die Matrixgleichung abgeleitet werden:

$$[\lambda_0\overline{\underset{\sim}{z}}_0 \;\; \lambda_1\overline{\underset{\sim}{z}}_1 \;\ldots\; \lambda_d\overline{\underset{\sim}{z}}_d] = \underset{\sim}{K}[\underset{\sim}{z}_0 \;\; \underset{\sim}{z}_1 \;\ldots\; \underset{\sim}{z}_d].$$

Nach Voraussetzung sind die $\underset{\sim}{z}_0,\ldots,\underset{\sim}{z}_d$ linear unabhängig, also kann die Matrix $[\underset{\sim}{z}_0 \;\; \underset{\sim}{z}_1 \;\ldots\; \underset{\sim}{z}_d]$ invertiert werden. Unter Beachtung von (8.17) folgt daher

$$\underset{\sim}{K} = \lambda_{d+1}\left[\frac{\beta_0}{\alpha_0}\overline{\underset{\sim}{z}}_0 \;\; \frac{\beta_1}{\alpha_1}\overline{\underset{\sim}{z}}_1 \;\ldots\; \frac{\beta_d}{\alpha_d}\overline{\underset{\sim}{z}}_d\right]\left[\underset{\sim}{z}_0 \;\; \underset{\sim}{z}_1 \;\ldots\; \underset{\sim}{z}_d\right]^{-1}. \tag{8.18}$$

Damit ist $\underset{\sim}{K}$ bis auf den Faktor λ_{d+1} bestimmt.

Umgekehrt folgt aus (8.18) die Gültigkeit der Gleichungen (8.16) bis auf die Ausnahme $i=d+1$. Für diesen Fall berechnen wir mit (8.14), (8.16), (8.17) und (8.15):

$$\underset{\sim}{K}\underset{\sim}{z}_{d+1} = \underset{\sim}{K}\left(\sum_{i=0}^{d}\alpha_i\underset{\sim}{z}_i\right) = \sum_{i=0}^{d}\alpha_i\underset{\sim}{K}\underset{\sim}{z}_i = \sum_{i=0}^{d}\alpha_i\lambda_i\overline{\underset{\sim}{z}}_i = \lambda_{d+1}\sum_{i=0}^{d}\beta_i\overline{\underset{\sim}{z}}_i = \lambda_{d+1}\overline{\underset{\sim}{z}}_{d+1}.$$

Die Matrix $\underset{\sim}{K}$ leistet also die gesuchte Abbildung. □

Satz 2: *Wenn eine Kollineation des P^d die Punkte des Raumes gemäß $\bar{x} = Kx$ abbildet, dann beschreibt die zu K kontragrediente Matrix die (induzierte) Abbildung der Hyperebenen h des P^d:*

$$\bar{h} = K^{-1\mathrm{T}} h.$$

Beweis: Aufgabe

8.3.2 Rekonstruktion einer ebenen Figur

Wenn eine Zentralprojektion eine ebene Figur $\mathfrak{F}$ einer Ebene P^2 in eine ebene Figur $\bar{\mathfrak{F}}$ in einer Bildebene $\bar{P}^2$ abbildet, dann liegt dabei eine umkehrbar eindeutige Punkt- und auch Geradenabbildung vor. Deshalb gibt es eine Kollineation $\kappa\colon P^2 \to \bar{P}^2$, die durch 4 Paare $(Z_i, \bar{Z}_i)$ von Urbild- und Bildpunkten festgelegt ist. Einen Punkt $X \in \mathfrak{F}$ zu rekonstruieren, bedeutet, ihn aus seinem Bild $\bar{X} \in \bar{\mathfrak{F}}$ zu bestimmen.
Eine konstruktive Lösung (Vier-Punkte-Verfahren) wurde in 5.3.3 beschrieben.

Jetzt soll exemplarisch eine **analytische Lösung der Rekonstruktionsaufgabe** erfolgen:

Fig. 8.4

Das Foto (Fig. 8.4) zeigt die „Mensa Bergstraße“, den „Von-Gerber-Bau“ und Teile vom „Willers-Bau“ der Technischen Universität Dresden.
Gesucht sei die (geradlinige) Entfernung von Eingang A nach Eingang B. Die Abmessungen der rechteckigen Grundfläche des Mensagebäude betragen $48\,\mathrm{m} \times 60\,\mathrm{m}$.

Es seien $\overline{Z}_i$, $\overline{A}$, $\overline{B}$ $(i = 0,\ldots,3)$ die Zentralrisse der Grundflächeneckpunkte Z_i der Mensa und der Eingänge A, B. Dabei wird vereinfachend angenommen, dass die Punkte Z_i, A und B in einer Ebene liegen. Mit $\overline{Z}_0$ als Ursprung und der $\overline{Z}_0\overline{Z}_1$-Achse als $\overline{x}$-Achse wird im Foto ein kartesisches Koordinatensystem $\mathrm{KS}(\overline{Z}_0, \overline{x}, \overline{y})$ festgelegt.

Wir messen (etwa in der Einheit 1 mm) die kartesischen Koordinaten $(\overline{z}_{i1}, \overline{z}_{i2})^{\mathrm{T}}$ jedes Bildpunktes $\overline{\mathrm{Z}}_{\mathrm{i}}$ und bilden dessen homogene Koordinaten $\underset{\sim}{\overline{z}}_i = (1, \overline{z}_{i1}, \overline{z}_{i2})^{\mathrm{T}}$. Analog bilden wir die homogenen Koordinaten $\underset{\sim}{\overline{a}} = (1, \overline{a}_1, \overline{a}_2)^{\mathrm{T}}$ und $\underset{\sim}{\overline{b}} = (1, \overline{b}_1, \overline{b}_2)^{\mathrm{T}}$ der Bildpunkte $\overline{A}$ und $\overline{B}$ in der Fotoebene $\overline{P}^2$.

Es sei nun $\mathrm{KS}(Z_0, x, y)$ ein kartesisches Koordinatensystem für die (Original-) Grundfläche P^2 der Mensa. Bezüglich dieses Systems haben die Punkte $Z_0,\ldots,Z_3$ die bekannten homogenen Koordinaten $\underset{\sim}{z}_0 = (1,0,0)^{\mathrm{T}}$, $\underset{\sim}{z}_1 = (1,48,0)^{\mathrm{T}}$, $\underset{\sim}{z}_2 = (1,48,60)^{\mathrm{T}}$, $\underset{\sim}{z}_3 = (1,0,60)^{\mathrm{T}}$ in der Einheit 1 m.

Nach dem Hauptsatz der Projektiven Geometrie in 8.3.1 besteht eine Kollineation $\underset{\sim}{\overline{z}} = \underset{\sim}{K}\underset{\sim}{z}$, die hier praktischerweise in der inversen Form angesetzt wird:

$$\underset{\sim}{z} = \underset{\sim}{S}\,\underset{\sim}{\overline{z}}. \tag{8.19}$$

Wenn $\underset{\sim}{S}$ berechnet ist, können dann die gesuchten Punkte A: $\underset{\sim}{a}$ und B: $\underset{\sim}{b}$ unmittelbar gefunden werden, nämlich

$$A:\ \underset{\sim}{S}\underset{\sim}{\overline{a}},\quad B:\ \underset{\sim}{S}\underset{\sim}{\overline{b}}. \tag{8.20}$$

Die numerische Berechnung von $\underset{\sim}{S}$ kann auf die Lösung eines linearen Gleichungssystems zurückgeführt werden: Wegen

$$\rho_i \underset{\sim}{z}_i = \underset{\sim}{S}\underset{\sim}{\overline{z}}_i \quad \text{bzw.} \quad \underset{\sim}{\overline{z}}_i^{\mathrm{T}} \underset{\sim}{S}^{\mathrm{T}} - \rho_i \underset{\sim}{z}_i^{\mathrm{T}} = \underset{\sim}{o}^{\mathrm{T}} \quad (i = 0,\ldots,3;\ \rho_i \neq 0)$$

folgt mit den Bezeichnungen $\underset{\sim}{s}_j$ $(j = 0,1,2)$ für die Spalten von $\underset{\sim}{S}^{\mathrm{T}}$

$$\underset{\sim}{\overline{z}}_i^{\mathrm{T}} \underset{\sim}{s}_j - \rho_i z_{ij} = 0 \quad (i = 0,\ldots,3;\ j = 0,1,2;\ \underset{\sim}{z}_i^{\mathrm{T}} = (z_{i0}, z_{i1}, z_{i2})). \tag{8.21}$$

Hierin darf ein ρ_i $(\neq 0)$ fest gewählt werden, z. B. $\rho_0 = 1$. Dann stellt (8.21) ein inhomogenes lineares Gleichungssystem aus 12 Gleichungen für 12 Unbekannte $\underset{\sim}{s}_0$, $\underset{\sim}{s}_1$, $\underset{\sim}{s}_2$, ρ_1, ρ_2, ρ_3 dar. Eine Lösung bestimmt $\underset{\sim}{S}$. Dann kann (8.20) angewendet werden. Die gefundenen homogenen Koordinaten der rekonstruierten Punkte A und B müssen noch auf die kartesischen umgerechnet werden.

Schließlich ergibt sich die gesuchte Entfernung zu

$$\overline{AB} = \sqrt{\left(\frac{b_1}{b_0} - \frac{a_1}{a_0}\right)^2 + \left(\frac{b_2}{b_0} - \frac{a_2}{a_0}\right)^2} = 91\,\mathrm{m}.$$

Aufgabe: Bestätigen Sie die angegebene Lösung, indem Sie den Lösungsweg mit in der Fig. 8.4 gemessenen Koordinaten nachvollziehen.

8.3.3 Kegelschnitte

Nach Wahl eines KS$(O;x,y)$ in der Ebene E^2 heißt die Menge aller Punkte $X(x,y)$, deren Koordinaten die Gleichung

$$a_{11}x^2+2a_{12}xy+a_{22}y^2+2a_{01}x+2a_{02}y+a_{00}=0, \quad (a_{11},a_{12},a_{22})\neq(0,0,0),$$

erfüllen, ein *Kegelschnitt* (*Kurve* 2. *Ordnung*, *Quadrik*). Dieser besitzt damit in Matrixschreibweise die (*inhomogene*) *Kegelschnittgleichung*

$$q(x,y):=\boldsymbol{x}^{\mathrm{T}}\boldsymbol{A}\boldsymbol{x}+2\boldsymbol{a}^{\mathrm{T}}\boldsymbol{x}+a_{00}=0,$$

$$\boldsymbol{A}=\begin{pmatrix}a_{11} & a_{12}\\ a_{12} & a_{22}\end{pmatrix},\ \boldsymbol{a}=\begin{pmatrix}a_{01}\\ a_{02}\end{pmatrix},\ \boldsymbol{x}=\begin{pmatrix}x\\ y\end{pmatrix}. \tag{8.22}$$

Führen wir homogene Koordinaten (8.1) ein und gehen damit in die projektiv erweiterte Ebene $\overline{E}^2$ über, so folgt die *homogene Kegelschnittgleichung*

$$q(\underset{\sim}{x})=\underset{\sim}{x}^{\mathrm{T}}\underset{\sim}{A}\underset{\sim}{x}=0, \qquad \underset{\sim}{A}=\begin{pmatrix}a_{00} & a_{01} & a_{02}\\ a_{01} & a_{11} & a_{12}\\ a_{02} & a_{12} & a_{22}\end{pmatrix}, \qquad \underset{\sim}{x}=\begin{pmatrix}x_0\\ x\\ y\end{pmatrix}=\begin{pmatrix}x_0\\ x_1\\ x_2\end{pmatrix}, \tag{8.23}$$

wobei $\boldsymbol{A}$ und $\underset{\sim}{A}$ symmetrische Matrizen sind.

Beispiele:

Ellipse/Hyperbel:	$b^2x^2\pm a^2y^2-a^2b^2=0$
zwei schneidende Geraden:	$x^2-y^2=0$
parallele verschiedene Geraden:	$x^2-1=0$
ein Punkt:	$x^2+y^2=0.$

□

Eine Klassifikation der Kegelschnitte im E^2 kann auf elementare Weise durch Koordinatentransformationen (vgl. [1], [5]) oder unter Benutzung der Eigenwerttheorie (vgl. z. B. [4]) erfolgen.

Man findet dann die *Normalformen* von Gleichungen für Kegelschnitte je bezüglich eines angepassten KS$(M;x,y)$ entsprechend folgender Tabelle $(a,b,c\neq0)$.

Rang $\underset{\sim}{A}$	Rang A	det A	Bezeichnung (Typ)	Normalform
3	2	>0	nullteiliger Kegelschnitt	$\frac{x^2}{a^2}+\frac{y^2}{b^2}+1=0$
			Ellipse	$\frac{x^2}{a^2}+\frac{y^2}{b^2}-1=0$
		<0	Hyperbel	$\frac{x^2}{a^2}-\frac{y^2}{b^2}-1=0$
	1	$=0$	Parabel	$y=cx^2$
2	2	>0	nullteiliges Paar schneidender Geraden	$\frac{x^2}{a^2}+\frac{y^2}{b^2}=0$
		<0	(reelles) Paar schneidender Geraden	$\left(\frac{x}{a}+\frac{y}{b}\right)\left(\frac{x}{a}-\frac{y}{b}\right)=0$
	1	$=0$	nullteiliges Paar paralleler Geraden	$x^2+a^2=0$
			(reelles) Paar paralleler Geraden	$x^2-a^2=0$
1	1	$=0$	Doppelgerade	$x^2=0$

Ein Kegelschnitt mit Rang $\underset{\sim}{A}=3$, d. h. det $\underset{\sim}{A}\neq 0$, heißt *regulär*.

Die zur Herleitung der Normalformen ausgeübten Koordinatentransformationen können als Bewegungen interpretiert werden. Dabei bleiben der Rang $\underset{\sim}{A}$, der Rang A und die Eigenwerte invariant. Deshalb ist der Typ eines Kegelschnitts *bewegungsinvariant.*

In Normalform hat $\underset{\sim}{A}$ für eine Ellipse oder Hyperbel die Gestalt

$$\underset{\sim}{A}=\begin{pmatrix}-1 & 0 & 0\\ 0 & \frac{1}{a^2} & 0\\ 0 & 0 & \frac{\alpha}{b^2}\end{pmatrix} \quad \text{mit} \quad \alpha=\pm 1, \tag{8.24}$$

für die Parabel hingegen

$$\underset{\sim}{A}=\begin{pmatrix} 0 & 0 & 1 \\ 0 & -2c & 0 \\ 1 & 0 & 0 \end{pmatrix}. \tag{8.25}$$

Satz 1: *Wendet man eine Affinität auf eine Ellipse, Parabel oder Hyperbel an, so erhält man wieder eine Ellipse, Parabel oder Hyperbel.*

B e w e i s : Es sei

$$\alpha\colon \boldsymbol{x} \mapsto \boldsymbol{y} = \boldsymbol{M}\,\boldsymbol{x} + \boldsymbol{m}, \quad \det \boldsymbol{M} \neq 0,$$

eine Affinität. Da eine Translation den Typ nicht ändert, kann $\boldsymbol{m} = \boldsymbol{o}$ gesetzt werden. Weiter schreiben wir α homogen:

$$\alpha\colon \underset{\sim}{x} \mapsto \underset{\sim}{y} = \begin{pmatrix} 1 & \boldsymbol{o}^{\mathrm{T}} \\ \boldsymbol{o} & \boldsymbol{M} \end{pmatrix} \underset{\sim}{x}.$$

Dann ist

$$\underset{\sim}{x} = \begin{pmatrix} 1 & \boldsymbol{o}^{\mathrm{T}} \\ \boldsymbol{o} & \boldsymbol{M}^{-1} \end{pmatrix} \underset{\sim}{y} =: \underset{\sim}{M}^{-1} \underset{\sim}{y}.$$

Die Anwendung der Affinität auf die homogene Kegelschnittgleichung (8.23) ergibt

$$0 = \underset{\sim}{x}^{\mathrm{T}} \underset{\sim}{A} \underset{\sim}{x} = (\underset{\sim}{M}^{-1}\underset{\sim}{y})^{\mathrm{T}} \underset{\sim}{A} (\underset{\sim}{M}^{-1}\underset{\sim}{y}) = \underset{\sim}{y}^{\mathrm{T}} \underset{\sim}{M}^{-1^{\mathrm{T}}} \underset{\sim}{A} \underset{\sim}{M}^{-1} \underset{\sim}{y},$$

und damit im Fall (8.24) den Bildkegelschnitt

$$0 = \underset{\sim}{y}^{\mathrm{T}} \underset{\sim}{B} \underset{\sim}{y} \quad \text{mit} \quad \underset{\sim}{B} = \underset{\sim}{M}^{-1^{\mathrm{T}}} \underset{\sim}{A} \underset{\sim}{M}^{-1} = \begin{pmatrix} -1 & \boldsymbol{o}^{\mathrm{T}} \\ \boldsymbol{o} & \boldsymbol{M}^{-1^{\mathrm{T}}} \boldsymbol{A} \boldsymbol{M}^{-1} \end{pmatrix}.$$

Mit $\boldsymbol{B} := \boldsymbol{M}^{-1^{\mathrm{T}}} \boldsymbol{A} \boldsymbol{M}^{-1}$ ergibt sich

$$\det \boldsymbol{B} = (\det(\boldsymbol{M}^{-1}))^2 \det \boldsymbol{A}, \quad \operatorname{Rang} \boldsymbol{B} = \operatorname{Rang} \boldsymbol{A}, \quad \operatorname{Rang} \underset{\sim}{B} = \operatorname{Rang} \underset{\sim}{A},$$

so dass

$$\det \boldsymbol{A} \begin{cases} > \\ = 0 \\ < \end{cases} \Leftrightarrow \det \boldsymbol{B} \begin{cases} > \\ = 0. \\ < \end{cases}$$

Im Fall (8.25) der Parabel berechnet man analog $\underset{\sim}{B}$ und bestätigt $\operatorname{Rang} \underset{\sim}{B} = 3$, $\operatorname{Rang} \boldsymbol{B} = 1$.
Die Klassifikation des Bildkegelschnitts nach $\underset{\sim}{B}$ hat demnach den gleichen Typ zur Folge wie die Klassifikation nach $\underset{\sim}{A}$. □

In den technischen Anwendungen sind oft Schnittpunkte von Kegelschnitten mit Geraden sowie Kegelschnitt-Tangenten interessant.

Sie können mit Bezug auf die homogene Kegelschnittgleichung einfach angegeben werden:

Betrachten wir zuerst die Aufgabe, einen Kegelschnitt $q\colon \underset{\sim}{x}^{\mathrm{T}} \underset{\sim}{A} \underset{\sim}{x} = 0$ und eine Gerade

$$g = RP\colon \underset{\sim}{x} = \alpha \underset{\sim}{r} + \beta \underset{\sim}{p}, \quad \alpha, \beta \in \mathbb{R}, \quad (\alpha, \beta) \neq (0,0) \tag{8.26}$$

zu schneiden.

Das Einsetzen von (8.26) in die Kegelschnittgleichung (8.23) ergibt für das Verhältnis $\alpha : \beta$ die quadratische Gleichung

$$\rho\alpha^2 + 2\mu\alpha\beta + \nu\beta^2 = 0 \quad \text{mit} \quad \rho := \underset{\sim}{r}^{\mathrm{T}} \underset{\sim}{A} \underset{\sim}{r}, \quad \mu := \underset{\sim}{r}^{\mathrm{T}} \underset{\sim}{A} \underset{\sim}{p}, \quad \nu := \underset{\sim}{p}^{\mathrm{T}} \underset{\sim}{A} \underset{\sim}{p}. \tag{8.27}$$

Im Fall $\rho \neq 0$ *) gibt es genau 2 Lösungen

$$\alpha_i = \tfrac{1}{\rho}(-\mu \pm \sqrt{\mu^2 - \rho\nu}), \quad \beta_i = 1, \quad i = 1, 2,$$

und damit zwei Schnittpunkte

$$S_i\colon \; \underset{\sim}{s}_i = \alpha_i \underset{\sim}{r} + \beta_i \underset{\sim}{p},$$

die für $\mu^2 - \rho\nu = 0$ zusammenfallen und für $\mu^2 - \rho\nu < 0$ konjugiert komplex sind.

Falls der Punkt $P\colon \underset{\sim}{p}$ der Geraden g auf dem Kegelschnitt q liegt, dann ist $\nu = 0$ und damit $\alpha_1 = 0$, $\alpha_2 = -\frac{2\mu}{\rho}$. Die Gerade g ist somit die Tangente t_P an q im Punkt P, wenn auch $\alpha_2 = 0$, d. h. wenn auch $\mu = \underset{\sim}{r}^{\mathrm{T}} \underset{\sim}{A} \underset{\sim}{p} = 0$ gilt. Definieren wir

$$\underset{\sim}{t} := \underset{\sim}{A} \underset{\sim}{p}, \tag{8.28}$$

so erkennen wir aus der Bedingung $0 = \underset{\sim}{r}^{\mathrm{T}} \underset{\sim}{A} \underset{\sim}{p} = (\underset{\sim}{A} \underset{\sim}{p})^{\mathrm{T}} \underset{\sim}{r} = \underset{\sim}{t}^{\mathrm{T}} \underset{\sim}{r}$ die Gleichung der Tangente $t_P\colon \underset{\sim}{t}^{\mathrm{T}} \underset{\sim}{x} = 0$, auf der natürlich der Punkt R liegen muss. Dabei ist $\underset{\sim}{t} = \underset{\sim}{A} \underset{\sim}{p} \neq \underset{\sim}{o}$ vorauszusetzen. Was bedeutet das?

Wenn das homogene Gleichungssystem $\underset{\sim}{A} \underset{\sim}{p} = \underset{\sim}{o}$ eine (nichttriviale) Lösung $\underset{\sim}{p} \neq \underset{\sim}{o}$ hat, dann ist $\det \underset{\sim}{A} = 0$. Dann ist q nicht regulär (siehe Tabelle).

Damit haben wir gezeigt:

Satz 2: *In einem Punkt $P\colon \underset{\sim}{p}$ eines regulären Kegelschnitts $q\colon \underset{\sim}{x}^{\mathrm{T}} \underset{\sim}{A} \underset{\sim}{x} = 0$ hat die Tangente t_P an q den Geradenkoordinatenvektor $\underset{\sim}{t} = \underset{\sim}{A} \underset{\sim}{p}$ bzw. die Gleichung $\underset{\sim}{p}^{\mathrm{T}} \underset{\sim}{A} \underset{\sim}{x} = 0$.*

Beispiel: Die Gleichung

$$\underset{\sim}{x}^{\mathrm{T}} \underset{\sim}{A} \underset{\sim}{x} = 0 \quad \text{mit} \quad \underset{\sim}{A} = \begin{pmatrix} -1 & 0 & 0 \\ 0 & \frac{1}{a^2} & 0 \\ 0 & 0 & \pm\frac{1}{b^2} \end{pmatrix}, \quad a, b > 0,$$

---

*) Aufgabe: Diskutieren Sie den Fall $\rho = 0$!

beschreibt mit $\underset{\sim}{x}^{\mathrm{T}} = (1, x, y)$ die Ellipse (bzw. Hyperbel für das untere Vorzeichen) $-1 + \frac{x^2}{a^2} \pm \frac{y^2}{b^2} = 0.$

Die Gleichung der Ellipsen- bzw. Hyperbeltangente in einem beliebigen Ellipsen- bzw. Hyperbelpunkt $\underset{\sim}{p}^{\mathrm{T}} = (1, p_x, p_y)$ lautet

$$\underset{\sim}{p}^{\mathrm{T}} \underset{\sim}{A} \underset{\sim}{x} = -1 + \frac{p_x}{a^2} x \pm \frac{p_y}{b^2} y = 0.$$

Die Definition (8.13) einer Korrelation und die Beziehung (8.28) regen dazu an, die Korrelation

$$\kappa \colon P^2 \to \overline{P}^2 \colon \underset{\sim}{x} \mapsto \overline{\underset{\sim}{x}} = \underset{\sim}{A} \underset{\sim}{x} \quad \text{mit } \underset{\sim}{A} = \underset{\sim}{A}^{\mathrm{T}}, \ \det \underset{\sim}{A} \neq 0, \tag{8.29}$$

zu betrachten, die durch einen Kegelschnitt $q \colon \underset{\sim}{x}^{\mathrm{T}} \underset{\sim}{A} \underset{\sim}{x} = 0$ bestimmt ist. Diese heißt *Polarität* an q. Die einem Punkt $X \colon \underset{\sim}{x}$ zugeordnete Gerade $\overline{X} \colon \overline{\underset{\sim}{x}}$ (mit dem Geradenkoordinatenvektor $\overline{\underset{\sim}{x}}$) heißt die *Polare* von X; umgekehrt ist einer Geraden $\overline{X}$ ihr *Pol* $X \colon \underset{\sim}{x} = \underset{\sim}{A}^{-1} \overline{\underset{\sim}{x}}$ zugeordnet.

□

Man kann Folgendes beweisen (vgl. Fig. 8.5).

Satz 3: *Für eine Polarität* (8.29) *in der projektiven Ebene gelten die folgenden umkehrbaren Aussagen*:

(1) *Wenn ein Punkt X auf q liegt, dann ist $\overline{X}$ die Tangente an q in X.*

(2) *Wenn ein Punkt X auf einer Geraden $\overline{S}$ liegt, dann schneidet $\overline{X}$ den Pol S von $\overline{S}$.*

(3) *Wenn $\overline{X}$ die Verbindungsgerade der Punkte R und S ist, dann ist X der Schnittpunkt von $\overline{R}$ und $\overline{S}$.*

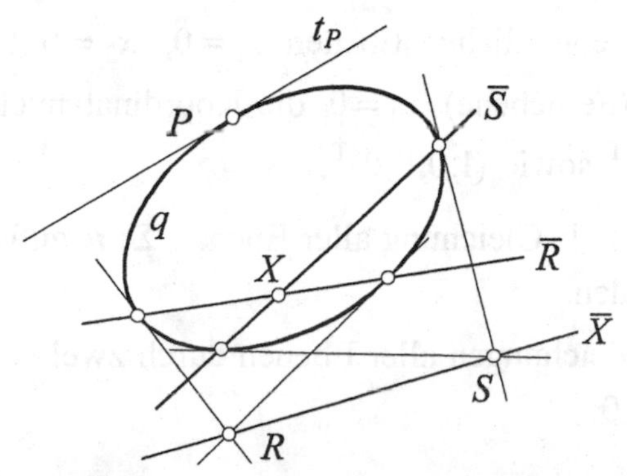

Fig. 8.5

8.4 Der dreidimensionale projektiv erweiterte Raum

8.4.1 Grundbegriffe

Wir spezialisieren die allgemeinen Grundbegriffe auf den Fall $d=3$ des dreidimensionalen projektiv erweiterten Raumes $\overline{E^3}$ mit einem kartesischen Koordinatensystem $\text{KS}(O;\xi_1,\xi_2,\xi_3)$:

Jedem eigentlichen Punkt $X(\xi_1,\xi_2,\xi_3)$ des $\overline{E^3}$ wird ein homogener Koordinatenvektor $\underset{\sim}{x}=(x_0,x_1,x_2,x_3)^\text{T}\neq\underset{\sim}{o}$ mit $x_0\neq 0$ und $x_i=x_0\,\xi_i$ $(i=1,2,3)$ zugeordnet, insbesondere gilt $\underset{\sim}{x}=(1,\xi_1,\xi_2,\xi_3)^\text{T}$ für $x_0=1$.

Jedem Fernpunkt werden alle projektiv gleichen Koordinatenvektoren der Form $\underset{\sim}{x}^\text{T}=(0,x_1,x_2,x_3)$ zugeordnet.

Ist $g=AB$ die Verbindungsgerade zweier verschiedener (eigentlicher) Punkte $A(\alpha_1,\alpha_2,\alpha_3)$ und $B(\beta_1,\beta_2,\beta_3)$, dann ist $(v_1,v_2,v_3)^\text{T}=(b_1-a_1,b_2-a_2,b_3-a_3)^\text{T}$ ein (kartesischer) Richtungsvektor von g, und der Fernpunkt G_u von g hat den homogenen Koordinatenvektor $(0,v_1,v_2,v_3)^\text{T}$ (vgl. 8.1.1).

Die Hyperebenen des $\overline{E^3}$ sind die (projektiven) Ebenen.

Jede Ebene Σ des $\overline{E^3}$ wird umkehrbar eindeutig durch einen homogenen Ebenenkoordinatenvektor

$$\underset{\sim}{u}=(u_0,u_1,u_2,u_3)^\text{T}\neq\underset{\sim}{o}$$

beschrieben. Alle Punkte X: $\underset{\sim}{x}$, die in einer Ebene Σ: $\underset{\sim}{u}$ liegen, genügen der Gleichung

$$\underset{\sim}{u}^\text{T}\underset{\sim}{x}=u_0x_0+u_1x_1+u_2x_2+u_3x_3=0. \tag{8.30}$$

Beispielsweise haben die eigentlichen Ebenen $x_1=0$, $x_2=0$ bzw. $x_3=0$ sowie die uneigentliche Ebene (Fernebene) $x_0=0$ die Koordinatenvektoren $(0,1,0,0)^\text{T}$, $(0,0,1,0)^\text{T}$ bzw. $(0,0,0,1)^\text{T}$ sowie $(1,0,0,0)^\text{T}$.

Die Gleichung (8.30) kann als Gleichung aller Ebenen Σ: $\underset{\sim}{u}$ aufgefasst werden, die einen Punkt X: $\underset{\sim}{x}$ schneiden.

Wir betrachten jetzt die Gleichungen aller Ebenen durch zwei verschiedene Punkte A: $\underset{\sim}{u}^\text{T}\underset{\sim}{a}=0$ und B: $\underset{\sim}{u}^\text{T}\underset{\sim}{b}=0$.

Dann gilt mit $(\alpha,\beta)\in \mathbb{R}^2 \setminus \{(0,0)\}$:

$$\underset{\sim}{u}^{\mathrm{T}}(\alpha \underset{\sim}{a})=0 \quad \text{und } \underset{\sim}{u}^{\mathrm{T}}(\beta \underset{\sim}{b})=0.$$

Addition beider Gleichungen ergibt

$$\underset{\sim}{u}^{\mathrm{T}}(\alpha \underset{\sim}{a}+\beta \underset{\sim}{b})=0,\ (\alpha,\beta)\neq(0,0).$$

Setzt man $\underset{\sim}{x}:=\alpha\underset{\sim}{a}+\beta\underset{\sim}{b}$, so erkennt man $\underset{\sim}{x}$ als Koordinatenvektor eines Punktes X, der auf allen Ebenen durch A und B liegt, also auf der Verbindungsgeraden AB.

Damit wurde bewiesen:

Lemma 1: *Zwei verschiedene Punkte A: $\underset{\sim}{a}$ und B: $\underset{\sim}{b}$ des $\overline{E^3}$ bestimmen genau eine Verbindungsgerade $g = AB$ mit der Parameterdarstellung*

$$\underset{\sim}{x}=\alpha\underset{\sim}{a}+\beta\underset{\sim}{b},\ \alpha,\beta\in\mathbb{R},\ (\alpha,\beta)\neq(0,0). \tag{8.31}$$

Diese wird *Gerade 1. Art* (*Menge der auf g liegenden Punkte, Punktreihe zu A und B*) genannt.

Vertauscht man nach dem Dualitätsprinzip die Begriffe „Punkt“ und „Ebene“, so folgt

Lemma 1': *Zwei verschiedene Ebenen $\Sigma:\underset{\sim}{u}$ und $\Phi:\underset{\sim}{v}$ des $\overline{E^3}$ bestimmen genau eine Schnittgerade $g=\Sigma\cap\Phi$ mit der Parameterdarstellung*

$$\underset{\sim}{w}=\lambda\underset{\sim}{u}+\mu\underset{\sim}{v},\ \lambda,\mu\in\mathbb{R},\ (\lambda,\mu)\neq(0,0). \tag{8.32}$$

Diese wird *Gerade 2. Art* (*Menge der durch g verlaufenden Ebenen, Ebenenbüschel zu Σ und Φ*) genannt.

Dabei ist $\underset{\sim}{w}=\lambda\underset{\sim}{u}+\mu\underset{\sim}{v}$ Koordinatenvektor einer Ebene, welche die Schnittgerade $g=\Sigma\cap\Phi$ schneidet.

Wegen (8.30, 8.31 und 8.32) lautet das **Dualitätsprinzip im $\overline{E^3}$** wie folgt:

Vertauscht man in einem im $\overline{E^3}$ gültigen Satz (S) *die Begriffe*

Punkt	*Ebene*
Verbindungsgerade (zweier Punkte)	*Schnittgerade (zweier Ebenen)*
verbinden	*schneiden*
Punktreihe	*Ebenenbüschel*

so entsteht ein gültiger Satz (S*).

8.4.2 Verbinden und Schneiden

Im Folgenden wollen wir Aufgaben zur Inzidenz und zum Verbinden und Schneiden von Punkten, Geraden und Ebenen bearbeiten. Dabei seien bis auf Widerruf gegeben:

1) Drei Punkte A, B, C repräsentiert durch Punktkoordinaten $\underset{\sim}{a}, \underset{\sim}{b}, \underset{\sim}{c} \in \mathbb{R}^4 \setminus \{\underset{\sim}{o}\}$.

2) Zwei Ebenen Σ, Φ repräsentiert durch Ebenenkoordinaten $\underset{\sim}{u}, \underset{\sim}{v} \in \mathbb{R}^4 \setminus \{\underset{\sim}{o}\}$.

Wir schreiben $A \in \Sigma$, wenn „A in Σ liegt" oder „Σ in A schneidet" oder gleichwertig „A und Σ inzidieren".

Damit kann als Inzidenzkriterium formuliert werden:

$$A \in \Sigma \Leftrightarrow \underset{\sim}{u}^{\mathrm{T}} \underset{\sim}{a} = 0.$$

Satz 1: *Drei linear unabhängige Punkte A, B, C des* $\overline{E^3}$ *inzidieren mit genau einer Ebene* Σ: $\underset{\sim}{u} = (u_0, u_1, u_2, u_3)^{\mathrm{T}}$, *wobei gilt*

$$u_i = (-1)^{i+1} \begin{vmatrix} a_j & b_j & c_j \\ a_k & b_k & c_k \\ a_l & b_l & c_l \end{vmatrix} \quad \text{für} \quad (i,j,k,l) = (0,1,2,3), (1,0,2,3), (2,0,1,3), (3,0,1,2).$$

Beweis: Die Repräsentanten $\underset{\sim}{a}, \underset{\sim}{b}, \underset{\sim}{c} \in \mathbb{R}^4$ der Punkte A, B, C sind linear unabhängig vorausgesetzt. Jedoch sind die Punkte A, B, C und X: $\underset{\sim}{x} = \alpha \underset{\sim}{a} + \beta \underset{\sim}{b} + \gamma \underset{\sim}{c}$ mit $\alpha, \beta, \gamma \in \mathbb{R}$, $(\alpha, \beta, \gamma) \neq (0,0,0)$, linear abhängig. Deshalb ist $\det(\underset{\sim}{a}, \underset{\sim}{b}, \underset{\sim}{c}, \underset{\sim}{x}) = 0$. Die Entwicklung der Determinante nach der letzten Spalte liefert

$$0 = \det(\underset{\sim}{a}, \underset{\sim}{b}, \underset{\sim}{c}, \underset{\sim}{x}) = \begin{vmatrix} a_0 & b_0 & c_0 & x_0 \\ \vdots & \vdots & \vdots & \vdots \\ a_3 & b_3 & c_3 & x_3 \end{vmatrix} = u_0 x_0 + \ldots + u_3 x_3$$

mit den angegebenen Unterdeterminanten u_i, die wegen der linearen Unabhängigkeit von A, B, C nicht alle gleichzeitig verschwinden. □

Satz 2: *Eine Ebene* Σ *und eine Verbindungsgerade* $g = AB$ ($A \notin \Sigma$ *oder* $B \notin \Sigma$) *schneiden sich genau in dem Schnittpunkt*

$$S: \underset{\sim}{s} = (\underset{\sim}{a} \underset{\sim}{b}^{\mathrm{T}} - \underset{\sim}{b} \underset{\sim}{a}^{\mathrm{T}}) \underset{\sim}{u}. \tag{8.33}$$

Dual dazu gilt:

Ein Punkt C und eine Gerade $g = \Sigma \cap \Phi$ ($C \notin \Sigma$ *oder* $C \notin \Phi$) *haben genau die Verbindungsebene* Γ:

$$\underset{\sim}{w} = (\underset{\sim}{u} \underset{\sim}{v}^{\mathrm{T}} - \underset{\sim}{v} \underset{\sim}{u}^{\mathrm{T}}) \underset{\sim}{c}.$$

Beweis: $g = AB$: $\underset{\sim}{x} = \alpha\underset{\sim}{a} + \beta\underset{\sim}{b}$ mit $(\alpha,\beta) \neq (0,0)$. Wegen $S \in g$ muss

$$\underset{\sim}{s} = \alpha\underset{\sim}{a} + \beta\underset{\sim}{b} \qquad (*)$$

für ein bestimmtes, homogenes Paar (α,β) gelten. Wegen $S \in \Sigma$ muss $\underset{\sim}{u}^{\mathrm{T}}\underset{\sim}{s} = 0$ gelten.

Deshalb folgt

$$\underset{\sim}{u}^{\mathrm{T}}(\alpha\underset{\sim}{a} + \beta\underset{\sim}{b}) = \alpha(\underset{\sim}{u}^{\mathrm{T}}\underset{\sim}{a}) + \beta(\underset{\sim}{u}^{\mathrm{T}}\underset{\sim}{b}) = 0\,. \qquad (**)$$

1. Fall: $\underset{\sim}{u}^{\mathrm{T}}\underset{\sim}{a} = 0$ und $\underset{\sim}{u}^{\mathrm{T}}\underset{\sim}{b} = 0$, dann $A \in \Sigma$ und $B \in \Sigma$ im Widerspruch zur Voraussetzung.

2. Fall: $\underset{\sim}{u}^{\mathrm{T}}\underset{\sim}{a} \neq 0$ oder $\underset{\sim}{u}^{\mathrm{T}}\underset{\sim}{b} \neq 0$, dann ist (**) lösbar mit $(\alpha,\beta) = (\underset{\sim}{u}^{\mathrm{T}}\underset{\sim}{b}, -\underset{\sim}{u}^{\mathrm{T}}\underset{\sim}{a}) \neq (0,0)$.

Wird diese Lösung in (*) eingesetzt, so folgt

$$\underset{\sim}{s} = (\underset{\sim}{u}^{\mathrm{T}}\underset{\sim}{b})\underset{\sim}{a} - (\underset{\sim}{u}^{\mathrm{T}}\underset{\sim}{a})\underset{\sim}{b} = \underset{\sim}{a}(\underset{\sim}{b}^{\mathrm{T}}\underset{\sim}{u}) - \underset{\sim}{b}(\underset{\sim}{a}^{\mathrm{T}}\underset{\sim}{u}) = (\underset{\sim}{a}\underset{\sim}{b}^{\mathrm{T}} - \underset{\sim}{b}\underset{\sim}{a}^{\mathrm{T}})\underset{\sim}{u}. \qquad (***)$$

Das ist die Behauptung. □

8.4.3 PLÜCKERsche Geradenkoordinaten

Wir wollen auch den Geraden des $\overline{E^3}$ homogene bzw. projektive Koordinaten zuordnen. Dazu bietet sich die folgende Definition an:

Die (4,4)-Matrix $\underset{\sim}{G} := \underset{\sim}{a}\underset{\sim}{b}^{\mathrm{T}} - \underset{\sim}{b}\underset{\sim}{a}^{\mathrm{T}}$ (bzw. $\hat{\underset{\sim}{G}} := \underset{\sim}{u}\underset{\sim}{v}^{\mathrm{T}} - \underset{\sim}{v}\underset{\sim}{u}^{\mathrm{T}}$) heißt *Geradenkoordinatenmatrix 1. Art* (bzw. *2. Art*) zu der Verbindungsgeraden der Punkte A: $\underset{\sim}{a}$ und B: $\underset{\sim}{b}$ (bzw. zu der Schnittgeraden der Ebenen Σ: $\underset{\sim}{u}$ und Φ: $\underset{\sim}{v}$).

Diese Festlegung ist möglich, weil gilt:

Lemma: *Die Abbildung $g = AB \mapsto \underset{\sim}{G}$ (bzw. $g = \Sigma \cap \Phi \mapsto \hat{\underset{\sim}{G}}$) ist von der Wahl der g festlegenden Punkte A, B (bzw. Ebenen Σ, Φ) unabhängig.*

Beweis: Aufgabe

Eine Anwendung von Geradenkoordinatenmatrizen zeigt der folgende

Satz 1 (Inzidenz mit einer Geraden):

1) $g = AB \subset \Sigma \quad \Leftrightarrow \quad \underset{\sim}{G}\underset{\sim}{u} = \underset{\sim}{o}$.

2) $X \in g \quad \Leftrightarrow \quad \hat{\underset{\sim}{G}}\underset{\sim}{x} = \underset{\sim}{o}$.

Beweis: Nach (8.33) bestimmen eine Ebene Σ und eine Gerade $g = AB$ genau dann keinen eindeutigen Schnittpunkt, wenn $g \subset \Sigma$ gilt.
Die zweite Behauptung gilt auf Grund des Dualitätsprinzips. □

Wenn wir eine Geradenkoordinatenmatrix 1. Art ausrechnen, so ergibt sich

$$\underset{\sim}{G} = \underset{\sim}{a}\underset{\sim}{b}^{\mathrm{T}} - \underset{\sim}{b}\underset{\sim}{a}^{\mathrm{T}} = (a_i b_j)_{4,4} - (b_i a_j)_{4,4} = (a_i b_j - b_i a_j)_{4,4} =: (g_{ij}) \quad (i, j = 0, \ldots, 3).$$

Weiter ist $\underset{\sim}{G}$ schiefsymmetrisch, denn

$$\underset{\sim}{G}^{\mathrm{T}} = (a_i b_j - b_i a_j)_{4,4}^{\mathrm{T}} = (a_j b_i - b_j a_i)_{4,4} = -(a_i b_j - b_i a_j)_{4,4} = -\underset{\sim}{G}.$$

In der Matrix $\underset{\sim}{G}$ stehen also nur 6 wesentliche Elemente und die zu ihnen entgegengesetzten. Analoges gilt für die Geradenkoordinatenmatrix 2. Art:

$$\hat{\underset{\sim}{G}} = (u_i v_j - v_i u_j)_{4,4} =: (\hat{g}_{ij}) = -\hat{\underset{\sim}{G}}^{\mathrm{T}}.$$

Man setzt deshalb

$$\underset{\sim}{G} = \begin{pmatrix} 0 & g_1 & g_2 & g_3 \\ -g_1 & 0 & g_6 & -g_5 \\ -g_2 & -g_6 & 0 & g_4 \\ -g_3 & g_5 & -g_4 & 0 \end{pmatrix} \qquad \hat{\underset{\sim}{G}} = \begin{pmatrix} 0 & \hat{g}_1 & \hat{g}_2 & \hat{g}_3 \\ -\hat{g}_1 & 0 & \hat{g}_6 & -\hat{g}_5 \\ -\hat{g}_2 & -\hat{g}_6 & 0 & \hat{g}_4 \\ -\hat{g}_3 & \hat{g}_5 & -\hat{g}_4 & 0 \end{pmatrix} \tag{8.29}$$

mit

$$\begin{aligned} g_{01} &= g_1,\ g_{02} = g_2,\ g_{03} = g_3,\ g_{23} = g_4,\ g_{31} = g_5,\ g_{12} = g_6; \\ \hat{g}_{01} &= \hat{g}_1,\ \hat{g}_{02} = \hat{g}_2,\ \hat{g}_{03} = \hat{g}_3,\ \hat{g}_{23} = \hat{g}_4,\ \hat{g}_{31} = \hat{g}_5,\ \hat{g}_{12} = \hat{g}_6. \end{aligned} \tag{8.30}$$

Das homogene Koordinaten-6-Tupel $\underset{\sim}{g} = (g_1, \ldots, g_6)^{\mathrm{T}}$ bzw. $\hat{\underset{\sim}{g}} = (\hat{g}_1, \ldots, \hat{g}_6)^{\mathrm{T}}$ heißt *PLÜCKERscher Geradenkoordinatenvektor* 1. Art bzw. 2. Art.

Da die Mannigfaltigkeit der Geraden im $\overline{E^3}$ jedoch 4-dimensional ist, muss eine Beziehung zwischen den g_i bzw. $\hat{g}_i$ bestehen. Es ist die *PLÜCKER-Identität*

$$g_1 g_4 + g_2 g_5 + g_3 g_6 = 0 \quad \text{bzw.} \quad \hat{g}_1 \hat{g}_4 + \hat{g}_2 \hat{g}_5 + \hat{g}_3 \hat{g}_6 = 0. \tag{8.31}$$

Die Zuordnung zwischen Geraden und PLÜCKERschen Geradenkoordinatenvektoren, die die PLÜCKER-Identität erfüllen, ist bis auf projektive Gleichheit umkehrbar eindeutig. Aufgabe 8.12 zeigt eine Beziehung zwischen $\underset{\sim}{g}$ und $\hat{\underset{\sim}{g}}$.

Eine Anwendung der Geradenkoordinaten in der Mechanik deutet der folgende Satz an.

Satz 2: *Ein Geradenkoordinatenvektor* $\underset{\sim}{g} = \begin{pmatrix} \boldsymbol{g} \\ \hat{\boldsymbol{g}} \end{pmatrix}$ *mit* $\boldsymbol{g} = \begin{pmatrix} g_1 \\ g_2 \\ g_3 \end{pmatrix}$, $\hat{\boldsymbol{g}} = \begin{pmatrix} g_4 \\ g_5 \\ g_6 \end{pmatrix}$ *beschreibt eine uneigentliche Gerade genau dann, wenn* $\boldsymbol{g} = \boldsymbol{o}$ *gilt. Andernfalls ist* $\boldsymbol{g}$ *ein Richtungsvektor der eigentlichen Geraden g, und es gilt* $\hat{\boldsymbol{g}} = \boldsymbol{a} \times \boldsymbol{g}$ *für jeden eigentlichen Punkt* $A \in g$.

Es heißt $\hat{\boldsymbol{g}}$ das *Drehmoment* von $\boldsymbol{g}$ bezüglich des Nullpunktes O. Den Fußpunkt F der Normalen aus O auf g kann man mit $\boldsymbol{f} = \frac{1}{\boldsymbol{g} \cdot \boldsymbol{g}} \boldsymbol{g} \times \hat{\boldsymbol{g}}$ berechnen.

Aufgaben

8.1 In der projektiv erweiterten Ebene $\overline{E^2}$ ist $\underset{\sim}{a}=(1,2,3)^{\mathrm{T}}$ ein homogener Koordinatenvektor eines Punktes A. Welche der folgenden homogenen Koordinatenvektoren stellen ebenfalls A dar?

$$\underset{\sim}{a}_1=\begin{pmatrix}2\\4\\6\end{pmatrix},\quad \underset{\sim}{a}_2=\begin{pmatrix}2\\4\\-6\end{pmatrix},\quad \underset{\sim}{a}_3=\begin{pmatrix}-2\\-4\\-6\end{pmatrix},\quad \underset{\sim}{a}_4=\begin{pmatrix}10\\12\\13\end{pmatrix}.$$

8.2 Welche der folgenden Punkte der Ebene $\overline{E^2}$ liegen mit den Punkten A: $\begin{pmatrix}1\\2\\3\end{pmatrix}$ und B: $\begin{pmatrix}3\\2\\1\end{pmatrix}$ auf einer Geraden?

$$A_1: \underset{\sim}{a}_1=\begin{pmatrix}2\\4\\6\end{pmatrix},\quad A_2: \underset{\sim}{a}_2=\begin{pmatrix}-4\\0\\4\end{pmatrix},\quad A_3: \underset{\sim}{a}_3=\begin{pmatrix}8\\4\\0\end{pmatrix},\quad A_4: \underset{\sim}{a}_4=\begin{pmatrix}0\\1\\3\end{pmatrix}.$$

8.3 Bestimmen Sie homogene Geradenkoordinatenvektoren für folgende Geraden der Ebene $\overline{E^2}$:

a) die Verbindungsgerade g_1 der Punkte A: $\begin{pmatrix}2\\4\\6\end{pmatrix}$ und B: $\begin{pmatrix}1\\5\\1\end{pmatrix}$;

b) die Verbindungsgerade g_2 der Punkte E: $\begin{pmatrix}1\\1\\1\end{pmatrix}$ und G_{u}: $\begin{pmatrix}0\\1\\3\end{pmatrix}$;

c) die Ferngerade f.

8.4 Welche homogenen Koordinaten besitzt der Schnittpunkt der Geraden g_1 aus 8.3a) mit der Geraden g_2 aus 8.3b) bzw. mit der Geraden f aus 8.3c) ?

8.5 Bestimmen Sie den Schnittpunkt S: $\underset{\sim}{s}$ der zwei Geraden u: $\begin{pmatrix}1\\2\\3\end{pmatrix}$ und v: $\begin{pmatrix}1\\5\\1\end{pmatrix}$. Können sie alle Geradenkoordinatenvektoren von Geraden angeben, auf denen der Schnittpunkt S von u und v liegt?

8.6 Bezüglich eines kartesischen Koordinatensystems im E^3 seien gegeben:

$$A(-1,1,5),\ B(-2,1,3),\ C(-2,0,4),\ \Sigma\colon x+y-2z-9=0,\ \Delta\colon y+3z+2=0.$$

Berechnen Sie unter Verwendung homogener Koordinatenvektoren im projektiv erweiterten Raum $\overline{E^3}$

a) die Gleichung der Ebene durch den Punkt A, die zu der Ebene Σ parallel ist,

b) die Gleichung der Ebene, die durch den Punkt B geht sowie durch die Schnittgerade der Ebenen Σ und Δ,

c) die Gleichung der Ebene ABC.

8.7 Von einer Geraden g sind die PLÜCKERschen Geradenkoordinaten $\underset{\sim}{g}=(-3,2,1,0,-3,6)^{\mathrm{T}}$ bekannt. Bestimmen Sie

a) zwei Punkte A, B, so dass g ihre Verbindungsgerade ist und

b) zwei Ebenen Σ und Δ, so dass g ihre Schnittgerade ist.

8.8 Im projektiv-abgeschlossenen Raum $\overline{E^3}$ seien gegeben:

$A: \underset{\sim}{a}=(1,0,-1,-3)^{\mathrm{T}},\quad B: \underset{\sim}{b}=(5,5,5,0)^{\mathrm{T}},\quad C: \underset{\sim}{c}=(1,0,1,0)^{\mathrm{T}},\quad D: \underset{\sim}{d}=(3,6,0,12)^{\mathrm{T}},$

$g: \underset{\sim}{g}=(1,2,3,0,-3,2)^{\mathrm{T}}.$

a) Bestätigen Sie, dass sich die Verbindungsgerade h der Punkte A und B mit der gegebenen Geraden g in einem Punkt S schneidet.

b) Gesucht ist der Schnittpunkt der x_3-Achse des Koordinatensystems mit der Verbindungsebene SCD.

8.9 Mit der Bildebene $\Pi: \underset{\sim}{u}$ und dem Augpunkt $S: \underset{\sim}{s}$ wird eine Zentral- oder Parallelprojektion $\zeta: \underset{\sim}{x} \mapsto \underset{\sim}{x}^*$ durch $\underset{\sim}{x}^*=(\underset{\sim}{s}^{\mathrm{T}}\underset{\sim}{u}E-\underset{\sim}{s}\underset{\sim}{u}^{\mathrm{T}})\underset{\sim}{x}$ beschrieben.
Wie spezialisiert sich diese Abbildungsgleichung für

a) die Zentralprojektion auf $\Pi: x_0+x_1=0$ mit $\underset{\sim}{s}=(1,2,0,0)^{\mathrm{T}}$,

b) die Parallelprojektion auf $\Pi: x_0+x_1=0$ mit $\underset{\sim}{s}=(0,r_1,r_2,r_3)^{\mathrm{T}},\ (r_1,r_2,r_3)^{\mathrm{T}} \neq (0,0,0)^{\mathrm{T}}$,

c) die spezielle Parallelprojektion – den so genannten Grundriss – auf $\Pi: x_3=0$ mit $\underset{\sim}{s}=(0,0,0,1)^{\mathrm{T}}$?

8.10 Wie lautet die Normalform des Kegelschnitts $9x^2-12xy+4y^2+30x-20y+25=0$?
Fertigen Sie eine Skizze dieser Kurve an!

8.11 Es sei der Kegelschnitt $q: x^2+4y^2=4$ gegeben.

a) Geben Sie die Gleichung der Tangente im Punkt $P(1,\frac{1}{2}\sqrt{3})$ an.

b) Geben Sie die Gleichung der Polaren $\overline{S}$ zu dem Punkt $S(1,2)$ an.

c) Zeigen Sie, dass die Schnittpunkte der Polaren $\overline{S}$ mit q die Berührpunkte der aus S an q gelegten Tangenten sind.

8.12 Ein und dieselbe Gerade g werde durch PLÜCKERsche Geradenkoordinatenmatrizen $\underset{\sim}{G}$ und $\underset{\sim}{\hat{G}}$ bzw. entsprechenden PLÜCKERschen Geradenkoordinatenvektoren $\underset{\sim}{g}=\begin{pmatrix}\boldsymbol{g}_1\\ \hat{\boldsymbol{g}}_1\end{pmatrix}$ und $\underset{\sim}{\hat{g}}=\begin{pmatrix}\boldsymbol{g}_2\\ \hat{\boldsymbol{g}}_2\end{pmatrix}$ beschrieben.

a) Beweisen Sie, dass $\underset{\sim}{G}\underset{\sim}{\hat{G}}=\underset{\sim}{O}$ gilt.

b) Beweisen Sie unter Verwendung von $\underset{\sim}{G}\underset{\sim}{\hat{G}}=\underset{\sim}{O}$, dass gilt:

$\boldsymbol{g}_1=\hat{\boldsymbol{g}}_2,\ \hat{\boldsymbol{g}}_1=\boldsymbol{g}_2.$

9 Kurven

Mit den Methoden der Differential- und Integralrechnung werden in der Differentialgeometrie geometrische Eigenschaften von Kurven und Flächen in einer hinreichend kleinen Umgebung eines ihrer Punkte untersucht. Solche Eigenschaften sind in einem Kurvenpunkt die Tangente, Krümmung, Windung oder die Schmiegebene. Technisch wichtige ebene Kurven dienen als Beispielmaterial für die dargelegte elementare Kurventheorie und zeigen Anwendungsbereiche auf.

Um in das praxisrelevante Gebiet des computergestützten Kurven- und Flächenentwurfs einzuführen, werden bereits höhere invariante Ableitungen bezüglich eines beliebigen Kurvenparameters bereitgestellt, um dann Kurvenstücke bis zur 3ten Ordnung geometrisch stetig verbinden zu können.

Als wichtige Beispiele werden HERMITEsche IP-Kurven und BÉZIER-Kurven behandelt.

9.1 Natürliche Darstellung, invariante Ableitungen

9.1.1 Sehnenpolygon und Bogenlänge einer Kurve

Es sei an den einführenden Abschnitt 3.2.1, Kurven und Tangenten, erinnert.

Auf einer glatten Kurve

$$c:\, \boldsymbol{x} = \boldsymbol{x}(u) = (x_1(u), x_2(u), x_3(u))^{\mathrm{T}}, \quad u \in [a,b] \subset \mathbb{R},$$

des 3-Raumes erhält man durch eine Zerlegung

$$a = u_0 < u_1 < u_2 \ldots < u_n = b$$

ihres Parameterbereiches $[a,b]$ die Kurvenpunkte

$$X_i:\, \boldsymbol{x}_i = \boldsymbol{x}(u_i), \quad i = 0,\ldots,n,$$

die ein *Sehnenpolygon* $\mathfrak{S} = (X_0,\ldots,X_n)$ definieren. Eine Zerlegung mit

$$u_i = u_0 + i \cdot \Delta u, \quad \Delta u = \frac{b-a}{n}, \quad i = 1,\ldots,n, \tag{9.1}$$

liefert *gleichabständige* Kurvenparameterwerte, aber die Strecken $X_{i-1}X_i$ der Länge

$$l_i = \| \boldsymbol{x}_i - \boldsymbol{x}_{i-1} \|$$

sind i. Allg. unterschiedlich lang (Fig. 9.1).

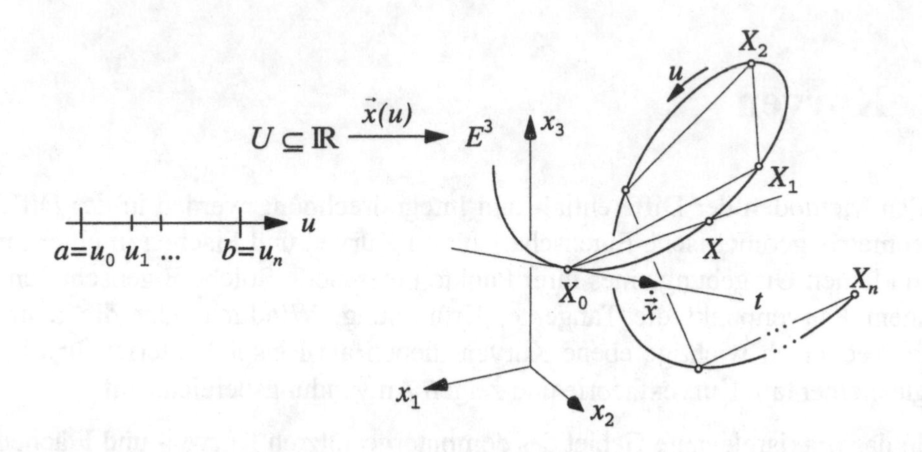

Fig. 9.1

Bemerkung: Bei der computergrafischen Darstellung von Raumkurven werden diese i. Allg. durch ein Polygon $\mathcal{B} = (X_0,\ldots,X_n)$ approximiert, dessen Ecken X_i auf der Raumkurve gewählt werden. Dann werden diese Ecken projiziert und das entstehende Bildpolygon $\mathcal{B}^\alpha = (X_0^\alpha,\ldots,X_n^\alpha)$ grafisch dargestellt. $\mathcal{B}$ bzw. $\mathcal{B}^\alpha$ approximiert die Raumkurve bzw. deren Bildkurve um so besser, je größer n gewählt wird.

Das Sehnenpolygon $\mathcal{B}$ hat die Länge

$$l_n = \sum_{i=1}^{n} \| \boldsymbol{x}_i - \boldsymbol{x}_{i-1} \|,$$

die die Kurvenlänge zwischen $\boldsymbol{x}(a)$ und $\boldsymbol{x}(b)$ approximiert.

Die Integralrechnung lehrt, dass der Grenzübergang $n \to \infty$ (wobei die Länge der größten Sehne gegen Null konvergiert) die gesuchte Kurvenlänge ergibt:

$$l = \lim_{n\to\infty} l_n = \int_a^b \sqrt{\dot{x}_1^2 + \dot{x}_2^2 + \dot{x}_3^2}\, \mathrm{d}u = \int_a^b \| \dot{\boldsymbol{x}} \| \,\mathrm{d}u.$$

Denken wir uns die obere Integralgrenze variabel, so ist jedem Kurvenpunkt $\boldsymbol{x}(u)$ seine von $\boldsymbol{x}(a)$ aus gemessene *Bogenlänge*

$$s(u) = \int_a^u \| \dot{\boldsymbol{x}}(\tilde{u}) \| \,\mathrm{d}\tilde{u} \tag{9.2}$$

zugeordnet.

Wir bemerken

$$\dot{s} = \frac{\mathrm{d}s}{\mathrm{d}u} = \| \dot{\boldsymbol{x}}(u) \|.$$

Satz: *Eine glatte Kurve* $c\colon \boldsymbol{x} = \boldsymbol{x}(u),\ u \in U$, *kann auf ihre Bogenlänge* $s = s(u)$ *als Kurvenparameter bezogen werden. Dann heißt*

$$\boldsymbol{x} = \boldsymbol{x}(s) = \boldsymbol{x}(u(s)) \tag{9.3}$$

die natürliche (kanonische) Darstellung *von c, und es ist*

$$\boldsymbol{x}'(s) := \frac{\mathrm{d}}{\mathrm{d}s}\boldsymbol{x}(s)$$

ein Einheitsvektor in Tangentenrichtung für alle s:

$$\| \boldsymbol{x}'(s) \| = 1. \tag{9.4}$$

B e w e i s : Wegen $\dot{s} = \|\dot{\boldsymbol{x}}\| > 0$ ist $s = s(u)$ streng monoton wachsend, so dass die Umkehrfunktion $u = u(s)$ stets existiert. Damit gilt[*)]

$$\frac{\mathrm{d}u}{\mathrm{d}s} = u'(s) = \frac{1}{\dot{s}(u)} = \frac{1}{\|\dot{\boldsymbol{x}}\|} = (\dot{\boldsymbol{x}} \cdot \dot{\boldsymbol{x}})^{-\frac{1}{2}}. \tag{9.5}$$

Die Substitution von u durch $u = u(s)$ in der Parameterdarstellung $\boldsymbol{x} = \boldsymbol{x}(u)$ liefert (9.3), wobei vereinfachend die gleiche Funktionsbezeichnung $\boldsymbol{x}(.)$ beibehalten wird. Nun ist nach der Kettenregel und (9.5)

$$\boldsymbol{x}'(s) = \frac{\mathrm{d}}{\mathrm{d}s}\boldsymbol{x}(u(s)) = \frac{\mathrm{d}}{\mathrm{d}u}\boldsymbol{x}(u)\,\frac{\mathrm{d}u}{\mathrm{d}s} = \frac{1}{\|\dot{\boldsymbol{x}}\|}\dot{\boldsymbol{x}}$$

ein Vielfaches des Richtungsvektors $\dot{\boldsymbol{x}}$ der Tangente mit der Eigenschaft (9.4). □

Bemerkungen:

1. (9.3) heißt natürliche Darstellung, weil ihr Kurvenparameter s eine nur von der Kurve abhängende, natürliche Größe ist, d. h. **invariant** gegenüber Koordinatensystem-Transformationen und **invariant** gegenüber zulässigen Parametertransformationen. Damit sind auch alle aus der natürlichen Darstellung abgeleiteten Größen invariant gegenüber den o. g. Transformationen.
2. Praktisch ist $s = s(u)$ nicht immer explizit zu berechnen, jedoch erleichtert die theoretische Existenz einer natürlichen Darstellung die Herleitung von Aussagen der Kurventheorie.

9.1.2 Höhere invariante Ableitungen

Wir stellen durch weiteres Differenzieren von (9.5) und (9.3) Formeln bereit, die es gestatten, die invarianten *Ableitungen bis zur dritten Ordnung* nach der Bogenlänge s zu berechnen, auch wenn sich die Bogenlänge nach (9.2) nicht explizit berechnen lässt.

---

*) In der Differentialgeometrie wird die Schreibweise $\boldsymbol{x} \cdot \boldsymbol{y}$ für das Skalarprodukt im $\mathbb{R}^d$ bevorzugt, der wir uns anschließen. Man darf dann $\boldsymbol{x} \cdot \boldsymbol{x} = \boldsymbol{x}^2$ setzen.

$$\frac{\mathrm{d}^2u}{\mathrm{d}s^2} = u'' = -\tfrac{1}{2}(\dot{x}\cdot\dot{x})^{-\frac{3}{2}}2(\dot{x}\cdot\ddot{x})\frac{\mathrm{d}u}{\mathrm{d}s} = -\frac{1}{(\dot{x}\cdot\dot{x})^2}\dot{x}\cdot\ddot{x}, \tag{9.6}$$

$$\frac{\mathrm{d}^3u}{\mathrm{d}s^3} = u''' = \frac{4(\dot{x}\cdot\ddot{x})^2 - (\ddot{x}^2 + \dot{x}\cdot\dddot{x})\dot{x}^2}{(\dot{x}\cdot\dot{x})^3\sqrt{\dot{x}\cdot\dot{x}}}.$$

Das Differenzieren der natürlichen Darstellung ergibt

$$x' = \dot{x}\frac{\mathrm{d}u}{\mathrm{d}s}$$

$$x'' = \ddot{x}\left(\frac{\mathrm{d}u}{\mathrm{d}s}\right)^2 + \dot{x}\frac{\mathrm{d}^2u}{\mathrm{d}s^2}, \tag{9.7}$$

$$x''' = \dddot{x}\left(\frac{\mathrm{d}u}{\mathrm{d}s}\right)^3 + 3\ddot{x}\frac{\mathrm{d}u}{\mathrm{d}s}\frac{\mathrm{d}^2u}{\mathrm{d}s^2} + \dot{x}\frac{\mathrm{d}^3u}{\mathrm{d}s^3}.$$

Beispielsweise folgt aus (9.7), (9.5) und (9.6) der so genannte *Krümmungsvektor*

$$x'' = \frac{1}{\dot{x}^2}\left(\ddot{x} - \frac{\dot{x}\cdot\ddot{x}}{\dot{x}\cdot\dot{x}}\dot{x}\right), \tag{9.8}$$

dessen Bedeutung im nächsten Abschnitt geklärt wird.

9.2 Das begleitende Dreibein

9.2.1 Tangenten-, Haupt- und Binormalenvektor

Für viele Untersuchungen ist es vorteilhaft, in einem Kurvenpunkt ein Koordinatensystem einzuführen, dessen Dreibeinvektoren den geometrischen Eigenschaften der Kurve angepasst sind (Fig. 9.2). Den ersten Dreibeinvektor wählen wir in einem festen Kurvenpunkt $X\colon x = x(u_0) = x(s_0)$ in Tangentenrichtung

$$x' = x'(s_0) = \frac{1}{\|\dot{x}\|}\dot{x} \quad \text{mit} \quad \dot{x} = \dot{x}(u_0).$$

Nun ist wegen (9.4) $x'\cdot x' = 1$, woraus folgt:

$$x''\cdot x' + x'\cdot x'' = 0, \quad \text{d. h.} \quad x'\cdot x'' = 0.$$

Im Fall $x'' \neq o$ kann somit das *begleitende Dreibein* im Punkt X definiert werden:

$t := x'$: *Tangentenvektor*

$h := \frac{1}{\|x''\|}x''$: *Hauptnormalenvektor*

$b := t \times h$: *Binormalenvektor.*

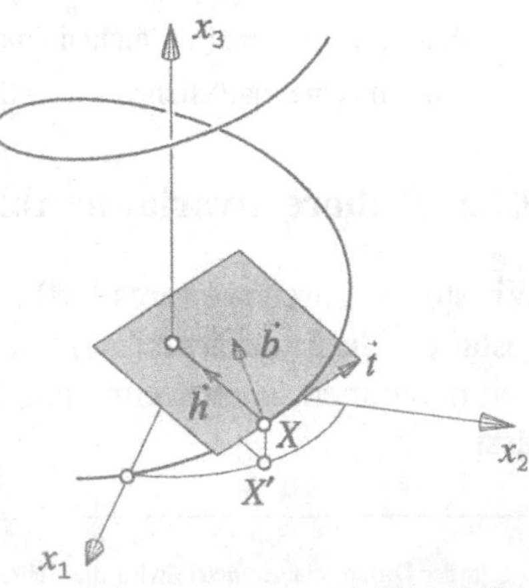

Fig. 9.2

Nach Konstruktion bilden diese Vektoren in der genannten Reihenfolge ein orthonormiertes Rechtsdreibein. Die Dreibeinvektoren spannen paarweise auf:

die *Schmiegebene*: $z(\lambda,\mu) = \boldsymbol{x} + \lambda\boldsymbol{t} + \mu\boldsymbol{h}$,

die *Normalebene*: $z(\lambda,\mu) = \boldsymbol{x} + \lambda\boldsymbol{h} + \mu\boldsymbol{b}$,

die *Streckebene*: $z(\lambda,\mu) = \boldsymbol{x} + \lambda\boldsymbol{t} + \mu\boldsymbol{b}$.

Genau im Fall $\boldsymbol{x}''(s_0) = \boldsymbol{o}$ existiert in einem Punkt $\boldsymbol{x}(s_0)$ kein begleitendes Dreibein. Solche Punkte heißen *Wendepunkte* der glatten Kurve $\boldsymbol{x}$. Sie seien im folgenden ausgeschlossen.

Jede auf der Kurventangente t_X senkrechte Gerade durch den betrachteten Kurvenpunkt X heißt eine *Kurvennormale*. Unter ihnen ist die in der Schmiegebene liegende *Hauptnormale* h_X mit dem Richtungsvektor $\boldsymbol{h}$ ausgezeichnet.

9.2.2 Formeln von FRENET

$\boldsymbol{x}''(s_0)$ bedeutet die Änderungsgeschwindigkeit des Tangentenvektors $\boldsymbol{x}'(s_0)$ beim Durchlaufen der Kurve bezüglich der „Zeit" s im Moment s_0. Ist diese Änderung groß, so ändert die Kurve ihre Richtung stark. Deshalb wird

$$\kappa(s) := \|\boldsymbol{x}''(s)\|$$

die *Krümmung* von c im Punkt $\boldsymbol{x}(s)$ genannt. Wie ändern sich der Haupt- und der Binormalenvektor? Da alle Änderungsgeschwindigkeiten bezüglich des durch das begleitende Dreibein definierten $\mathrm{KS}(X;\boldsymbol{t},\boldsymbol{h},\boldsymbol{b})$ dargestellt werden können, machen wir den Ansatz

$$\begin{pmatrix} \boldsymbol{t}' \\ \boldsymbol{h}' \\ \boldsymbol{b}' \end{pmatrix} = \begin{pmatrix} a_{11} & a_{12} & a_{13} \\ a_{21} & a_{22} & a_{23} \\ a_{31} & a_{32} & a_{33} \end{pmatrix} \begin{pmatrix} \boldsymbol{t} \\ \boldsymbol{h} \\ \boldsymbol{b} \end{pmatrix}.$$

Durch skalare Multiplikation mit $\boldsymbol{t}$, $\boldsymbol{h}$ und $\boldsymbol{b}$ folgt

$$\begin{pmatrix} a_{11} & a_{12} & a_{13} \\ a_{21} & a_{22} & a_{23} \\ a_{31} & a_{32} & a_{33} \end{pmatrix} = \begin{pmatrix} \boldsymbol{t}\cdot\boldsymbol{t}' & \boldsymbol{h}\cdot\boldsymbol{t}' & \boldsymbol{b}\cdot\boldsymbol{t}' \\ \boldsymbol{t}\cdot\boldsymbol{h}' & \boldsymbol{h}\cdot\boldsymbol{h}' & \boldsymbol{b}\cdot\boldsymbol{h}' \\ \boldsymbol{t}\cdot\boldsymbol{b}' & \boldsymbol{h}\cdot\boldsymbol{b}' & \boldsymbol{b}\cdot\boldsymbol{b}' \end{pmatrix}.$$

Nun gelten die Gleichungen $\boldsymbol{t}\cdot\boldsymbol{t} = \boldsymbol{h}\cdot\boldsymbol{h} = \boldsymbol{b}\cdot\boldsymbol{b} = 1$ und damit $\boldsymbol{t}\cdot\boldsymbol{t}' = \boldsymbol{h}\cdot\boldsymbol{h}' = \boldsymbol{b}\cdot\boldsymbol{b}' = 0$, d. h. $a_{11} = a_{22} = a_{33} = 0$. Nun ist $\boldsymbol{t}' = \boldsymbol{x}'' = \kappa\boldsymbol{h}$ und damit $a_{12} = \boldsymbol{h}\cdot\boldsymbol{t}' = \kappa$, $a_{13} = 0$.

Weiter gilt $\boldsymbol{t}\cdot\boldsymbol{h} = \boldsymbol{h}\cdot\boldsymbol{b} = \boldsymbol{b}\cdot\boldsymbol{t} = 0$ und damit $a_{21} = -a_{12} = -\kappa$, $a_{23} = -a_{32} =: \tau$, $a_{31} = 0$.

Damit wurde gezeigt:

Satz (FRENETsche Ableitungsgleichungen): *Für die Ableitungen der Vektoren des begleitenden Dreibeins gilt*

$$\begin{pmatrix} \boldsymbol{t}' \\ \boldsymbol{h}' \\ \boldsymbol{b}' \end{pmatrix} = \begin{pmatrix} 0 & \kappa & 0 \\ -\kappa & 0 & \tau \\ 0 & -\tau & 0 \end{pmatrix} \begin{pmatrix} \boldsymbol{t} \\ \boldsymbol{h} \\ \boldsymbol{b} \end{pmatrix} \quad \text{mit} \quad \kappa = \|\boldsymbol{x}''\|, \; \tau = \tau(s) := \boldsymbol{b} \cdot \boldsymbol{h}' = -\boldsymbol{b}' \cdot \boldsymbol{h}. \tag{9.9}$$

Die neue Größe τ heißt *Windung* oder *Torsion* von c im Punkt $\boldsymbol{x}$.

9.3 Geometrische Deutung von Krümmung und Windung

9.3.1 Berechnung von Krümmung und Windung

Wir suchen zuerst Formeln, um die Krümmung und Windung einer Kurve aus einer beliebigen Kurvendarstellung $\boldsymbol{x} = \boldsymbol{x}(u)$ zu berechnen. Wegen (9.2) und den FRENETschen Ableitungsgleichungen gilt

$$\dot{\boldsymbol{x}} = \dot{s}\,\boldsymbol{x}' = \dot{s}\,\boldsymbol{t}, \quad \ddot{\boldsymbol{x}} = \ddot{s}\,\boldsymbol{t} + \dot{s}\,\boldsymbol{t}'\dot{s} = \ddot{s}\,\boldsymbol{t} + \dot{s}^2 \kappa \boldsymbol{h}, \quad \dot{s} = \|\dot{\boldsymbol{x}}\|.$$

Daraus folgt

$$\dot{\boldsymbol{x}} \times \ddot{\boldsymbol{x}} = \kappa \dot{s}^3 \boldsymbol{t} \times \boldsymbol{h} = \kappa \dot{s}^3 \boldsymbol{b}$$

und damit

$$\kappa = \frac{\|\dot{\boldsymbol{x}} \times \ddot{\boldsymbol{x}}\|}{\|\dot{\boldsymbol{x}}\|^3}. \tag{9.10}$$

Nach Definition ist $\tau = -\boldsymbol{b}' \cdot \boldsymbol{h}$. Dabei gilt

$$\boldsymbol{b}' = \frac{\mathrm{d}}{\mathrm{d}s}\left(\frac{1}{\kappa}\boldsymbol{x}' \times \boldsymbol{x}''\right) = \left(\frac{1}{\kappa}\right)' \boldsymbol{x}' \times \boldsymbol{x}'' + \frac{1}{\kappa}\boldsymbol{x}'' \times \boldsymbol{x}'' + \frac{1}{\kappa}\boldsymbol{x}' \times \boldsymbol{x}''', \quad \boldsymbol{h} = \frac{1}{\kappa}\boldsymbol{x}''.$$

Das Einsetzen in die Definition ergibt

$$\tau = -\frac{1}{\kappa^2}\langle \boldsymbol{x}', \boldsymbol{x}''', \boldsymbol{x}'' \rangle = \frac{1}{\kappa^2}\langle \boldsymbol{x}', \boldsymbol{x}'', \boldsymbol{x}''' \rangle.$$

Setzen wir für die invarianten Ableitungen ihre Berechnungsvorschriften (9.7) bezüglich eines beliebigen Kurvenparameters ein, so folgt

$$\kappa^2 \tau = \langle \boldsymbol{x}', \boldsymbol{x}'', \boldsymbol{x}''' \rangle = \frac{1}{\dot{s}^6}\langle \dot{\boldsymbol{x}}, \ddot{\boldsymbol{x}}, \dddot{\boldsymbol{x}} \rangle.$$

Beachtet man $\dot{s}^6 = \|\dot{\boldsymbol{x}}\|^6$ und (9.10), so folgt endlich

$$\tau = \frac{\langle \dot{\boldsymbol{x}}, \ddot{\boldsymbol{x}}, \dddot{\boldsymbol{x}} \rangle}{\|\dot{\boldsymbol{x}} \times \ddot{\boldsymbol{x}}\|^2}. \tag{9.11}$$

9.3.2 Kanonische Entwicklung

Mit Hilfe einer TAYLORentwicklung

$$\boldsymbol{x}(s_0+s)=\boldsymbol{x}(s_0)+\boldsymbol{x}'(s_0)s+\tfrac{1}{2}\boldsymbol{x}''(s_0)s^2+\tfrac{1}{6}\boldsymbol{x}'''(s_0)s^3+\ldots \tag{9.12}$$

der natürlichen Darstellung $\boldsymbol{x}=\boldsymbol{x}(s)$ einer Kurve untersuchen wir den Kurvenverlauf in der Umgebung eines Punktes $\boldsymbol{x}(s_0)$ genauer. Aufgrund der FRENETschen Ableitungsgleichungen (9.9) gilt

$$\boldsymbol{x}'(s_0)=\boldsymbol{t}(s_0)=:\boldsymbol{t}$$

$$\boldsymbol{x}''(s_0)=\kappa(s_0)\boldsymbol{h}(s_0)=:\kappa\boldsymbol{h}$$

$$\boldsymbol{x}'''(s_0)=\kappa'(s_0)\boldsymbol{h}(s_0)+\kappa(s_0)\boldsymbol{h}'(s_0)=:\kappa'\boldsymbol{h}+\kappa(-\kappa\boldsymbol{t}+\tau\boldsymbol{b}).$$

Setzen wir in (9.12) ein, so ergibt sich mit $\boldsymbol{x}_0=\boldsymbol{x}(s_0)$

$$\begin{aligned}\boldsymbol{x}(s_0+s)&=\boldsymbol{x}_0+\boldsymbol{t}s+\tfrac{1}{2}\kappa\boldsymbol{h}s^2+\tfrac{1}{6}(-\kappa^2\boldsymbol{t}+\kappa'\boldsymbol{h}+\tau\kappa\boldsymbol{b})s^3+\ldots\\&=\boldsymbol{x}_0+\left(s-\tfrac{\kappa^2}{6}s^3\right)\boldsymbol{t}+\left(\tfrac{\kappa}{2}s^2+\tfrac{\kappa'}{6}s^3\right)\boldsymbol{h}+\tfrac{\kappa\tau}{6}s^3\boldsymbol{b}+\ldots\end{aligned} \tag{9.13}$$

Die nach der n-ten Potenz der Variablen s abgebrochene TAYLORentwicklung stellt die *TAYLORsche Näherungskurve* n-ter Ordnung einer Kurve im Punkt $\boldsymbol{x}_0$ dar.

Mit Bezug auf das KS$(X;\boldsymbol{t},\boldsymbol{h},\boldsymbol{b})$ des begleitenden Dreibeins hat die TAYLORsche Näherungskurve 3. Ordnung die Parameterdarstellung

$$c_3\colon\ \boldsymbol{z}(s)=\begin{pmatrix}x(s)\\y(s)\\z(s)\end{pmatrix}=\begin{pmatrix}s-\frac{1}{6}\kappa^2s^3\\\frac{\kappa}{2}s^2+\frac{\kappa'}{6}s^3\\\frac{\kappa\tau}{6}s^3\end{pmatrix},\quad s\in\mathbb{R}. \tag{9.14}$$

Daraus erkennen wir:

- Die TAYLORsche Näherungskurve 1. Ordnung im Punkt $\boldsymbol{x}_0$ ist die Tangente
  $c_1\colon\ \boldsymbol{z}(s)=(s,0,0)^{\mathrm{T}},\quad s\in\mathbb{R}.$
- Die TAYLORsche Näherungskurve 2. Ordnung liegt in der Schmiegebene
  $c_2\colon\ \boldsymbol{z}(s)=(s,\frac{\kappa}{2}s^2,0)^{\mathrm{T}},\quad s\in\mathbb{R}.$
- Erst in der TAYLORschen Näherungskurve 3. Ordnung (nach (9.14)) tritt die Torsion τ auf, die damit ein Maß für die Abweichung der Kurve aus der Schmiegebene ist.

Diesen Einsichten entspricht der folgende Satz, dessen Beweis zur Übung empfohlen wird.

Satz: *Eine Kurve* $c: \boldsymbol{x} = \boldsymbol{x}(s)$ *des Raumes* E^3 *ist*

(1) *eine Gerade* *genau dann, wenn* $\kappa \equiv 0$ *gilt;*

(2) *eine ebene Kurve* *genau dann, wenn* $\tau \equiv 0$ *gilt.*

Wenn wir die Normalprojektionen von c_3 auf die drei Koordinatenebenen des begleitenden Dreibeins ausführen, so ergeben sich (für hinreichend kleine s) die in Fig. 9.3 dargestellten Normalrisse.

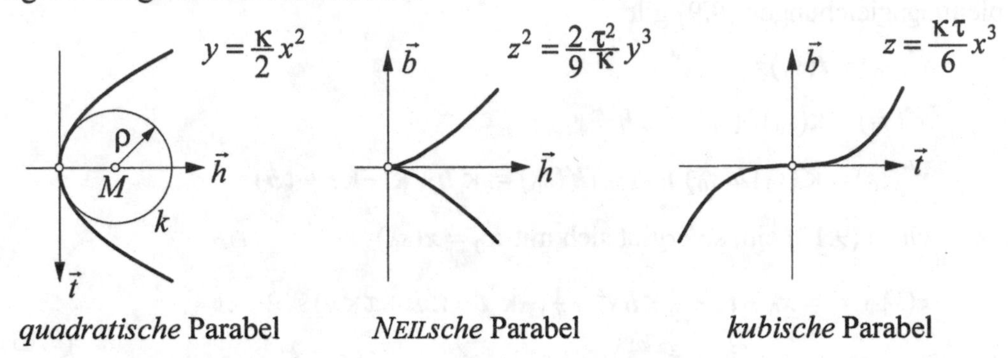

quadratische Parabel *NEILsche* Parabel *kubische* Parabel

Fig. 9.3

Bemerkung: Die Bogenlänge, das begleitende Dreibein, die Krümmung und die Windung sind *differentialgeometrische Invarianten* bezüglich gleichsinniger Parametertransformationen, d. h., sie sind durch die geometrische Gestalt der Kurve festgelegt, nicht aber durch die gewählte Parameterdarstellung. Der Hauptsatz der Kurventheorie besagt sogar, dass die Vorgabe von stetigen Funktionen für die Krümmung und Windung genau eine Kurve mit diesen Größen bis auf ihre Lage im Raum festlegen (vgl. z. B. [1], [6] oder [19]).

9.3.3 Der Krümmungskreis

Um neben der Tangente t_X und der Schmiegebene Σ_X weitere geometrische Invarianten mit einer Kurve c in einem Punkt $X: \boldsymbol{x}(s_0)$ zu verbinden, fragen wir nach einem Kreis k_X in Σ_X, der die gleichen ersten und zweiten invarianten Ableitungen (nach der Bogenlänge) wie die Kurve c in X besitzt. Da mit diesen Forderungen der Tangenten- und Hauptnormalenvektor von k_X in X bereits festliegen, muss mit unbestimmtem Radius ρ für k_X bezüglich KS$(X; \boldsymbol{t}, \boldsymbol{h}, \boldsymbol{b})$ gelten:

$$\boldsymbol{z}(\varphi) = \begin{pmatrix} \rho\cos\varphi \\ \rho\sin\varphi + \rho \\ 0 \end{pmatrix},$$

wobei $\boldsymbol{z}_0 := \boldsymbol{z}(-\frac{\pi}{2}) = \boldsymbol{o}$ der gemeinsame Berührungspunkt und $(0, \rho, 0)^{\mathrm{T}}$ der Mittelpunkt von k_X sei.

Nun muss noch die Forderung $\| z_0'' \| = \| x''(s_0) \| = \kappa$ erfüllt werden. Mit (9.7) finden wir dann $\rho = \frac{1}{\kappa}$ als Radius des gesuchten Kreises k_X.

Man nennt deshalb

$\rho := \frac{1}{\kappa}$ den *Krümmungsradius*

und den Kreis k_X in der Schmiegebene Σ_X mit dem Mittelpunkt

$$M_X : \boldsymbol{m} = \boldsymbol{x}(s_0) + \rho \boldsymbol{h} \tag{9.15}$$

den *Krümmungskreis* der Kurve c im betrachteten Punkt X.

9.4 Technisch wichtige ebene Kurven

9.4.1 Evolute und Evolvente

Wird die Ebene $x_3 = 0$ als Trägerebene der zu betrachtenden ebenen Kurve gewählt, so können wir sie als Spezialfall einer Raumkurve auffassen.

Als Parameterdarstellung einer ebenen Kurve c folgt unter Weglassen der dritten Koordinate:

$$c: \boldsymbol{x} = \boldsymbol{x}(u) = (x_1(u), x_2(u))^{\mathrm{T}}.$$

Der Tangentenvektor des *begleitenden Zweibeins* ergibt sich im Punkt X von c zu

$$\boldsymbol{t} = \frac{1}{\|\dot{\boldsymbol{x}}\|} \dot{\boldsymbol{x}} = \frac{1}{\sqrt{\dot{x}_1^2 + \dot{x}_2^2}} \begin{pmatrix} \dot{x}_1 \\ \dot{x}_2 \end{pmatrix}.$$

Der zugehörige Normalenvektor wird jedoch in der Theorie ebener Kurven durch eine positive Vierteldrehung von $\boldsymbol{t}$ definiert:

$$\boldsymbol{h} = \frac{1}{\|\dot{\boldsymbol{x}}\|} \begin{pmatrix} -\dot{x}_2 \\ \dot{x}_1 \end{pmatrix}. \tag{9.16}$$

Für die nun vorzeichenfähige Krümmung setzt man wegen (9.10) und $x_3 = 0$:

$$\kappa = \frac{\dot{x}_1 \ddot{x}_2 - \ddot{x}_1 \dot{x}_2}{\|\dot{\boldsymbol{x}}\|^3}, \tag{9.17}$$

so dass ein im positiven Drehsinn durchlaufener Kreis überall positive Krümmung besitzt. (Man bestätige dies.)

Die FRENETschen Ableitungsgleichungen lauten jetzt

$$\begin{pmatrix} \boldsymbol{t}' \\ \boldsymbol{h}' \end{pmatrix} = \begin{pmatrix} 0 & \kappa \\ -\kappa & 0 \end{pmatrix} \begin{pmatrix} \boldsymbol{t} \\ \boldsymbol{h} \end{pmatrix}. \tag{9.18}$$

Die Mittelpunkte M_X der Krümmungskreise in allen Punkten einer ebenen Kurve c: $\boldsymbol{x} = \boldsymbol{x}(s)$ bilden die sogenannte *Evolute* c^* von c, die wegen (9.15) die Parameterdarstellung hat:

$$c^*: \boldsymbol{y}(s) = \boldsymbol{x}(s) + \frac{1}{\kappa(s)} \boldsymbol{h}(s), \quad (\kappa(s) \neq 0).$$

Mit den FRENETschen Ableitungsgleichungen (9.18) und $\rho = \frac{1}{\kappa}$ folgt

$$\boldsymbol{y}' = \boldsymbol{x}' + \rho' \boldsymbol{h} + \rho \boldsymbol{h}' = \boldsymbol{t} - \rho\kappa \boldsymbol{t} + \rho' \boldsymbol{h} = \rho' \boldsymbol{h}.$$

Somit sind $\boldsymbol{y}'$ und **h** ständig parallel, d. h., wir haben gezeigt:

Satz: *Die Kurvennormalen einer Kurve c sind die Tangenten ihrer Evolute* c^*.

Beispiel: Fig. 9.4 zeigt eine Ellipse c und ihre Evolute c^*.

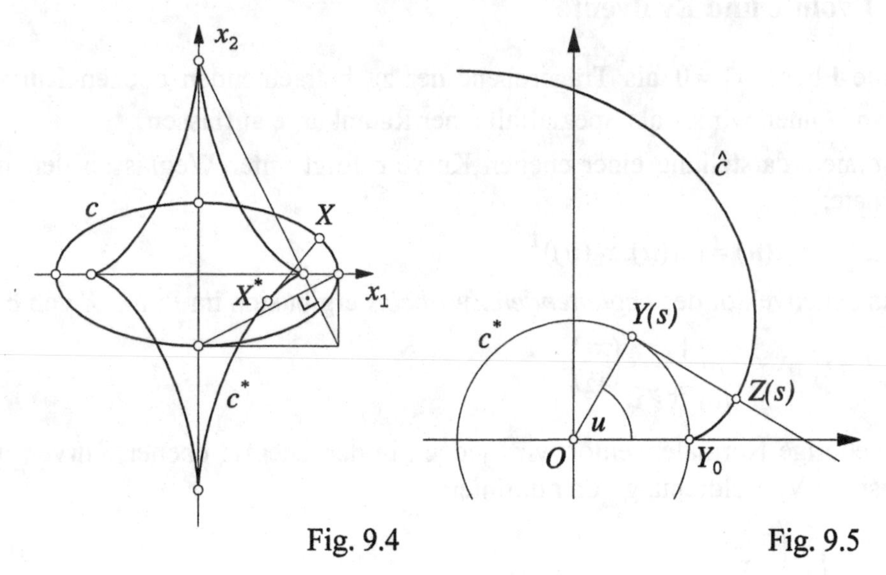

Fig. 9.4 Fig. 9.5

Bemerkung: Die Evolute eines Kreises entartet in dessen Mittelpunkt.

□

Die Kurve

$$\hat{c}: \boldsymbol{z}(s) = \boldsymbol{y}(s) + (s_0 - s)\boldsymbol{y}'(s), \tag{9.19}$$

wobei s die von $\boldsymbol{y}(s_0)$ aus gemessene Bogenlänge der Kurve c^*: $\boldsymbol{y}(s)$ sei, heißt eine *Evolvente* (Abwickelkurve) von c^*. Man stellt leicht fest, dass jede Kurvennormale der Evolvente eine Tangente an c^* ist. Überdies ist $\| \boldsymbol{y} - \boldsymbol{z} \| = | s_0 - s |$, weshalb man sich die Strecke YZ als einen von dem Kreisbogen $\widehat{yy_0}$ abgewickelten Faden vorstellen kann.

Bemerkung: Aufgrund der Wahlfreiheit von s_0 gibt es zu einer Kurve c^* unendlich viele Evolventen. Alle diese Evolventen haben die gleiche Evolute c^*.

Beispiel: Der Kreis $k(O;r) = c^*$: $y(u) = r\begin{pmatrix}\cos u\\ \sin u\end{pmatrix}$, $0 \le u < 2\pi$, dargestellt in Fig. 9.5, hat die von $u_0 = s_0 = 0$ aus gemessene Bogenlänge $s = ru$. Die Evolvente von c^* durch $y(s_0)$ ist die *Kreisevolvente*

$$\hat{c}:\ z(s) = y(s) + (s_0 - s)y'(s) = r\begin{pmatrix}\cos\frac{s}{r}\\ \sin\frac{s}{r}\end{pmatrix} + s\begin{pmatrix}-\sin\frac{s}{r}\\ \cos\frac{s}{r}\end{pmatrix}. \tag{9.20}$$

□

9.4.2 Parallelkurven

Bei der NC-Herstellung von Kurven auf Werkstückoberflächen mittels Rotationswerkzeugen muss der Werkzeugmittelpunkt W oft so geführt werden, dass er stets auf einer bestimmten Kurvennormalen im konstanten Abstand r vom betrachteten Kurvenpunkt X liegt.

Die Menge der Werkzeugmittelpunkte bestimmt eine *Parallelkurve* (*Äquidistante*) zu c im Abstand r.

Während im Raum Parallelkurven in verschiedener Weise definiert werden können, gibt es in der Ebene genau zwei Möglichkeiten:

Für eine ebene Kurve c ist in jedem Punkt X ihre Hauptnormale eindeutig definiert. Unter der *rechten* bzw. *linken Parallelkurve* w versteht man dann die Menge aller Punkte, die den Abstand r von der Kurve c haben und rechts bzw. links in deren Durchlaufungssinn liegen.

Demnach findet man einen Punkt W der Parallelkurve zu einem Punkt X der Parallelkurve, indem man von X aus den Abstand r auf der Hauptnormalen abträgt.

Führt man diese Konstruktion zu der Kurve c: $\boldsymbol{x}(u) = (x_1(u), x_2(u))^{\mathrm{T}}$ mit (9.16) analytisch aus, dann hat die Parallelkurve die Parameterdarstellung

$$w:\ \boldsymbol{w}(u) = \boldsymbol{x}(u) + r\,\boldsymbol{h}(u)$$

mit $r > 0$ (bzw. $r < 0$) für die linke (bzw. rechte) Parallelkurve w der Kurve c im vorzeichenfähigen Abstand r.

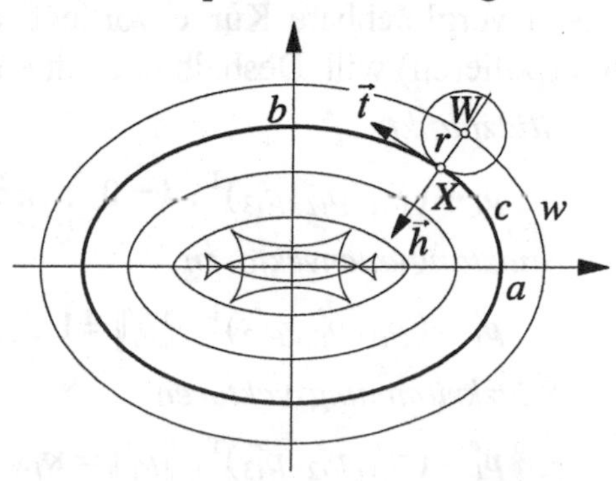

Fig. 9.6

In entsprechenden Punkten X und W haben eine Kurve und ihre Parallelkurven parallele Kurventangenten, sofern nicht in Ausnahmepunkten die Parallelkurve eine Spitze besitzt (Beachten Sie derartige Spitzen in Fig. 9.6).

Beispiel: Die Ellipse $c\colon \boldsymbol{x} = \boldsymbol{x}(u) = (a\cos u, b\sin u)^{\mathrm{T}},\ \ 0 \le u < 2\pi,$ hat den Richtungsvektor der Tangente

$$\dot{\boldsymbol{x}} = (-a\sin u, b\cos u)^{\mathrm{T}}$$

und den Hauptnormalenvektor

$$\boldsymbol{h} = -(b\cos u, a\sin u)^{\mathrm{T}} \frac{1}{\sqrt{a^2\sin^2 u + b^2\cos^2 u}}.$$

Die Parallelkurve im Abstand r lautet:

$$\boldsymbol{w}(u) = \boldsymbol{x}(u) + r\,\boldsymbol{h}(u) = \begin{pmatrix} a\cos u \\ b\sin u \end{pmatrix} - \frac{r}{\sqrt{a^2\sin^2 u + b^2\cos^2 u}} \begin{pmatrix} b\cos u \\ a\sin u \end{pmatrix}, \ \ 0 \le u < 2\pi.$$

In Fig. 9.6 sind für 5 Werte von r die resultierenden Parallelkurven dargestellt. □

9.5 Computergestützter Kurvenentwurf

9.5.1 Aufgabenstellung

Bei der klassischen Interpolation (IP) wird eine Funktion $y = f(x)$ durch eine einfachere Funktion $y = a(x)$ ersetzt, wobei man fordert, dass $y_i = f(x_i) = a(x_i)$ gilt, d. h., die beiden Funktionen sollen an Stützstellen x_i die Stützwerte y_i gemeinsam haben, wobei $i = 0,\ldots,n$. Mit diesen Vorgaben ist a priori ein Koordinatensystem verbunden, dessen Wahl das IP-Ergebnis beeinflusst.

Hier sollen nicht Funktionen, sondern Kurven (als Randkurven, Flächenkurven, Profile an technischen Objekten) interpoliert werden, wobei oftmals gar keine analytisch vergleichbare Kurve vorliegt, die man durch eine einfachere beschreiben (interpolieren) will. Deshalb betrachten wir folgende Vorgaben (Fig. 9.7):

- *Stützpunkte*

  $$\boldsymbol{p}_i = (p_{i1}, p_{i2}, p_{i3})^{\mathrm{T}},\ i = 0,\ldots,n$$

- *Stütztangentenvektoren*

  $$\boldsymbol{p}_i' = (p_{i1}', p_{i2}', p_{i3}')^{\mathrm{T}},\ \|\boldsymbol{p}_i'\| = 1$$

- *Stützkrümmungsvektoren*

  $$\boldsymbol{p}_i'' = (p_{i1}'', p_{i2}'', p_{i3}'')^{\mathrm{T}},\ \|\boldsymbol{p}_i''\| = \kappa_i.$$

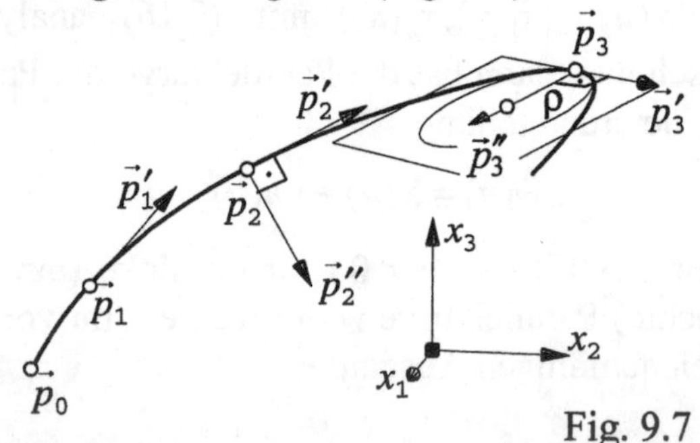

Fig. 9.7

Die Zusammenfassung $(\boldsymbol{p}_i, \boldsymbol{p}_i')$ bzw. $(\boldsymbol{p}_i, \boldsymbol{p}_i', \boldsymbol{p}_i'')$ heißt *Stütztangentenelement* bzw. *Stützkrümmungselement*.

Eine interpolierende Vektorfunktion $\boldsymbol{x} = \boldsymbol{x}(u)$ sei nun so zu bestimmen, dass an vorzugebenden Stützparameterwerten u_i gilt

$$\boldsymbol{x}(u_i) = \boldsymbol{p}_i, \quad i = 0, \ldots, n, \tag{9.21}$$

und eventuell zusätzlich

$$\dot{\boldsymbol{x}}(u_i) = \frac{\mathrm{d}}{\mathrm{d}u}\boldsymbol{x}(u_i) = \lambda_i \boldsymbol{p}_i', \quad i = 0, \ldots, n, \tag{9.22}$$

oder ähnliche oder weitere Bedingungen.

Die *Wahl der Stützparameter* u_i ist dabei ein Problem oder aber eine Freiheit, nämlich zur Steuerung des Kurvenverlaufs.

Um die Punkte in der Reihenfolge ihrer Nummerierung mit $\boldsymbol{x}(u)$ zu verbinden, fordern wir erstens $u_0 < u_1 < \ldots < u_n$.

Den geringsten Aufwand (und ggf. entsprechende Ergebnisse) hat eine *äquidistante Parametrisierung* nach (9.1), bei der $\boldsymbol{x}(u)$ auf das Parameterintervall $[u_0, u_n]$ bezogen wird und jedem $\boldsymbol{p}_i$ der Parameterwert u_i zugeordnet wird.

Eine Bogenlängen-Parametrisierung kann bei vorliegender „Vergleichskurve" durchgeführt werden. Stimmen nämlich eine gegebene Kurve $\boldsymbol{y} = \boldsymbol{y}(v)$ und ihre IP-Kurve $\boldsymbol{x} = \boldsymbol{x}(u)$ punktweise überein, so haben sie notwendig die gleiche Bogenlänge.

Es ist also natürlich, dem Punkt $\boldsymbol{p}_i = \boldsymbol{y}(v_i)$, $i = 0, \ldots, n$, die Bogenlänge

$$u_i = \int_{v_0}^{v_i} \|\dot{\boldsymbol{y}}\| \mathrm{d}v$$

zuzuordnen. Andernfalls wird man aus den $\boldsymbol{p}_i$ einen Ersatzwert hierfür konstruieren, z. B. die akkumulierte Sehnenlänge

$$u_i = \sum_{j=1}^{i} \|\boldsymbol{p}_j - \boldsymbol{p}_{j-1}\|. \tag{9.23}$$

Diese Parametrisierung nennt man *chordal*.

Das Lösungsprinzip der IP mit Vektorfunktionen erkennt man, wenn man (9.21) komponentenweise ausschreibt:

$$x_1(u_i) = p_{i1}, \; x_2(u_i) = p_{i2}, \; x_3(u_i) = p_{i3}, \quad i = 0, \ldots, n.$$

Das sind $n+1$ Bedingungen für jede Komponente x_k, $k=1,2,3$, die demnach wenigstens mit $n+1$ bestimmbaren Koeffizienten angesetzt werden sollte.

Für jede Komponente liegt damit eine klassische IP-Aufgabe vor, wobei an den Stützstellen u_i die Stützwerte p_{ik} angenommen werden sollen.

Praktisch benutzt man in jeder Komponente das gleiche IP-Verfahren, weil dieses dann in Matrixschreibweise behandelt werden kann.

9.5.2 LAGRANGEsche IP-Kurve

Die LAGRANGEschen Polynome n-ten Grades zu den Stützstellen $u_0 < u_1 < \ldots < u_n$ lauten

$$L_k(u) = \prod_{\substack{j=0 \\ j\neq k}}^{n} \frac{u-u_j}{u_k-u_j}, \quad k=0,\ldots,n, \tag{9.24}$$

und haben offenbar die Eigenschaft

$$L_k(u_i) = \delta_{ik}.$$

Setzt man

$$\boldsymbol{x}(u) = \sum_{k=0}^{n} L_k(u)\boldsymbol{p}_k, \tag{9.25}$$

so gilt

$$\boldsymbol{x}(u_i) = \sum_{k=0}^{n} L_k(u_i)\boldsymbol{p}_k = \boldsymbol{p}_i,$$

d. h., die IP-Bedingung (9.21) ist für alle $i=0,\ldots,n$ erfüllt.

(9.25) heißt *LAGRANGEsche IP-Kurve n-ten Grades* (kurz: LIP) zu den Vorgaben $(u_i, \boldsymbol{p}_i)$, und wir nennen sie zusätzlich *chordal parametrisiert*, wenn die u_i nach (9.23) berechnet werden. Fasst man die u_i als freie Parameter (*Steuerparameter*) auf, so beschreibt (9.25) eine mit diesen Größen u_i steuerbare Kurvenschar durch die Stützpunkte.

Beispiel: Auf der Schraublinie

$$\boldsymbol{y} = \boldsymbol{y}(v) = \begin{pmatrix} r\cos v \\ r\sin v \\ hv \end{pmatrix}, \; v \in \mathbb{R} \;\; (r \neq 0 \text{ fest}, \; h \neq 0 \text{ fest}),$$

werden durch $v_0 = 0$, $v_1 = \frac{\pi}{2}$, $v_2 = \pi$ drei Stützpunkte $\boldsymbol{p}_i = \boldsymbol{y}(v_i)$ ausgewählt:

$$p_0 = \begin{pmatrix} r \\ 0 \\ 0 \end{pmatrix}, \; p_1 = \begin{pmatrix} 0 \\ r \\ h\frac{\pi}{2} \end{pmatrix} \text{ und } p_2 = \begin{pmatrix} -r \\ 0 \\ h\pi \end{pmatrix}.$$

In Fig. 9.8 ist die entsprechende LIP gestrichelt dargestellt, während die Schraublinie durchgezogen ist.

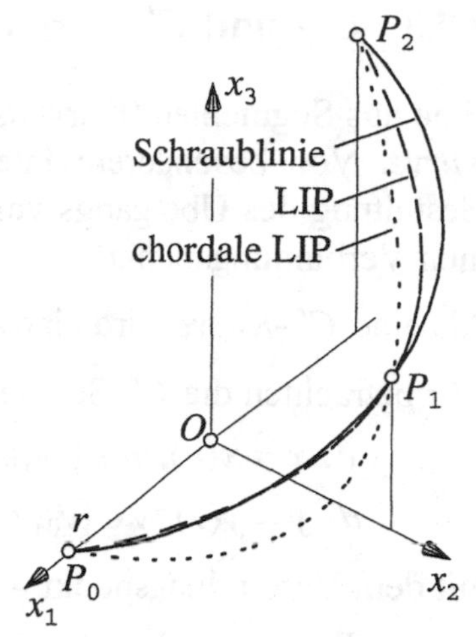

Fig. 9.8

Wir berechnen

$$\dot{y}(v) = \begin{pmatrix} -r\sin v \\ r\cos v \\ h \end{pmatrix}, \; \| \dot{y} \|^2 = r^2 + h^2.$$

Damit folgt für die Bogenlänge s von c:

$$s = \int_0^v \| \dot{y} \| \, d\tilde{v} = v\sqrt{r^2 + h^2}$$

und daraus speziell

$$s_0 = 0, \; s_1 = s(v_1) = \tfrac{\pi}{2}\sqrt{r^2 + h^2}, \; s_2 = s(v_2) = \pi\sqrt{r^2 + h^2}.$$

Verwendet man in (9.25) diese „exakten" Stützparameterwerte anstelle v_0, v_1, v_2, so kann die entsprechende IP-Kurve optisch nicht von der Schraublinie unterschieden werden. Hingegen liefert eine chordale Parametrisierung

$$u_0 = 0, \quad u_1 = \| p_1 - p_0 \| = \tfrac{\pi}{2}\sqrt{\tfrac{8}{\pi^2} r^2 + h^2}, \quad u_2 = u_1 + \| p_2 - p_1 \| = \pi\sqrt{\tfrac{8}{\pi^2} r^2 + h^2}.$$

Die resultierende chordale LIP ist gepunktet dargestellt.

Bemerkungen:

1. Eine LAGRANGEsche IP-Kurve n-ter Ordnung ist nur eine der möglichen Schreibweisen für polynomiale interpolierende Vektorfunktionen n-ten Grades. Unter Verwendung der Monome $B_k(u) = u^k$ als Basisfunktionen kann eine zu (9.25) äquivalente Darstellung $x^*(u) = \sum_{k=0}^{n} B_k(u) a_k$ gefunden werden, deren Koeffizienten a_k sich aus den p_k berechnen lassen (vgl. [1], [12]).
2. Häufig ist bei technischen Aufgabenstellungen ein hoher Grad n und damit das Berechnen einer polynomialen Kurve durch viele Stützpunkte nicht zu empfehlen, weil
   - die Veränderung eines Stützparameters bzw. Stützpunktes die Neuberechnung aller L_k bzw. Koeffizienten a_k nach sich zieht (Rechenaufwand) sowie
   - ein unerwünschtes Aufschwingen der Kurve aus einem glatten Verlauf zwischen den Stützpunkten eintreten kann.

Deshalb wurden Interpolationsverfahren entwickelt, die eine „Gesamt"-Kurve stückweise zusammensetzen. Vgl. hierzu 9.5.4 und 9.5.5.

9.5.3 C^r - und G^r -Verbindung von Kurvensegmenten

Eine aus Segmenten (Kurvenstücken) zusammengesetzte Kurve heißt *segmentierte Kurve*. Von besonderem Interesse in der rechnergestützten Konstruktion ist die Gestaltung des Übergangs von einem Segment zum folgenden in einem gemeinsamen Verbindungspunkt.

Als eine C^r *-Kurve* wird eine r-mal stetig differenzierbare Kurve bezeichnet.

Wir betrachten die C^r -Segmente

$$c: \boldsymbol{x} = \boldsymbol{x}(u), \; u \in [u_0, u_1],$$
$$d: \boldsymbol{y} = \boldsymbol{y}(v), \; v \in [v_0, v_1]$$

mit dem Verbindungspunkt

$$P: \boldsymbol{p} = \boldsymbol{x}(u_1) = \boldsymbol{y}(v_0),$$

der also Endpunkt von c und zugleich Anfangspunkt von d ist. Wir können in P eine C^r -Verbindung herstellen, wenn wir

$$\frac{\mathrm{d}^{(j)}\boldsymbol{x}(u_1)}{\mathrm{d}u^j} = \frac{\mathrm{d}^{(j)}\boldsymbol{y}(v_0)}{\mathrm{d}v^j}, \; j = 0, \ldots, r, \tag{9.26}$$

verlangen. Diese Forderung ist hinreichend, um in einer Umgebung von P zu sichern, dass die segmentierte Kurve eine C^r -Kurve ist. Sie ist aber nicht notwendig, d. h. zu streng, weil die Bedingung (9.26) von der gewählten Parameterdarstellung für c und d abhängt.

Beispiel: Der Halbkreis $h: x_1^2 + x_2^2 = r^2, \;\; x_1, x_2 \geq 0, \;\; r > 0$ fest, wird durch den Punkt $P(0, r)$ in zwei Segmente c und d zerlegt, die die Parameterdarstellung haben:

$$c: \boldsymbol{x} = r\begin{pmatrix}\cos u \\ \sin u\end{pmatrix}, \quad 0 \leq u \leq \tfrac{\pi}{2},$$

$$d: \boldsymbol{y} = r\begin{pmatrix}\cos \frac{v}{2} \\ \sin \frac{v}{2}\end{pmatrix}, \quad \pi \leq v \leq 2\pi.$$

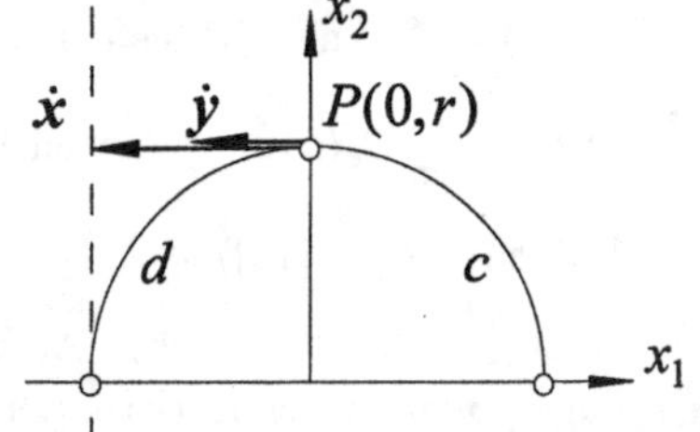

Fig. 9.9

In der Tat ist

$$\boldsymbol{p} = \begin{pmatrix}0 \\ r\end{pmatrix} = \boldsymbol{x}\left(\tfrac{\pi}{2}\right) = \boldsymbol{y}(\pi)$$

ein Verbindungspunkt der Segmente c und d, jedoch liegt keine C^1 -Verbindung vor, denn

$$\dot{\boldsymbol{x}}\left(\tfrac{\pi}{2}\right) = \begin{pmatrix}-r \\ 0\end{pmatrix} \neq \dot{\boldsymbol{y}}(\pi) = \begin{pmatrix}-\frac{r}{2} \\ 0\end{pmatrix}.$$

Der Verbindungspunkt P hat aus geometrischer Sicht die gleichen Eigenschaften wie jeder andere Kreispunkt auf c oder d. Allein die unterschiedlichen Parameterdarstellungen von c und d bewirken, dass in P nur eine C^0-Verbindung vorliegt. Eine Parametertransformation $t = \frac{v}{2}$ des Segments d auf $\frac{\pi}{2} \leq t \leq \pi$, so dass

$d: \boldsymbol{y}(v) = \overline{\boldsymbol{y}}(t) = r\begin{pmatrix}\cos t\\ \sin t\end{pmatrix}$, hat

$$\overline{\boldsymbol{y}}(\tfrac{\pi}{2}) = \boldsymbol{p}, \quad \dot{\overline{\boldsymbol{y}}}(\tfrac{\pi}{2}) = \dot{\boldsymbol{x}}(\tfrac{\pi}{2})$$

zur Folge, d. h., die durch $\boldsymbol{x}(v)$ und $\overline{\boldsymbol{y}}(t)$ beschriebenen Kurven c und d bilden eine segmentierte C^1-Kurve durch P.

Offenbar haben c und d in P aber eine gemeinsame Kurventangente, jedoch zieht diese geometrische Eigenschaft nicht notwendig die C^1-Verbindung der Segmente nach sich. Folglich sollten wir nur geometrische Eigenschaften der Segmente benutzen, wenn wir eine Verbindung von zwei Segmenten aus geometrischer Sicht herstellen wollen.

Zwei Segmente $c: \boldsymbol{x}(u)$ und $d: \boldsymbol{y}(v)$ haben eine G^r*-Verbindung* in einem gemeinsamen Punkt $P: \boldsymbol{x}(u_1) = \boldsymbol{y}(v_0)$, man sagt auch, sie schließen von *r-ter Ordnung geometrisch stetig differenzierbar* aneinander an, wenn ihre (invarianten) Ableitungen bis zur r-ten Ordnung nach ihren Bogenlängen s_x bzw. s_y übereinstimmen, d. h.

$$\frac{\mathrm{d}^j}{\mathrm{d}s_x^j}\boldsymbol{x}(u_1) = \frac{\mathrm{d}^j}{\mathrm{d}s_y^j}\boldsymbol{y}(v_0), \quad j = 0, \ldots, r. \tag{9.27}$$

Diese invarianten Ableitungen können mit den Gleichungen (9.6), (9.7) und (9.8) für zwei Segmente c, d berechnet werden, die auf beliebige Kurvenparameter u, v bezogen sind.
Dann findet man:

Satz: *Zwei Segmente* $c: \boldsymbol{x}(u)$ *und* $d: \boldsymbol{y}(v)$ *besitzen im Punkt* $P: \boldsymbol{p} = \boldsymbol{x}(u_1) = \boldsymbol{y}(v_0)$

- *eine* G^1*-Verbindung genau dann, wenn mit beliebigem* $\alpha > 0$
  $\dot{\boldsymbol{y}}(v_0) = \alpha\dot{\boldsymbol{x}}(u_1)$,
- *eine* G^2*-Verbindung genau dann, wenn zusätzlich mit beliebigem* $\beta \in \mathbb{R}$
  $\ddot{\boldsymbol{y}}(v_0) = \alpha^2\ddot{\boldsymbol{x}}(u_1) + \beta\dot{\boldsymbol{x}}(u_1)$,
- *eine* G^3*-Verbindung genau dann, wenn zusätzlich mit beliebigem* $\gamma \in \mathbb{R}$
  $\dddot{\boldsymbol{y}}(v_0) = \alpha^3\dddot{\boldsymbol{x}}(u_1) + 3\alpha\beta\ddot{\boldsymbol{x}}(u_1) + \gamma\dot{\boldsymbol{x}}(u_1)$

gilt.

Folgerung: Eine G^2-Verbindung in Punkt P liegt genau dann vor, wenn

(a) die begleitenden Dreibeine und die Krümmungen von c und d in P gleich sind, und das gilt wiederum genau dann, wenn

(b) eine G^1-Verbindung vorliegt und die Krümmungsmittelpunkte von c und d in P übereinstimmen.

Beweis: $\boldsymbol{t}_c, \boldsymbol{h}_c, \boldsymbol{b}_c$ bzw. $\boldsymbol{t}_d, \boldsymbol{h}_d, \boldsymbol{b}_d$ sei das begleitende Dreibein und κ_c bzw. κ_d die Krümmung zu c bzw. d in P.

Liegt eine G^2-Verbindung vor, dann gilt nach dem obigen Satz, dass die Ableitungen bis zur 2. Ordnung nach den Bogenlängen übereinstimmen. Damit sind aber die begleitenden Dreibeinvektoren und die Krümmungen gleich.

Aus (a) folgt weiter (b), denn $\boldsymbol{t}_c = \boldsymbol{t}_d$ bedeutet G^1-Verbindung, und $\boldsymbol{h}_c = \boldsymbol{h}_d$ mit $\kappa_c = \kappa_d$ liefert dann gleiche Krümmungsmittelpunkte $\boldsymbol{k}_c = \boldsymbol{p} + \frac{1}{\kappa_c}\boldsymbol{h}_c$ und $\boldsymbol{k}_d = \boldsymbol{p} + \frac{1}{\kappa_d}\boldsymbol{h}_d$.

Nun zeigen wir noch, dass aus (b) die G^2-Verbindung in P folgt:

Da eine G^1-Verbindung vorausgesetzt wird, gilt

$$\boldsymbol{x}'(u_1) = \boldsymbol{y}'(v_0)\,. \tag{*}$$

Wegen $\boldsymbol{k}_c = \boldsymbol{k}_d$ folgt $\frac{1}{\kappa_c}\boldsymbol{h}_c = \frac{1}{\kappa_d}\boldsymbol{h}_d = \frac{1}{\kappa_c}\frac{\boldsymbol{x}''(u_1)}{\kappa_c} = \frac{1}{\kappa_d}\frac{\boldsymbol{y}''(v_0)}{\kappa_d}$, und mit $\kappa_c = \kappa_d$ folgt $\boldsymbol{x}''(u_1) = \boldsymbol{y}''(v_0)$.

Mit (*) und obigem Satz liegt damit eine G^2-Verbindung vor. □

9.5.4 HERMITEsche IP-Kurven

Wir betrachten zwei Stütztangentenelemente $(\boldsymbol{p}_0, \boldsymbol{p}_0')$ und $(\boldsymbol{p}_1, \boldsymbol{p}_1')$.

Um diese durch eine Kurve $\boldsymbol{x} = \boldsymbol{x}(u)$, $0 \le u \le 1$, zu verbinden, die diese Stütztangentenelemente in ihrem Anfangs- bzw. Endpunkt besitzt, verlangen wir, dass mit beliebigen $a_i \in \mathbb{R}$, $a_i \neq 0$,

$$\begin{aligned} \boldsymbol{x}(0) &= \boldsymbol{p}_0, \quad \dot{\boldsymbol{x}}(0) = a_0\,\boldsymbol{p}_0', \\ \boldsymbol{x}(1) &= \boldsymbol{p}_1, \quad \dot{\boldsymbol{x}}(1) = a_1\,\boldsymbol{p}_1', \end{aligned} \tag{9.28}$$

gilt und machen den Ansatz

$$\boldsymbol{x}(u) = f_{00}(u)\boldsymbol{p}_0 + f_{01}(u)a_0\boldsymbol{p}_0' + f_{10}(u)\boldsymbol{p}_1 + f_{11}(u)a_1\boldsymbol{p}_1', \quad 0 \le u \le 1. \tag{9.29}$$

Dabei seien die Funktionen $f_{ik}(u)$, so genannte *Mischungsfunktionen*, hinreichend oft stetig differenzierbar.

Diese Bedingungen kann man offenbar erfüllen, wenn die Mischungsfunktionen an den Stellen $u = 0, 1$ die Funktions- und Ableitungswerte nach folgender Tabelle annehmen.

u	$f_{00}(u)$	$f_{01}(u)$	$f_{10}(u)$	$f_{11}(u)$	$f'_{00}(u)$	$f'_{01}(u)$	$f'_{10}(u)$	$f'_{11}(u)$
0	1	0	0	0	0	1	0	0
1	0	0	1	0	0	0	0	1

Mit dem KRONECKER-Symbol kann dies kurz ausgedrückt werden als

$$f_{ik}^{(r)}(u) = \delta_{iu}\delta_{kr}.$$

Ein **Beispiel** solcher Mischungsfunktionen sind die *HERMITEschen IP-Polynome* 3. *Grades* über dem Einheitsintervall, nämlich

$$\begin{aligned} f_{00}(u) &= 1 - 3u^2 + 2u^3 \\ f_{01}(u) &= u - 2u^2 + u^3 \\ f_{10}(u) &= 3u^2 - 2u^3 \\ f_{11}(u) &= -u^2 + u^3. \end{aligned} \tag{9.30}$$

(9.29) mit (9.30) heißt ein *HERMITE-Segment* 3. *Grades* zu den Stütztangentenelementen $(\boldsymbol{p}_0, \boldsymbol{p}'_0)$, $(\boldsymbol{p}_1, \boldsymbol{p}'_1)$ mit den *Formparametern* a_0, a_1. Das Segment heißt zusätzlich *chordal parametrisiert*, wenn $a_0 = a_1 = \|\boldsymbol{p}_1 - \boldsymbol{p}_0\|$ gewählt wird.

Man kann nämlich zeigen, dass diese Werte einer chordalen Parametrisierung des Ansatzes entsprechen.

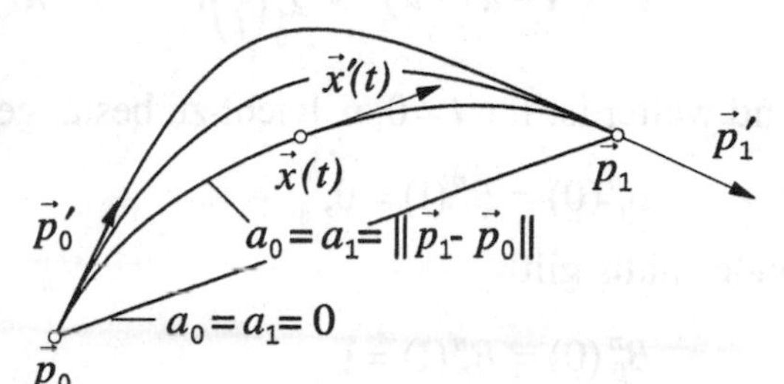

Fig. 9.10

Satz: *Eine Folge von* $n+1$ *Stütztangentenelementen* $(\boldsymbol{p}_i, \boldsymbol{p}'_i)$ *kann für jede Wahl von Formparametern* $a_{0i}, a_{1i} > 0$ $(i = 0, \ldots, n)$ *durch eine HERMITEsche IP-Kurve 3. Grades verbunden werden, die stückweise aus den HERMITE-Segmenten 3. Grades*

$$\boldsymbol{x}_i(t) = f_{00}(u)\boldsymbol{p}_i + f_{01}(u)a_{0i}\boldsymbol{p}'_i + f_{10}(u)\boldsymbol{p}_{i+1} + f_{11}(u)a_{1i}\boldsymbol{p}'_{i+1}, \; i = 0, \ldots, n-1,$$

besteht, die in den Stützpunkten $\boldsymbol{p}_i$ G^1*-Verbindungen besitzen, d. h., es gilt für* $i = 1, \ldots, n-1$

$$\boldsymbol{x}_{i-1}(1) = \boldsymbol{x}_i(0) = \boldsymbol{p}_i, \; \boldsymbol{x}'_{i-1}(1) = a_{1i-1}\boldsymbol{p}'_i, \; \boldsymbol{x}'_i(0) = a_{0i}\boldsymbol{p}'_i.$$

Bemerkung: Wählt man $a_{0i} = a_{1i} = \|\boldsymbol{p}_{i+1} - \boldsymbol{p}_i\|$, $i = 0, \ldots, n-1$, dann erhält man eine HERMITEsche IP-Kurve 3.Grades mit chordaler Parametrisierung, weil jedes Segment chordal parametrisiert ist.

9.5.5 BÉZIER-Kurven

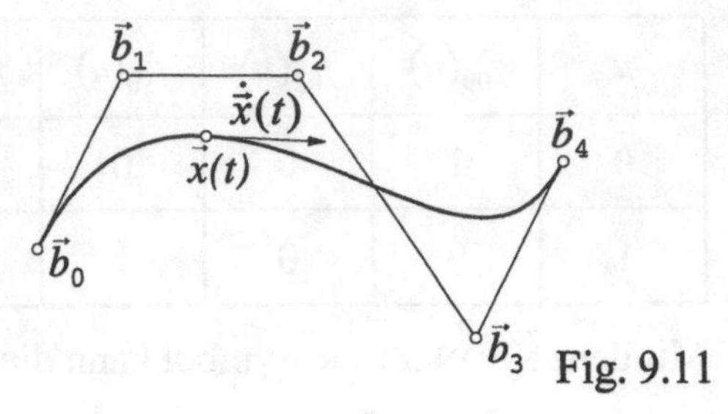

Fig. 9.11

Ausgehend von den *BÉZIER-Punkten* $\boldsymbol{b}_i$ (auch Koeffizientenvektoren bzw. Steuerpunkte genannt) bzw. dem *BÉZIER-Polygon* $(\boldsymbol{b}_0, \boldsymbol{b}_1, \ldots, \boldsymbol{b}_n)$, hat ein *BÉZIER-Segment vom Grad n* die Parameterdarstellung

$$c\colon \boldsymbol{x}(u) = \sum_{i=0}^{n} B_i^n(u)\boldsymbol{b}_i, \quad 0 \le u \le 1, \tag{9.31}$$

mit den BERNSTEIN-Polynomen

$$B_i^n(u) := \binom{n}{i}(1-u)^{n-i}u^i, \quad i = 0, \ldots, n, \tag{9.32}$$

als Basisfunktionen.

Wegen der Binomischen Formel gilt

$$1 = ((1-u)+u)^n = \sum_{i=0}^{n}\binom{n}{i}(1-u)^{n-i}u^i = \sum_{i=0}^{n} B_i^n(u),$$

und weiter ist für $i \ne 0, n$ leicht zu bestätigen:

$$B_i^n(0) = B_i^n(1) = 0; \tag{9.33}$$

andernfalls gilt

$$\begin{aligned} B_0^n(0) &= B_n^n(1) = 1, \\ B_0^n(1) &= B_n^n(0) = 0. \end{aligned} \tag{9.34}$$

Weiter findet man die rekursive Berechnungsvorschrift

$$B_i^r(u) = (1-u)B_i^{r-1}(u) + u\,B_{i-1}^{r-1}(u) \quad (B_i^r(u) = 0 \text{ für } i > r \text{ oder } i < 0). \tag{9.35}$$

Differentiation von (9.31) liefert

$$\dot{\boldsymbol{x}}(u) = n\sum_{i=0}^{n-1} B_i^{n-1}(u)(\boldsymbol{b}_{i+1} - \boldsymbol{b}_i),$$

$$\ddot{\boldsymbol{x}}(u) = n(n-1)\sum_{i=0}^{n-2} B_i^{n-2}(u)(\boldsymbol{b}_{i+2} - 2\,\boldsymbol{b}_{i+1} + \boldsymbol{b}_i),$$

also speziell für $u = 0$ bzw. $u = 1$:

$$\begin{aligned} \boldsymbol{x}(0) &= \boldsymbol{b}_0 & \boldsymbol{x}(1) &= \boldsymbol{b}_n \\ \dot{\boldsymbol{x}}(0) &= n(\boldsymbol{b}_1 - \boldsymbol{b}_0) & \dot{\boldsymbol{x}}(1) &= n(\boldsymbol{b}_n - \boldsymbol{b}_{n-1}) \\ \ddot{\boldsymbol{x}}(0) &= n(n-1)(\boldsymbol{b}_2 - 2\boldsymbol{b}_1 + \boldsymbol{b}_0) & \ddot{\boldsymbol{x}}(1) &= n(n-1)(\boldsymbol{b}_n - 2\boldsymbol{b}_{n-1} + \boldsymbol{b}_{n-2}). \end{aligned}$$

Satz 1: *Ein BÉZIER-Segment beginnt im Anfangspunkt* $\boldsymbol{b}_0$ *und endet im Endpunkt* $\boldsymbol{b}_n$ *des BÉZIER-Polygons. Die Vektoren* $\boldsymbol{b}_1 - \boldsymbol{b}_0$ *bzw.* $\boldsymbol{b}_n - \boldsymbol{b}_{n-1}$ *sind Richtungsvektoren der Tangenten im Anfangs- bzw. Endpunkt. Die zweite Ableitung im Anfangs- bzw. Endpunkt hängt nur jeweils von den nächsten zwei Nachbarpunkten des BÉZIER-Polygons ab.*

Folgerung: Stimmen Anfangs- und Endpunkt zweier BÉZIER-Segmente überein, so wird eine G^0-Verbindung hergestellt. Wenn überdies die Anfangs- und Endpolygonseiten auf einer Geraden in verschiedenen Richtungen liegen, so besitzen die Segmente eine G^1-Verbindung, liegen sie jedoch in der gleichen Richtung, dann ist der Verbindungspunkt eine Spitze mit gemeinsamer Spitzentangente (Fig. 9.12).

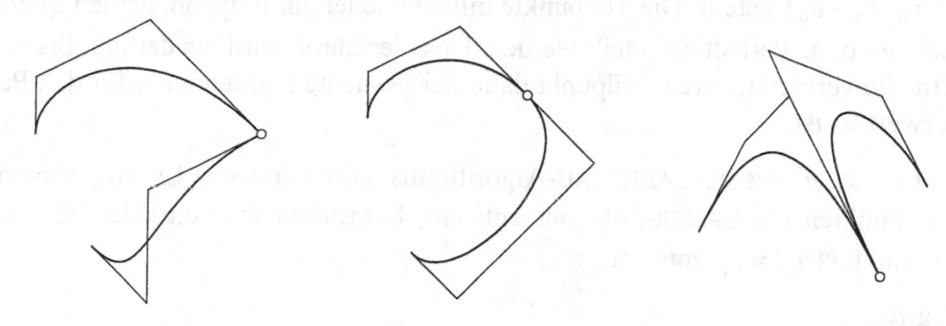

Fig. 9.12

Bemerkung: Das Zusammensetzen von BÉZIER-Segmenten zu mehrfach stetig differenzierbaren Kurven an den Verbindungspunkten ist unter dem Begriff *BÉZIER-Spline-Kurven* (vgl. [12]) behandelt.

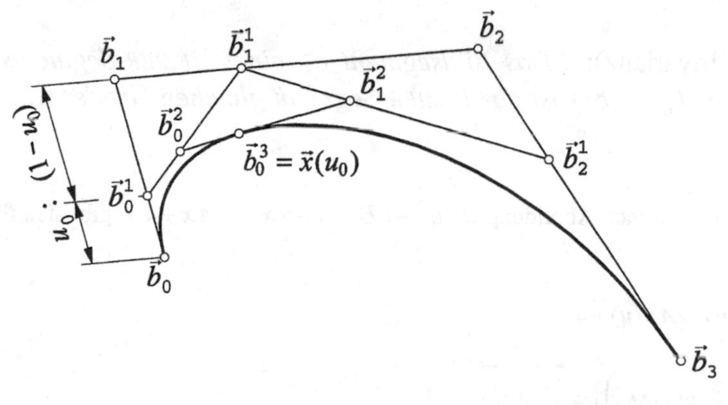

Fig. 9.13

Nach dem *DE-CASTELJAU-Algorithmus* (Fig. 9.13) wird ein Punkt $\boldsymbol{x} = \boldsymbol{x}(u)$, $0 \le u \le 1$, des BÉZIER-Segments zu dem vorgegebenen BÉZIER-Polygon $(\boldsymbol{b}_0, \boldsymbol{b}_1, \ldots, \boldsymbol{b}_n)$ wie folgt konstruiert.

Für $r = 1,\ldots,n$, $i = 0,\ldots,n-r$ und $u_0 \in [0,1]$ wird

$$\boldsymbol{b}_i^r := (1-u_0)\,\boldsymbol{b}_i^{r-1} + u_0\,\boldsymbol{b}_{i+1}^{r-1}, \quad \boldsymbol{b}_i^0 = \boldsymbol{b}_i$$

rekursiv definiert.

Dann ist

$$\boldsymbol{x}(u_0) = \boldsymbol{b}_0^n,$$

$$\dot{\boldsymbol{x}}(u_0) = \lambda(\boldsymbol{b}_1^{n-1} - \boldsymbol{b}_0^{n-1}) \quad \text{mit } \lambda > 0.$$

Geometrische Interpretation: Die Seiten des BÉZIER-Polygons werden im Verhältnis $u_0 : (1-u_0)$ geteilt. Die Teilpunkte bilden wieder ein Polygon, dessen Seiten abermals im o. g. Verhältnis geteilt werden. Das Verfahren wird wiederholt, bis nur eine Strecke verbleibt, deren Teilpunkt dann der gesuchte Kurvenpunkt für den Parameterwert u_0 ist.

Da jeder Punkt $\boldsymbol{b}_i^r$ des DE-CASTELJAU-Algorithmus durch konvexe Linearkombination aus Punkten des BÉZIER-Polygons entsteht, folgt, dass so auch jeder BÉZIER-Kurvenpunkt $\boldsymbol{x}(u_0) = \boldsymbol{b}_0^n$ entsteht.

Damit gilt:

Satz 2: *Ein BÉZIER-Segment liegt in der konvexen Hülle seines BÉZIER-Polygons.*

Aufgrund des folgenden Sachverhaltes ist die Bildkurve eines BÉZIER-Segments bei einer affinen Abbildung, etwa einer Parallelprojektion, besonders einfach zu berechnen:

Satz 3 (affine Invarianz): *Das Bildsegment c^α eines BÉZIER-Segments c zu dem BÉZIER-Polygon $(b_0,\ldots,b_n)$ ist das BÉZIER-Segment gleichen Grades n zu dem Bild-BÉZIER-Polygon $(b_0^\alpha,\ldots,b_n^\alpha)$.*

Beweis: Zu einer affinen Abbildung $\alpha: E^3 \to E^3 : \boldsymbol{x} \mapsto \boldsymbol{x}^\alpha = \boldsymbol{A}\boldsymbol{x} + \boldsymbol{a}$ ergibt sich für (9.31) das Bildsegment

$$
\begin{aligned}
c^\alpha : \boldsymbol{x}^\alpha(u) &= \boldsymbol{A}\,\boldsymbol{x}(u) + \boldsymbol{a} \\
&= \boldsymbol{A}\left(\sum_{i=0}^{n} B_i^n(u)\boldsymbol{b}_i\right) + \boldsymbol{a}\overbrace{\sum_{i=0}^{n} B_i^n(u)}^{=1} \\
&= \sum_{i=0}^{n} \underbrace{(\boldsymbol{A}\boldsymbol{b}_i + \boldsymbol{a})}_{\boldsymbol{b}_i^\alpha} B_i^n(u) = \sum_{i=0}^{n} B_i^n(u)\boldsymbol{b}_i^\alpha .
\end{aligned}
$$

□

Aufgaben

9.1 Die Gleichung einer ebenen Kurve sei in Polarkoordinaten gegeben: $r = f(\varphi)$.

a) Drücken Sie den Anstieg $\tan\alpha$, wobei α der Neigungswinkel der Kurventangente gegenüber der x_1-Achse ist, durch die Funktion $f(\varphi)$ und ihre 1. Ableitung aus.

b) Man löse die Aufgabe analog für $\tan\beta$, wobei β der Winkel zwischen dem Polarstrahl und der Tangente ist.

c) Bestimmen Sie alle Kurven, für die $\tan\beta = a = \text{const.}$ gilt.

9.2 Wie lang ist die Kurve $\boldsymbol{x}(u) = \left(u, \frac{u^3}{3}, \frac{1}{2u}\right)^{\mathrm{T}}$, $u > 0$, zwischen den Ebenen $x_1 = 1$ und $x_1 = 2$?

9.3 Bestimmen Sie den Scheitel der Kurve $\boldsymbol{x}(u) = (a u^2 + a u, a u)^{\mathrm{T}}$, $u \in \mathbb{R}$, $a = \text{const.} > 0$, in dem per Definition $\rho'(u) = 0$ gilt! Wie groß ist der Krümmungsradius ρ im Scheitel?

9.4 Für die Ellipse $\boldsymbol{x}(u) = (3\cos u, 2\sin u)^{\mathrm{T}}$, $0 \le u < 2\pi$, ist die Evolute aufzustellen. Man gebe ihre Gleichung (implizite Form) an!

9.5 Von der Kettenlinie $y = a\cosh\frac{x}{a}$ $(a = \text{const.} \neq 0)$ bestimme man

a) die Krümmung, insbesondere im Scheitel,

b) die Evolute,

c) die Bogenlänge.

9.6 Eine Uhrfeder aus 1 mm dickem Stahlblech füllt im gespannten Zustand eine Trommel von 5 mm Innenradius und 25 mm Außenradius aus. Dabei hat die Feder näherungsweise die Form einer archimedischen Spirale $r = f(\varphi) = a + b\varphi$, wobei die Konstanten a und b durch die o. g. Abmessungen zu bestimmen sind. Wie lang ist die Uhrfeder?

9.7 Die Kugel Φ: $x_1^2 + x_2^2 + x_3^2 = r^2$ und der Zylinder Ψ: $x_1^2 + x_2^2 = r\,x_1$ $(r > 0)$ schneiden sich in der so genannten VIVIANIschen Kurve, von der

a) ein Schrägriss,

b) eine Parameterdarstellung (Hinweis: Man setze $x_1 = r\sin^2 u$, $0 \le u < 2\pi$.) und

c) das begleitende Dreibein im Punkt $u_0 = \frac{\pi}{4}$ angegeben werden sollen.

10 Weitere spezielle Flächen

10.1 Interpolations- und Freiformflächen

10.1.1 Tensorprodukt-Interpolation mit LAGRANGEschen Polynomen

Gegeben seien

1) *Stützpunkte* $\boldsymbol{p}_{ij}$ $(i = 0,\ldots,m,\ j = 0,\ldots,n)$ *mit einer Indizierung, dass die Punkte*

$$\begin{cases} \boldsymbol{p}_{i0},\ldots,\boldsymbol{p}_{in} \text{ für ein festes } i \text{ auf einer empirischen Kurve } \overline{c}_i \\ \boldsymbol{p}_{0j},\ldots,\boldsymbol{p}_{mj} \text{ für ein festes } j \text{ auf einer empirischen Kurve } c_j \end{cases} \textit{liegen,}$$

d. h. eine Vierecksnetz-Anordnung vorliegt.

2) *Stützparameterpaare* (u_i, v_j) über einem Rechteckgitter in der u,v- Parameterebene.

Gesucht ist eine Parameterdarstellung $\boldsymbol{x} = \boldsymbol{x}(u,v)$ für eine Interpolationsfläche, die durch die Stützpunkte verläuft:

$$\boldsymbol{x}(u_i, v_j) = \boldsymbol{p}_{ij} \ \forall i, j \quad \text{(Interpolationsbedingung).} \tag{10.1}$$

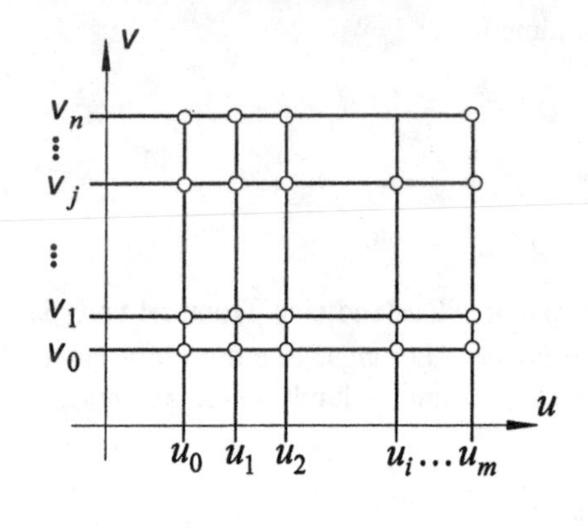

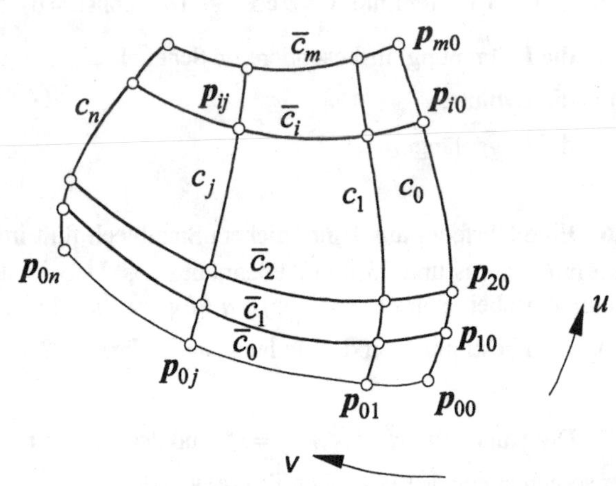

Fig. 10.1

Eine Ansatzfläche der Form

$$\boldsymbol{x}(u,v) = \sum_{k=0}^{m} \sum_{l=0}^{n} f_k(u) g_l(v) \boldsymbol{a}_{kl} \tag{10.2}$$

mit geeigneten Funktionen $f_k(u)$, $g_l(v)$ und Koeffizientenvektoren $\boldsymbol{a}_{kl}$ heißt *Tensorprodukt-Fläche.*

Für die *LAGRANGE-Tensorprodukt-Fläche* wird

$$f_k(u) := L_k^m(u) = \prod_{\substack{i=0 \\ i \neq k}}^{m} \frac{u - u_i}{u_k - u_i}, \qquad k = 0, \ldots, m,$$

$$g_l(v) := L_l^n(v) = \prod_{\substack{j=0 \\ j \neq l}}^{n} \frac{v - v_j}{v_l - v_j}, \qquad l = 0, \ldots, n, \tag{10.3}$$

gesetzt, also die LAGRANGEschen Polynome m-ten bzw. n-ten Grades für die Stützparameter u_i bzw. v_j. Dann lautet der Ansatz (10.2)

$$\boldsymbol{x}(u,v) = \sum_{k=0}^{m} \sum_{l=0}^{n} L_k^m(u) L_l^n(v) \boldsymbol{a}_{kl},$$

und mit der Interpolationsbedingung (10.1) folgt

$$\boldsymbol{p}_{ij} = \boldsymbol{x}(u_i, v_j) = \sum_{k=0}^{m} \sum_{l=0}^{n} L_k^m(u_i) L_l^n(v_j) \boldsymbol{a}_{kl} = \sum_{k=0}^{m} \sum_{l=0}^{n} \delta_{ki} \delta_{lj} \boldsymbol{a}_{kl}$$

$$= \begin{cases} \boldsymbol{a}_{ij} & \text{für } k = i \text{ und } l = j, \\ 0 & \text{für } k \neq i \text{ oder } j \neq l, \end{cases}$$

d. h., die Wahl von $\boldsymbol{a}_{kl} = \boldsymbol{p}_{kl}$ erfüllt (10.1). Somit ist gezeigt:

Satz: *Die LAGRANGEsche Tensorprodukt-Fläche* $\boldsymbol{x}(u,v) = \sum_{k=0}^{m} \sum_{l=0}^{n} L_k^m(u) L_l^n(v) \boldsymbol{p}_{kl}$ *erfüllt die Interpolationsbedingung* $\boldsymbol{x}(u_i, v_j) = \boldsymbol{p}_{ij}$ *für alle ij.*

Bemerkung: Die Zuordnung der Stützparameterpaare (u_i, v_i) zu den Punkten $\boldsymbol{p}_{ij}$ beeinflusst dabei die geometrische Form der Interpolationsfläche stark.

10.1.2 BÉZIER-Flächen

Die *(Tensorprodukt-)BÉZIER-Fläche vom Grad* (m,n) lautet

$$\boldsymbol{x}(u,v) = \sum_{i=0}^{m} \sum_{j=0}^{n} B_i^m(u) B_j^n(v) \boldsymbol{b}_{ij}, \quad (u,v) \in [0,1]^2, \tag{10.4}$$

wobei wieder $B_r^k(t)$ das BERNSTEIN-Polynom k-ten Grades in $t \in [0,1]$ bezeichnet.

Die Punkte $\boldsymbol{b}_{ij}$ ($i = 0, \ldots, m,\ j = 0, \ldots, n$) bilden dabei das so genannte *BÉZIER-Netz.*

Das Einsetzen der Randparameterwerte zeigt:

$$\left.\begin{aligned} \boldsymbol{x}(0,0) &= \boldsymbol{b}_{00} \\ \boldsymbol{x}(0,1) &= \boldsymbol{b}_{0n} \\ \boldsymbol{x}(1,0) &= \boldsymbol{b}_{m0} \\ \boldsymbol{x}(1,1) &= \boldsymbol{b}_{mn} \end{aligned}\right\}$$

d. h., die Eckpunkte des BÉZIER-Netzes liegen auf der Fläche.

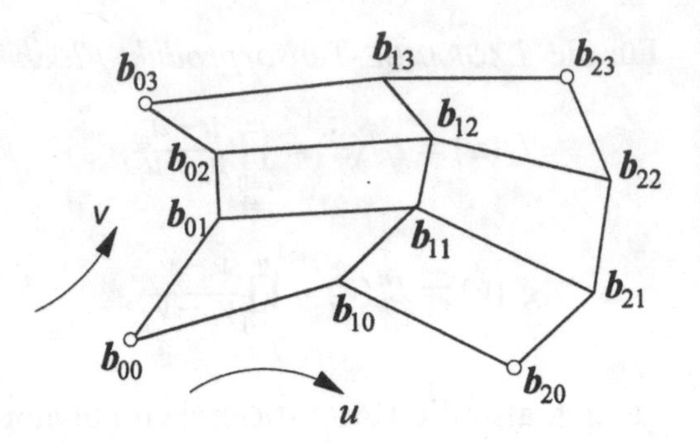

Fig. 10.2

Jede Parameterlinie $\begin{cases} u = u^* = \text{const.} \\ v = v^{**} = \text{const.} \end{cases}$ ist eine BÉZIER-Kurve

$$\begin{cases} \boldsymbol{x}(u^*, v) \\ \boldsymbol{x}(u, v^{**}) \end{cases} = \sum_{i=0}^{m} \sum_{j=0}^{n} \begin{cases} B_i^m(u^*) B_j^n(v) \boldsymbol{b}_{ij} \\ B_i^m(u) B_j^n(v^{**}) \boldsymbol{b}_{ij} \end{cases} = \begin{cases} \sum\limits_{j=0}^{n} B_j^n(v) \boldsymbol{b}_j^* \\ \sum\limits_{i=0}^{m} B_i^m(u) \boldsymbol{b}_i^{**}, \end{cases}$$

und diese ist definiert durch die BÉZIER-Punkte $\begin{cases} \boldsymbol{b}_j^* = \sum\limits_{i=0}^{m} B_i^m(u^*) \boldsymbol{b}_{ij}, & j = 0, \ldots, n, \\ \boldsymbol{b}_i^{**} = \sum\limits_{j=0}^{n} B_j^n(v^{**}) \boldsymbol{b}_{ij}, & i = 0, \ldots, m. \end{cases}$

Speziell ist bei

$$u^* = 0\colon \boldsymbol{b}_j^* = \sum_{i=0}^{m} B_i^m(0) \boldsymbol{b}_{ij} = \boldsymbol{b}_{0j} = \begin{cases} 0 & \text{für } i \neq 0, \\ 1 & \text{für } i = 0, \end{cases}$$

$$u^* = 1\colon \boldsymbol{b}_j^* = \sum_{i=0}^{m} B_i^m(1) \boldsymbol{b}_{ij} = \boldsymbol{b}_{nj} = \begin{cases} 1 & \text{für } i = m, \\ 0 & \text{sonst,} \end{cases}$$

$$\left.\begin{aligned} v^{**} &= 0\colon \\ v^{**} &= 1\colon \end{aligned}\right\} \text{ analog.}$$

Damit haben wir bewiesen:

Satz: *Die zu den Rand-BÉZIER-Polygonen gehörenden BÉZIER-Kurven sind die Randkurven der BÉZIER-Fläche. Deshalb liegen die Eckfacetten des BÉZIER-Netzes in den Tangentialebenen an die BÉZIER-Fläche in deren Eckpunkten.*

Mit Hilfe von *Entartungen* der Vorgaben können 3-eckige BÉZIER-Flächen beschrieben werden (vgl. Fig. 10.3):

a) Eine Viereckseite schrumpft zu einem Punkt, z. B. $\boldsymbol{b}_{00} = \boldsymbol{b}_{01} = \ldots = \boldsymbol{b}_{0m}$.

b) Zwei benachbarte Viereckseiten von $\boldsymbol{b}_{00}$ werden in Strecklage gebracht.

Bemerkung: In beiden Fällen ist die Flächennormale im Punkt $\boldsymbol{b}_{00}$ nicht bestimmt. Deshalb ist die praktische Verwendung von Entartungen nicht zu empfehlen. Man benutze Entwurfsverfahren für Dreiecks-BÉZIER-Flächen [1, 12].

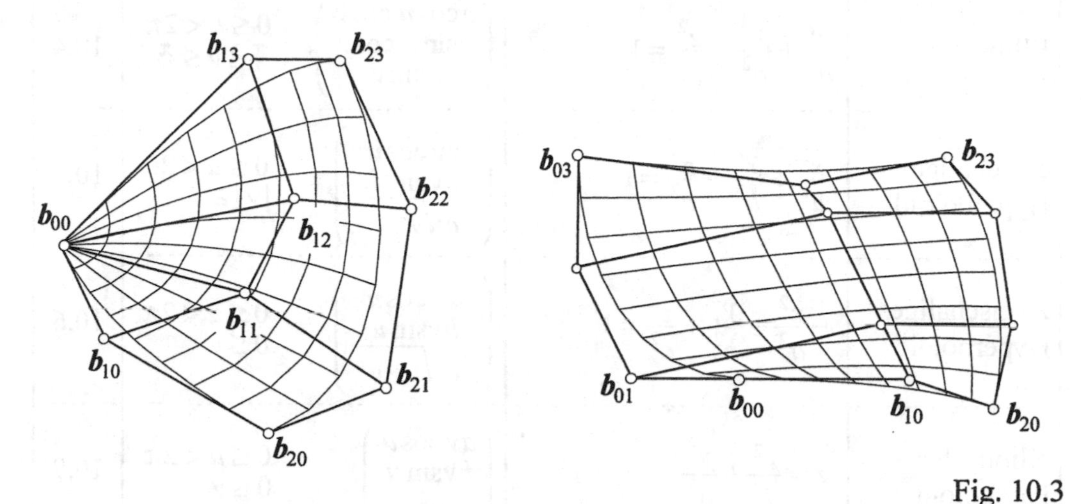

Fig. 10.3

10.2 Flächen 2. Ordnung

Eine *Fläche 2. Ordnung* (*Quadrik* des 3-Raumes) ist die Menge aller Punkte X, deren kartesische Koordinaten $\boldsymbol{x} = (x, y, z)^{\mathrm{T}}$ eine Gleichung der Form

$$\boldsymbol{x}^{\mathrm{T}} \boldsymbol{A} \boldsymbol{x} + 2\boldsymbol{a}^{\mathrm{T}} \boldsymbol{x} + a_{00} = 0 \tag{10.5}$$

mit $\boldsymbol{A} = (a_{ij})_{3,3} = \boldsymbol{A}^{\mathrm{T}}$, $\boldsymbol{A} \neq \boldsymbol{O}$, $\boldsymbol{a} = (a_{01}, a_{02}, a_{03})^{\mathrm{T}}$ erfüllen, d. h. ausgeschrieben

$$a_{11}x^2 + a_{22}y^2 + a_{33}z^2 + 2a_{12}xy + 2a_{13}xz + 2a_{23}yz + 2a_1x + 2a_2y + 2a_3z + a_{00} = 0.$$

In vorhomogener Schreibweise lautet (10.5)

$$\underset{\sim}{x}^{\mathrm{T}} \underset{\sim}{A} \underset{\sim}{x} = 0, \qquad \underset{\sim}{A} := \begin{pmatrix} a_{00} & a_{01} & a_{02} & a_{03} \\ a_{01} & & & \\ a_{02} & & \boldsymbol{A} & \\ a_{03} & & & \end{pmatrix} = \underset{\sim}{A}^{\mathrm{T}}, \qquad \underset{\sim}{x} = \begin{pmatrix} 1 \\ \boldsymbol{x} \end{pmatrix}. \tag{10.6}$$

Einige wichtige Beispiele sind in der folgenden Tabelle zusammengefasst, wobei auch zugehörige Parameterdarstellungen angegeben sind. (Man beweist die Gültigkeit der Parameterdarstellungen, indem man die Koordinatenfunktionen in die Quadrikgleichungen einsetzt.)

Bezeichnung der Quadrik	Gleichung in Normalform	Parameterdarstellung	Figur
Ellipsoid	$\frac{x^2}{a^2}+\frac{y^2}{b^2}+\frac{z^2}{c^2}=1$	$\begin{pmatrix} a\cos u\cos v \\ b\sin u\cos v \\ c\sin v \end{pmatrix}$, $0\le u<2\pi$, $-\frac{\pi}{2}\le v\le\frac{\pi}{2}$	10.4
einschaliges Hyperboloid	$\frac{x^2}{a^2}+\frac{y^2}{b^2}-\frac{z^2}{c^2}=1$	$\begin{pmatrix} av\cos u \\ bv\sin u \\ \pm c\sqrt{v^2-1} \end{pmatrix}$, $0\le u<2\pi$, $\lvert v\rvert\ge 1$	10.5
zweischaliges Hyperboloid	$-\frac{x^2}{a^2}-\frac{y^2}{b^2}+\frac{z^2}{c^2}=1$	$\begin{pmatrix} av\cos u \\ bv\sin u \\ \pm c\sqrt{1+v^2} \end{pmatrix}$, $0\le u<2\pi$, $0\le v$	10.6
elliptisches Paraboloid	$z=\frac{x^2}{a^2}+\frac{y^2}{b^2}$	$\begin{pmatrix} av\cos u \\ bv\sin u \\ v^2 \end{pmatrix}$, $0\le u<2\pi$, $0\le v$	10.7
hyperbolisches Paraboloid	$z=\frac{x^2}{a^2}-\frac{y^2}{b^2}$	$\begin{pmatrix} u \\ v \\ \frac{u^2}{a^2}-\frac{v^2}{b^2} \end{pmatrix}$, $(u,v)\in\mathbb{R}^2$	10.8

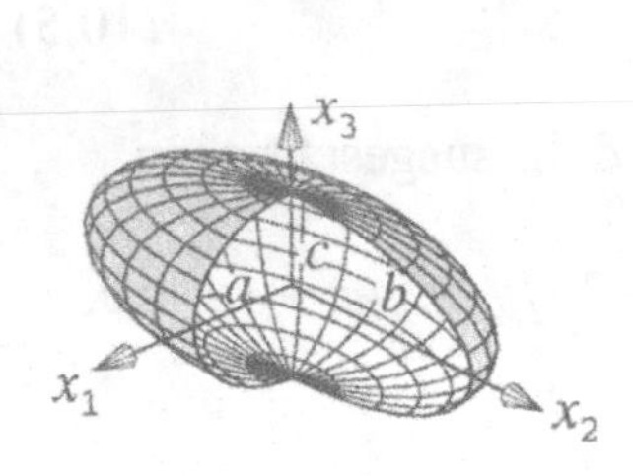

Fig. 10.4

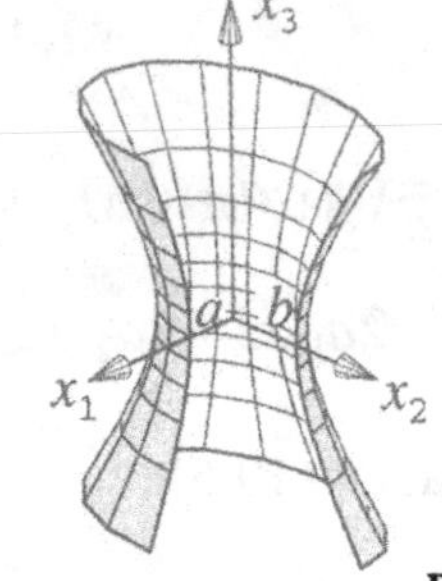

Fig. 10.5

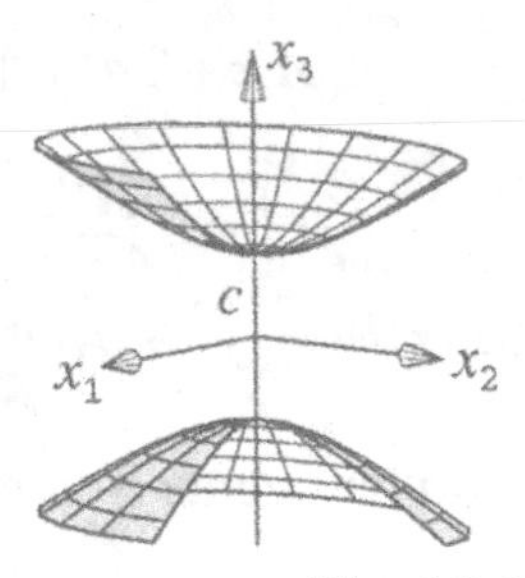

Fig. 10.6

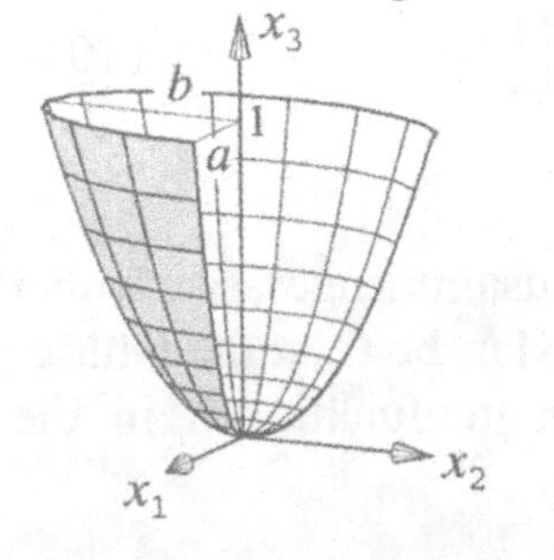

Fig. 10.7

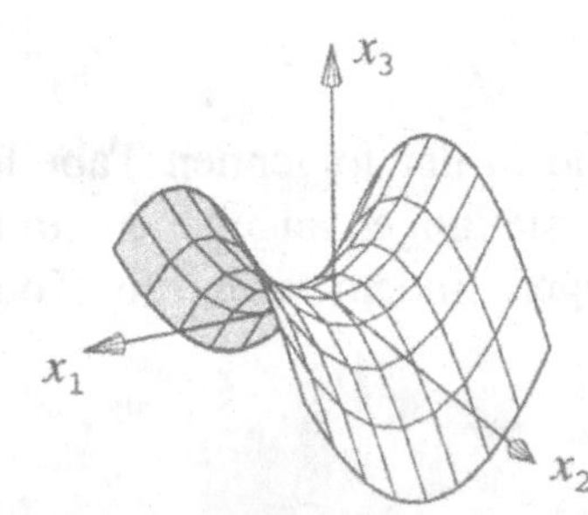

Fig. 10.8

Bei diesen Beispielen beziehen sich die Gleichungen in Normalform jeweils auf ein der Quadrik angepasstes Koordinatensystem, wobei bestimmte Koordinatenebenen Symmetrieebenen der Quadrik sind. Es ist auch leicht zu erkennen, dass die Schnittkurve einer Quadrik mit einer Ebene, die zu einer Koordinatenebene parallel liegt, jeweils eine Kurve 2. Ordnung ergibt.

Bemerkungen:

1. Nach den möglichen Eigenwerten der Matrix A können die Quadriken (vollständig) klassifiziert werden (vgl. z. B. [4], [7], [17]).
2. In Analogie zu Satz 2 aus 8.3.3 gilt: In einem Punkt P: $\underset{\sim}{p}$ einer regulären Quadrik q: $\underset{\sim}{x}^{\mathrm{T}} \underset{\approx}{A} \underset{\sim}{x} = 0$ hat die Tangentialebene an q den Ebenenkoordinatenvektor $\underset{\sim}{t} = \underset{\approx}{A}\underset{\sim}{p}$ bzw. die Gleichung $\underset{\sim}{p}^{\mathrm{T}} \underset{\approx}{A} \underset{\sim}{x} = 0$. Weiter gilt Satz 3 aus 8.3.3. in analoger Weise.
3. Jedes Ellipsoid bzw. jedes einschalige Hyperboloid ist das Bild einer Sphäre bzw. eines Drehhyperboloids bei einer affinen Abbildung.
4. Quadriken besitzen Parameterdarstellungen als rationale biquadratische BÉZIER-Flächen [12].

Aufgaben

10.1 Bestimmen Sie die LAGRANGEsche Tensorprodukt-Interpolationsfläche vom Grad (1,1) durch die Stützpunkte

$$p_{00} = (0,0,0)^{\mathrm{T}} \qquad p_{01} = (0,1,1)^{\mathrm{T}}$$
$$p_{10} = (1,0,1))^{\mathrm{T}} \qquad p_{11} = (1,1,0)^{\mathrm{T}}$$

mit den Stützparameterwerten $u_0 = v_0 = 0, \ u_1 = v_1 = 0.$

10.2 Betrachten Sie den Einheitswürfel mit den Ecken $O, E_1, E', E_2, E_3, E''', E, E''$, wobei E_i der Einheitspunkt der x_i-Achse, E', E'', E''' der axonometrische Grund-, Aufriss- und Kreuzriss des Einheitspunktes $E = (1,1,1)$ sind.

Man bestimme eine BÉZIER-Fläche möglichst niedrigen Grades, die in den Punkten O, E''', E und E_2 die Verbindungsebenen OE_1E_2, $E'''E_1E'$ und $EE'E''$ und E_2E_3E'' als Tangentialebenen besitzt.

10.3 Bestimmen Sie den größten Quader, der dem Ellipsoid $\frac{x^2}{a^2} + \frac{y^2}{b^2} + \frac{z^2}{c^2} = 1$ einbeschrieben werden kann!

10.4 Das hyperbolische Paraboloid $36z - 4x^2 + 9y^2 = 0$ wird von den Ebenen $z = 1, \ y = 1, \ x = 1,$ $y = mx$ geschnitten. Welche Schnittkurven entstehen?

Lösungen

1.1 a) Mit den üblichen Bezeichnungen eines Dreiecks:
$a=1,\ b=\sqrt{5},\ c=\sqrt{2},\ \alpha=18{,}43°,\ \beta=135°,\ \gamma=26{,}57°$;

b) $(x_1-1)^2+(x_2-1)^2=5$;

c) $\boldsymbol{a}^\delta=\boldsymbol{a},\ \boldsymbol{b}^\delta=\left(1+\sqrt{\tfrac{1}{2}},1+\sqrt{\tfrac{3}{2}}\right)^{\mathrm{T}},\ \boldsymbol{c}^\delta=\left(1+\tfrac{1}{2}\sqrt{5},1+\tfrac{1}{2}\sqrt{15}\right)^{\mathrm{T}}$;

d) $2x_1-x_2-1=0,\ \boldsymbol{x}=\begin{pmatrix}1\\1\end{pmatrix}+r\begin{pmatrix}1\\2\end{pmatrix},\ -\infty<r<\infty$;

e) $S=\left(\tfrac{1}{2},0\right)$.

1.2 Anstieg m, Achsabschnitt n auf der x_2-Achse
a,b: Achsabschnitte auf der x_1- bzw. x_2-Achse.

1.3 Zwei zueinander senkrechte Geraden unterscheiden sich in ihren Anstiegswinkeln α und α' um $\frac{\pi}{2}$ oder $3\frac{\pi}{2}$. Mit $m=\tan\alpha$ und $m'=\tan\alpha'=\tan\left(\alpha+\frac{\pi}{2}\right)=\ldots=-\frac{1}{m}$ folgt die erste Behauptung.

1.4 $\overline{P_1P_2}^2=r_1^2+r_2^2-2r_1r_2\cos(\varphi_1-\varphi_2)$.

1.5 Halbachslängen: $a=\dfrac{r}{\cos\beta},\ b=r$.

1.7 a) Ellipse, Parabel, Hyperbel

c) Zu (2): $p=\pm2\sqrt{3},\ q=\frac{1}{16}$; zu (4): nicht lösbar.

d) Zu (1) mit (3): $x_1=-12\sqrt{\frac{5}{73}},\ y_1=\pm4\sqrt{\frac{7}{73}};\quad x_2=12\sqrt{\frac{5}{73}},\ y_2=\pm4\sqrt{\frac{7}{73}}$.

1.8 Q liegt in den Schnittpunkten zweier Hyperbeln entweder bei $(0{,}75;\ \pm12{,}64)$ oder $(13{,}42;\ \pm26{,}33)$ [km]. Erste Lösung entfällt wegen $\Delta_2>0$.

1.10 a) $r=2\sin\varphi\tan\varphi$ $\left(-\frac{\pi}{2}<\varphi<\frac{\pi}{2}\right.$ wegen $\left.r>0\right)$

b) $y^2-4x-4=0$.

2.8 $\sphericalangle(\boldsymbol{a},\boldsymbol{b})=\arccos\dfrac{5}{6}=33{,}56°,\ \frac{5}{6}(2,1,1)^{\mathrm{T}},\ I(\Delta)=\dfrac{1}{2}\sqrt{11},\ \frac{2}{3}$.

2.10 $\det(\boldsymbol{a},\boldsymbol{b},\boldsymbol{c})=12$, deshalb linear unabhängig und $\boldsymbol{x}=-\frac{1}{12}\boldsymbol{a}+\frac{1}{4}\boldsymbol{b}+\frac{2}{3}\boldsymbol{c}$, Rechtsdreibein.

2.11 b) Im Fall der linearen Abhängigkeit von $\boldsymbol{b}$ und $\boldsymbol{c}$ ist entweder $\boldsymbol{c}=\boldsymbol{o}$ – dann ist die Behauptung trivial – oder es ist $\boldsymbol{b}=\lambda\boldsymbol{c}$. Dann folgt die Behauptung durch Ausrechnen der linken und rechten Seite.
Im Fall der linearen Unabhängigkeit von $\boldsymbol{b}$ und $\boldsymbol{c}$ benutze man die Basis $\boldsymbol{b},\ \boldsymbol{c},\ \boldsymbol{b}\times\boldsymbol{c}$ und stelle alle am Entwicklungssatz beteiligten Vektoren nach dem Komponentensatz (2.43) dar.

c) Setze $\boldsymbol{x}=\boldsymbol{a}\times\boldsymbol{b}$, dann lautet die Behauptung $\boldsymbol{x}\cdot(\boldsymbol{c}\times\boldsymbol{d})=\langle\, \boldsymbol{x},\boldsymbol{c},\boldsymbol{d}\,\rangle=(\boldsymbol{x}\times\boldsymbol{c})\cdot\boldsymbol{d}$. Nach a) ergibt sich $\boldsymbol{x}\times\boldsymbol{c}=-(\boldsymbol{b}\cdot\boldsymbol{c})\boldsymbol{a}+(\boldsymbol{a}\cdot\boldsymbol{c})\boldsymbol{b}$. Dies oben eingesetzt liefert die Behauptung.

2.13 a) $1+2x_1+x_2+2x_3=0$;

b) $\boldsymbol{x}(\lambda)=(2,-2,-6)^{\mathrm{T}}+\lambda(2,1,2)$;

c) 3.

2.15 a) $S=(3,-2,2)$; d) $R=(7,11,3)$;

2.16 a) $\frac{1}{5}(0,1,2)^{\mathrm{T}}+\lambda(1,-6,2)^{\mathrm{T}}$;

b) $75{,}97°$;

c) $41{,}81°$ und $33{,}06°$.

3.1 Beweis: Nach (3.4) gilt für diese Tangentialebene $(\boldsymbol{a}-\boldsymbol{m})\cdot(\boldsymbol{x}-\boldsymbol{a})=0$. Deshalb folgt

$$\begin{aligned}0&=(\boldsymbol{x}-\boldsymbol{a})\cdot(\boldsymbol{a}-\boldsymbol{m})=((\boldsymbol{x}-\boldsymbol{m})-(\boldsymbol{a}-\boldsymbol{m}))\cdot(\boldsymbol{a}-\boldsymbol{m})=(\boldsymbol{x}-\boldsymbol{m})\cdot(\boldsymbol{a}-\boldsymbol{m})-(\boldsymbol{a}-\boldsymbol{m})^2\\&=(\boldsymbol{x}-\boldsymbol{m})\cdot(\boldsymbol{a}-\boldsymbol{m})-r^2.\end{aligned}$$

3.2 Eine Tangentialebene Σ durch S berühre in A die Kugel Φ, dann gilt

$$\Sigma:\ (\boldsymbol{a}-\boldsymbol{m})\cdot(\boldsymbol{x}-\boldsymbol{a})=0. \qquad (1)$$

Nach Voraussetzung sei

$$S\in\Sigma:\ (\boldsymbol{a}-\boldsymbol{m})\cdot(\boldsymbol{s}-\boldsymbol{a})=0 \qquad (2)$$

$$A\in\Phi:\ (\boldsymbol{a}-\boldsymbol{m})\cdot(\boldsymbol{a}-\boldsymbol{m})=r^2. \qquad (3)$$

$$(2)\Rightarrow 0=(\boldsymbol{a}-\boldsymbol{m})\cdot(\boldsymbol{s}-\boldsymbol{m}-(\boldsymbol{a}-\boldsymbol{m}))=(\boldsymbol{a}-\boldsymbol{m})\cdot(\boldsymbol{s}-\boldsymbol{m})-\underbrace{(\boldsymbol{a}-\boldsymbol{m})\cdot(\boldsymbol{a}-\boldsymbol{m})}_{r^2}.$$

Mit (3) folgt die Behauptung.

3.3 a) Leitkreis k: $\boldsymbol{k}(u)=\begin{pmatrix}4\\0\\0\end{pmatrix}+\begin{pmatrix}-4\\3\\0\end{pmatrix}\cos u+\frac{1}{\sqrt{61}}\begin{pmatrix}-18\\-24\\25\end{pmatrix}\sin u$;

b) $\boldsymbol{x}(u,v)=\boldsymbol{k}(u)+v\begin{pmatrix}0\\1\\0\end{pmatrix}$;

c) $\boldsymbol{x}(u,v)=\boldsymbol{k}(u)+v\cdot\boldsymbol{z}$ mit $\boldsymbol{z}=(3,4,6)^{\mathrm{T}}$;

d) $\boldsymbol{x}(u,v)=(4+4v\cos u,\ 3v\sin u, 8(1-v))^{\mathrm{T}}$;

e) $\boldsymbol{x}(u,v)=\boldsymbol{s}+v(\boldsymbol{k}(u)-\boldsymbol{s})$ mit $\boldsymbol{s}=\boldsymbol{p}+9\boldsymbol{z}^0$.

3.4 $\boldsymbol{f}=\boldsymbol{m}-\delta\boldsymbol{n}^0$.

3.5 O. B. d. A. sei die Inkugel die Einheitssphäre und $A_2=(1,1,1)$. Die Normale aus O auf $A_2M_{14}M_{15}$ hat den Fußpunkt $\boldsymbol{f}=\frac{1}{3}(-2,1,-2)^{\mathrm{T}}$ mit $\|\boldsymbol{f}\|=1$.

3.6 a) $\boldsymbol{n}\cdot\boldsymbol{x}=\boldsymbol{n}\cdot\boldsymbol{p}$ mit $\boldsymbol{n}=\boldsymbol{p}$ ergibt $x_1-2x_2+2x_3=9$.

b) $\boldsymbol{n}=(-f_x,-f_y,1)^{\mathrm{T}}=(-2,10,1)^{\mathrm{T}}$ und $\boldsymbol{n}\cdot\boldsymbol{x}=\boldsymbol{n}\cdot\boldsymbol{q}$ ergibt $-2x_1+10x_2+x_3=4$.

3.7 Schnittpunkt der Schnittkurven ist $S=\left(1,4,2+\frac{\sqrt{3}}{6}\right)$.

Tangentenvektoren: $t_1=(1,0,\frac{\sqrt{3}}{3})$, $t_2=(0,1,1)^{\mathrm{T}}$.

Kosinus des Schnittwinkels: $\cos\varphi=\frac{1}{4}\sqrt{2}$. Schnittwinkel: $\varphi=69{,}3°$.

4.7

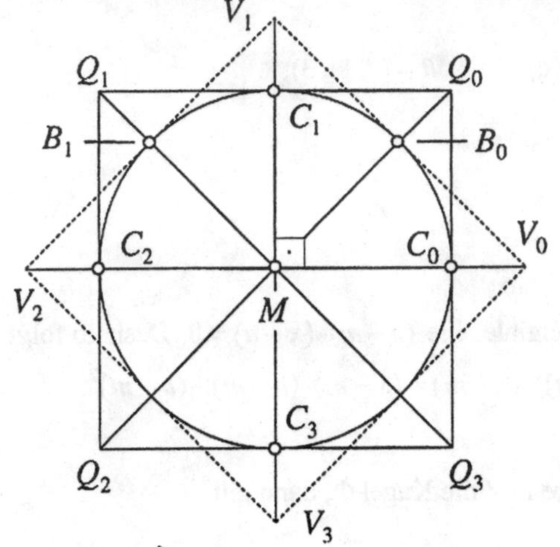

4.9

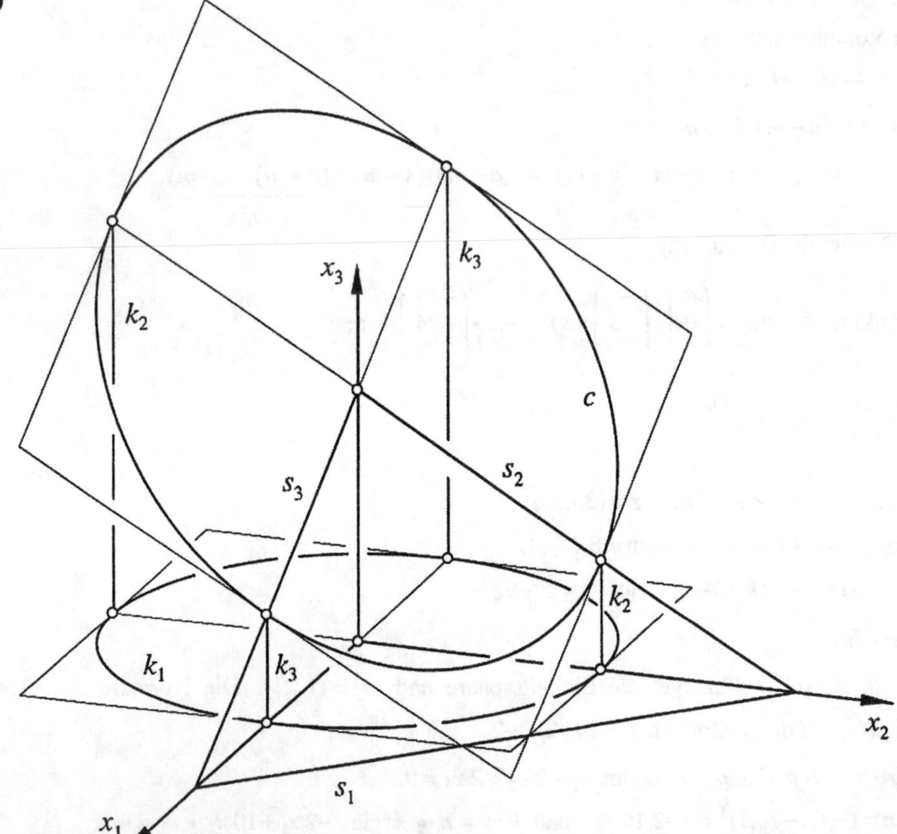

5.2 a) Alle Geraden mit dem Neigungswinkel von 45° gegenüber der Bildebene.

b) $\overline{G_u^C A}$ ist ebenso lang wie die Hypotenuse des Dreiecks CHG_u^C.

5.3 a) Hyperbel, b) Parabel, c) Ellipse.

5.4 $\mathrm{DV}(X_1,X_2;X_3,X_4)=d, \quad \mathrm{DV}(X_1,X_2;X_4,X_3)=\frac{1}{d},$

$\mathrm{DV}(X_1,X_3;X_2,X_4)=1-d, \quad \mathrm{DV}(X_1,X_3;X_4,X_2)=\frac{1}{1-d},$

$\mathrm{DV}(X_1,X_4;X_3,X_2)=\frac{d}{1-d}, \quad \mathrm{DV}(X_1,X4_3;X_2,X_3)=\frac{d-1}{d}.$

5.6 44 m.

6.1 $x'=(3,-1,2)^{\mathrm{T}}$.

6.2 Um eine Orthonormalbasis v_1, v_2, v_3 bezüglich einer Orthonormalbasis e_1, e_2, e_3 darzustellen, können vorteilhaft die Richtungskosinuswerte (2.30) verwendet werden. Es sei hierzu mit dem Ansatz (6.6) $\left.\begin{matrix}\cos\alpha_i = v_1\cdot e_i = v_{i1}\\ \cos\beta_i = v_2\cdot e_i = v_{i2}\\ \cos\gamma_i = v_3\cdot e_i = v_{i3}\end{matrix}\right\}$ der Richtungskosinus von $\left\{\begin{matrix}v_1\\ v_2\\ v_3\end{matrix}\right.$ bezüglich e_i.

Dann ergibt sich die Transformationsmatrix $V=\begin{pmatrix}\cos\alpha_1 & \cos\beta_1 & \cos\gamma_1\\ \cos\alpha_2 & \cos\beta_2 & \cos\gamma_2\\ \cos\alpha_3 & \cos\beta_3 & \cos\gamma_3\end{pmatrix}$.

Wegen (6.9) ist $VV^{\mathrm{T}}=E$, d. h. $(v_i\cdot v_k)=(\delta_{ik})$, deshalb besteht zwischen den Richtungskosinuswerten die Beziehung $\cos\alpha_i\cos\alpha_k+\cos\beta_i\cos\beta_k+\cos\gamma_i\cos\gamma_k=\delta_{ik}$.

6.3 a) Beispielsweise $x=u+Vx'$, $u=(0,0,-2)^{\mathrm{T}}$,

$V=(v_1\ v_2\ v_3)$, $v_1=\begin{pmatrix}3\\4\\2\end{pmatrix}$, $v_2=\begin{pmatrix}-4\\3\\0\end{pmatrix}$,

$v_3=\begin{pmatrix}0\\0\\1\end{pmatrix}$ (affine Punktkoordinatentransformation).

b) Wegen $v_1\times v_2$ bilde man $v_1^0=\frac{1}{\sqrt{29}}\begin{pmatrix}3\\4\\2\end{pmatrix}$,

$v_2^0=\frac{1}{5}\begin{pmatrix}-4\\3\\0\end{pmatrix}$, und $v_3=v_1^0\times v_2^0$. Dann ist v_1^0,v_2^0,v_3^0 ein orthonormiertes Rechtsdreibein.

6.4 $f(\varphi,\psi)=f_1\cos\psi+f_2\sin\psi+f_3$

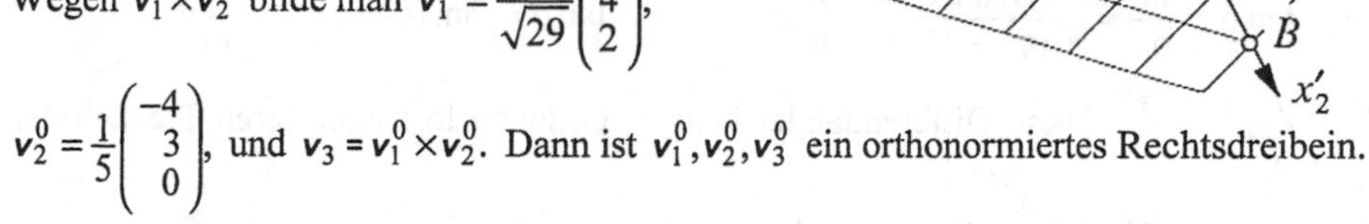

$f_1=2r_2(s_1\sin\delta-r_1\cos\delta\cos\varphi)$

$f_2=2r_2(e-r_1\sin\varphi)$

$f_3=s_1^2+s_2^2+r_1^2+r_2^2-k^2-2s_1s_2\cos\delta-2r_1s_2\sin\delta\cos\varphi-2er_1\sin\varphi+e^2.$

7.1 a) $x^\sigma=\frac{1}{25}\begin{pmatrix}7 & 24\\ 24 & -14\end{pmatrix}x+\frac{1}{25}\begin{pmatrix}18\\24\end{pmatrix}$; b) $x^\sigma=\frac{1}{3}\begin{pmatrix}2 & -1 & 2\\ -1 & 2 & 2\\ 2 & 2 & -1\end{pmatrix}x+\frac{1}{25}\begin{pmatrix}3\\3\\-6\end{pmatrix}$.

7.2 $\boldsymbol{S}^{\mathrm{T}} = (\boldsymbol{E} - 2\boldsymbol{n}\boldsymbol{n}^{\mathrm{T}})^{\mathrm{T}} = \boldsymbol{E} - 2(\boldsymbol{n}\boldsymbol{n}^{\mathrm{T}})^{\mathrm{T}} = \boldsymbol{E} - 2\boldsymbol{n}\boldsymbol{n}^{\mathrm{T}} = \boldsymbol{S} = \boldsymbol{S}^{-1}$

$\boldsymbol{S}^2 = \boldsymbol{S}\boldsymbol{S} = \boldsymbol{S}\boldsymbol{S}^{-1} = \boldsymbol{E}.$

7.3 a) A_1 : EULER-Affinität, A_2 : Affindrehung, A_3 : Streckscherung;

b) (1) : 2 Fixgeraden, (2) : 1 Fixgerade, (3) : keine Fixgerade.

7.4 a) $\lambda = 2$; b) $\lambda = -\frac{4}{3}$, $\mu = 2$; c) $\lambda = 3$, $\mu = 3$.

8.1 $\underset{\sim}{a}_1$ und $\underset{\sim}{a}_3$.

8.2 A_1, A_2, A_3.

8.3 $g_1 : \underset{\sim}{u}_1 = (-13, -2, 3)^{\mathrm{T}}$, $g_2 : \underset{\sim}{u}_2 = (2, -3, 1)^{\mathrm{T}}$, $f : (1, 0, 0)^{\mathrm{T}}$.

8.4 $S : (7, 19, 43)^{\mathrm{T}}$; $S_f : (0, 3, 2)^{\mathrm{T}}$.

8.5 $S : (-13, 2, 3)^{\mathrm{T}}$; $g : \alpha(1, 2, 3)^{\mathrm{T}} + \beta(1, 5, 1)^{\mathrm{T}}$, $(\alpha, \beta) \neq (0, 0)$.

8.6 a) $10x_0 + x_1 + x_2 - 2x_3 = 0$; b) $-19x_0 + 3x_1 + 7x_2 + 6x_3 = 0$; c) $8x_0 + 2x_1 - x_2 - x_3 = 0$.

8.7 a) $\underset{\sim}{a} = (1,0,2,1)^{\mathrm{T}}$, $\underset{\sim}{b} = (2,3,2,1)^{\mathrm{T}}$; b) $\underset{\sim}{u} = (-3,1,1,1)^{\mathrm{T}}$, $\underset{\sim}{v} = (-9,3,4,1)^{\mathrm{T}}$.

8.8 b) $\underset{\sim}{s} = (5,0,0,2)^{\mathrm{T}}$.

8.9 a) $\underset{\sim}{x}^* = \begin{pmatrix} 2 & -1 & 0 & 0 \\ -2 & 1 & 0 & 0 \\ 0 & 0 & 3 & 0 \\ 0 & 0 & 0 & 3 \end{pmatrix} \underset{\sim}{x}$; b) $\underset{\sim}{x}^* = \begin{pmatrix} r_1 & 0 & 0 & 0 \\ -r_1 & 0 & 0 & 0 \\ -r_2 & -r_2 & r_1 & 0 \\ -r_3 & -r_3 & 0 & r_1 \end{pmatrix} \underset{\sim}{x}$; c) $\underset{\sim}{x}^* = \begin{pmatrix} 1 & 0 & 0 & 0 \\ 0 & 1 & 0 & 0 \\ 0 & 0 & 1 & 0 \\ 0 & 0 & 0 & 0 \end{pmatrix} \underset{\sim}{x}$.

9.1 Drehung mit $\tan 2\varphi = -\frac{12}{5} \Rightarrow \sin\varphi = \frac{2}{\sqrt{13}}$, $\cos\varphi = -\frac{3}{\sqrt{13}}$

$x = -\frac{1}{\sqrt{13}}(3\bar{x} + 2\bar{y})$, $y = \frac{1}{\sqrt{13}}(2\bar{x} - 3\bar{y})$

$\Rightarrow \bar{x}^2 - \frac{10}{\sqrt{13}}\bar{x} + \frac{25}{13} = 0 \Rightarrow \sqrt{13}^2\,\bar{x}^2 - \sqrt{13}\cdot 2\cdot 5\bar{x} + 25 = 0$

$\Rightarrow (\sqrt{13}\,\bar{x} - 5)^2 = 0$, das sind zwei zusammenfallende Geraden: $3x - 2y + 5 = 0$.

9.2 a) $\tan\alpha = \frac{\mathrm{d}y}{\mathrm{d}x} = \frac{f'(\varphi)\tan\varphi + f(\varphi)}{f'(\varphi) - f(\varphi)\tan\varphi}$; b) $\tan\beta = \tan(\alpha - \varphi) = \frac{f(\varphi)}{f'(\varphi)}$;

c) $\frac{f'(\varphi)}{f(\varphi)} = \frac{1}{a}$. Diese Differentialgleichung 1. Ordnung löst man durch Trennen der Variablen: $r = f(\varphi))Ce^{\frac{1}{a}\varphi}$ (Logarithmische Spirale).

9.3 $s = \int_1^2 \| \dot{x}(u) \| \mathrm{d}u = \int_1^2 \sqrt{1 + u^4 + \frac{1}{4u^4}}\,\mathrm{d}u = \int_1^2 \left(u^2 + \frac{1}{2u^2}\right)\mathrm{d}u = \frac{31}{12}.$

9.4 $\rho(u) = -\sqrt{2}\,a(2u^2 + 2u + 1)^{\frac{3}{2}}$. Es gilt $\rho'(u) = 0$ für $u = u_0 = -\frac{1}{2}$.

Scheitel: $\boldsymbol{x}(u_0) = a\left(-\frac{1}{4}, -\frac{1}{2}\right)^{\mathrm{T}}$. Scheitelkrümmungsradius: $\rho(u_0) = -\frac{a}{2}$.

9.5 $x_1(u) = 3\cos u - \frac{1}{3}(9\sin^2 u + 4\cos^2 u)\cos u = \frac{5}{3}\cos^3 u$

$x_2(u) = 2\sin u - \frac{1}{2}(9\sin^2 u + 4\cos^2 u)\sin u = -\frac{5}{2}\sin^3 u$

$\left(\frac{3}{5}x_1\right)^{\frac{2}{3}} + \left(\frac{2}{5}x_2\right)^{\frac{2}{3}} = 1$ (Astroide).

9.6 a) $\kappa(x) = \frac{1}{a}\frac{1}{\cosh^2 \frac{x}{a}}$. Scheitel: $x_0 = 0$, $\kappa(0) = \frac{1}{a}$;

b) $y(x) = \left(x - \frac{a}{2}\sinh\frac{2x}{a},\ 2a\cosh\frac{x}{a}\right)^{\mathrm{T}}$; c) $s = \int_0^x \sqrt{1 + y'(t)^2}\,\mathrm{d}t = a\sinh\frac{x}{a}$.

9.7 Wegen $r(0) = 5$ und $r(19\cdot 2\pi) = 24$ folgt $a = 5$, $b = \frac{1}{2\pi}$.

Federlänge: $s = \int_0^{38\pi} \sqrt{\left(5 + \frac{\varphi}{2\pi}\right)^2 + \frac{1}{4\pi^2}}\,\mathrm{d}\varphi = 1730\,[\mathrm{mm}]$.

Hinweis: Substitution $\psi = \varphi + 10\pi$ anwenden.

9.8 b) $x(u) = (r\sin^2 u, r\sin u\cos u, r\cos u)^{\mathrm{T}}$;

c) $\boldsymbol{x}_0 = \left(\frac{r}{2}, \frac{r}{2}, \frac{r}{\sqrt{2}}\right)^{\mathrm{T}}$,

$\boldsymbol{t} = \left(\sqrt{\frac{2}{3}}, 0, -\sqrt{\frac{1}{3}}\right)^{\mathrm{T}}$, $\boldsymbol{h} = \left(-\sqrt{\frac{1}{39}}, -2\sqrt{\frac{3}{13}}, -\sqrt{\frac{2}{39}}\right)^{\mathrm{T}}$, $\boldsymbol{b} = \left(-2\sqrt{\frac{1}{13}}, \sqrt{\frac{1}{13}}, -2\sqrt{\frac{2}{13}}\right)^{\mathrm{T}}$.

10.1 $$x(u,v) = \frac{u-1}{-1}\frac{v-1}{-1}\begin{pmatrix}0\\0\\0\end{pmatrix} + \frac{u-1}{-1}\frac{v}{1}\begin{pmatrix}0\\1\\1\end{pmatrix} + \frac{u}{1}\frac{v-1}{-1}\begin{pmatrix}1\\0\\1\end{pmatrix} + \frac{u}{1}\frac{v}{1}\begin{pmatrix}1\\1\\0\end{pmatrix}$$

$$= \begin{pmatrix}-u(v-1)+uv\\-(u-1)v+uv\\-(u-1)v-u(v-1)\end{pmatrix} = \begin{pmatrix}u\\v\\u-2uv+v\end{pmatrix}.$$

10.2 Man wähle das BÉZIER-Netz

$$\begin{pmatrix}\boldsymbol{b}_{02} & \boldsymbol{b}_{12} & \boldsymbol{b}_{22}\\ \boldsymbol{b}_{01} & \boldsymbol{b}_{11} & \boldsymbol{b}_{21}\\ \boldsymbol{b}_{00} & \boldsymbol{b}_{10} & \boldsymbol{b}_{20}\end{pmatrix} \triangleq \begin{pmatrix}E_2 & E'' & E\\ E_3 & M & E'\\ O & E_1 & E'''\end{pmatrix},$$

worin M frei wählbar ist, z. B. aus Symmetriegründen $M = \left(\frac{1}{2}, \frac{1}{2}, \frac{1}{2}\right)$.

10.3 $V = 8cxy\sqrt{1 - \frac{x^2}{a^2} - \frac{y^2}{b^2}}$, $V_{\max} = \frac{8}{9}abc\sqrt{3}$.

10.4 Hyperbel, Parabel, Parabel, Gerade $y = mx$, falls $m = \pm\frac{2}{3}$, andernfalls die Parabel

$y = (4 - 9m^2)x^2$.

Anhang: **Überblick zur Matrizenrechnung**

Eine Zahlentabelle

$$\begin{pmatrix} a_{11} & a_{12} & \dots & a_{1n} \\ a_{12} & a_{22} & & a_{2n} \\ \vdots & & & \vdots \\ a_{m1} & a_{m2} & \dots & a_{mn} \end{pmatrix} =: (a_{ik}) =: \boldsymbol{A}$$

mit Zahlen $a_{ik} \in \mathbb{R}$ heißt eine *Matrix* mit m Zeilen und n Spalten, kurz eine (m,n)-Matrix $\boldsymbol{A}$ bzw. (a_{ik}). Die Menge dieser Matrizen wird mit $\mathbb{R}^{m \times n}$ bezeichnet.

Das *Matrizenelement* a_{ik} steht in der i-ten Zeile von oben und in der k-ten Spalte von links.

Die *Summe* zweier (m,n)-Matrizen $\boldsymbol{A} = (a_{ik})$ und $\boldsymbol{B} = (b_{ik})$ ist die (m,n)-Matrix

$$\boldsymbol{S} = (s_{ik}) = \boldsymbol{A} + \boldsymbol{B} \qquad \text{mit} \qquad s_{ik} = a_{ik} + b_{ik}. \tag{1}$$

Die *Skalarmultiplikation* einer (m,n)-Matrix $\boldsymbol{A} = (a_{ik})$ mit der reellen Zahl $r \in \mathbb{R}$ ergibt die (m,n)-Matrix

$$\boldsymbol{C} = (c_{ik}) = r\,\boldsymbol{A} \quad \text{mit} \quad c_{ik} = r\,a_{ik} \text{ für alle } i,\ k. \tag{2}$$

Die Menge $\mathbb{R}^{m \times n}$ ist mit der Matrizenaddition nach (1) und der Skalarmultiplikation nach (2) ein Vektorraum, denn es gelten (wie man durch Nachrechnen bestätigt) die folgenden Eigenschaften für alle $\boldsymbol{A}, \boldsymbol{B}, \boldsymbol{C} \in \mathbb{R}^{m \times n}$ und $r, s \in \mathbb{R}$:

(M1) $(\boldsymbol{A} + \boldsymbol{B}) + \boldsymbol{C} = \boldsymbol{A} + (\boldsymbol{B} + \boldsymbol{C})$.

(M2) Die (m,n)-Matrix $\boldsymbol{O}$ aus lauter Nullen ist das neutrale Element der Matrizenaddition
$\boldsymbol{O} + \boldsymbol{A} = \boldsymbol{A} + \boldsymbol{O} = \boldsymbol{A}$.

(M3) Zu jeder Matrix $\boldsymbol{A} = (a_{ik})$ ist $-\boldsymbol{A} = (-a_{ik})$ die Gegenmatrix
$\boldsymbol{A} + (-\boldsymbol{A}) = (-\boldsymbol{A}) + \boldsymbol{A} = \boldsymbol{O}$.

(M4) $\boldsymbol{A} + \boldsymbol{B} = \boldsymbol{B} + \boldsymbol{A}$.

(M5) $1 \cdot \boldsymbol{A} = \boldsymbol{A}$.

(M6) $r(s\,\boldsymbol{A}) = (r\,s)\,\boldsymbol{A}$.

(M7) $(r + s)\,\boldsymbol{A} = r\,\boldsymbol{A} + s\,\boldsymbol{A}$.

(M8) $r(\boldsymbol{A} + \boldsymbol{B}) = r\,\boldsymbol{A} + r\,\boldsymbol{B}$.

Sind $\boldsymbol{A}=(a_{ij})$ eine (m,q)-Matrix und $\boldsymbol{B}=(b_{jk})$ eine (q,n)-Matrix, so heißen $\boldsymbol{A}$ und $\boldsymbol{B}$ *verkettet*. Von verketteten Matrizen kann man (unter Beachtung der Reihenfolge) ihr *Produkt* $\boldsymbol{P}=(p_{ik})=\boldsymbol{A}\cdot\boldsymbol{B}$ bilden gemäß

$$p_{ik}=\sum_{j=1}^{q}a_{ij}b_{jk} \qquad (i=1,\ldots,m,\ k=1,\ldots,n). \tag{3}$$

Es heißt $\boldsymbol{A}^{\mathrm{T}}=(\alpha_{ij})$ mit $\alpha_{ij}=a_{ji}$ die zu $\boldsymbol{A}=(a_{ij})$ *transponierte* Matrix (die *Transponierte* von $\boldsymbol{A}$).

$\boldsymbol{A}^{\mathrm{T}}$ entsteht aus $\boldsymbol{A}$ durch Vertauschen von Zeilen und Spalten.

Wenn die Summen und Produkte der folgenden Gleichungen definiert sind, dann gilt

$$\begin{aligned}(\boldsymbol{A}\boldsymbol{B})\boldsymbol{C}&=\boldsymbol{A}(\boldsymbol{B}\boldsymbol{C})\\ \boldsymbol{A}(\boldsymbol{B}+\boldsymbol{C})&=\boldsymbol{A}\boldsymbol{B}+\boldsymbol{A}\boldsymbol{C}\\ (\boldsymbol{A}+\boldsymbol{B})\boldsymbol{C}&=\boldsymbol{A}\boldsymbol{C}+\boldsymbol{B}\boldsymbol{C}\\ (\boldsymbol{A}\boldsymbol{B})^{\mathrm{T}}&=\boldsymbol{B}^{\mathrm{T}}\boldsymbol{A}^{\mathrm{T}}.\end{aligned}$$

Die Matrix $\boldsymbol{E}_n=(\delta_{ik})\in\mathbb{R}^{n\times n}$ mit $\delta_{ik}=\begin{cases}0\\1\end{cases}$ für $\begin{cases}i\neq k\\ i=k\end{cases}$ (KRONECKER-Symbol) heißt die (n,n)-*Einheitsmatrix*.

Matrizen gleicher Zeilen- und Spaltenzahl heißen *quadratisch*.

Wenn zu einer quadratischen Matrix $\boldsymbol{A}=(a_{ik})\in\mathbb{R}^{n\times n}$ eine quadratische Matrix $\boldsymbol{A}^{-1}=(b_{ik})\in\mathbb{R}^{n\times n}$ existiert, so dass gilt

$$\boldsymbol{A}\boldsymbol{A}^{-1}=\boldsymbol{A}^{-1}\boldsymbol{A}=\boldsymbol{E}_n,$$

dann heißt $\boldsymbol{A}$ *regulär* und $\boldsymbol{A}^{-1}$ die *inverse Matrix* zu $\boldsymbol{A}$.

Für reguläre (n,n)-Matrizen $\boldsymbol{A}$, $\boldsymbol{B}$ gilt:

$$\begin{aligned}(\boldsymbol{A}\boldsymbol{B})^{-1}&=\boldsymbol{B}^{-1}\boldsymbol{A}^{-1}\\ (\boldsymbol{A}^{-1})^{\mathrm{T}}&=(\boldsymbol{A}^{\mathrm{T}})^{-1}.\end{aligned}$$

Eine (n,n)-Matrix $\boldsymbol{A}$ heißt

symmetrisch,	wenn	$\boldsymbol{A}^{\mathrm{T}}=\boldsymbol{A}$
antisymmetrisch,	wenn	$\boldsymbol{A}^{\mathrm{T}}=-\boldsymbol{A}$
orthonormal,	wenn	$\boldsymbol{A}\boldsymbol{A}^{\mathrm{T}}=\boldsymbol{E}_n$ gilt.

Literatur

[1] AUMANN, G.; SPITZMÜLLER, K.: Computerorientierte Geometrie. Mannheim/Leipzig/Wien/Zürich: BI-Wiss.-Verl. 1993.

[2] BEUTELSPACHER, A.; ROSENBAUM, U.: Projektive Geometrie. Braunschweig/Wiesbaden: Vieweg 1992.

[3] BEUTELSPACHER, A.: Lineare Algebra. Braunschweig/Wiesbaden: Vieweg 1994.

[4] BOHNE, E.; KLIX, W.-D.: Geometrie – Grundlagen für Anwendungen. Leipzig/Köln: Fachbuchverlag 1995.

[5] BRAUNER, H.: Lehrbuch der konstruktiven Geometrie. Leipzig: Fachbuchverlag 1986.

[6] DO CARMO, M.: Differentialgeometrie von Kurven und Flächen. 3. Aufl. Braunschweig/Wiesbaden: Vieweg 1993.

[7] FLADT, K.; BAUR, A.: Analytische Geometrie spezieller Flächen und Raumkurven. Braunschweig/Wiesbaden: Vieweg 1975.

[8] GEISE, G.: Grundkurs lineare Algebra. Leipzig: Teubner-Verlag 1979.

[9] GIERING, O.; HOSCHEK, J.: Geometrie und ihre Anwendungen. München/Wien: Carl Hanser Verlag 1994.

[10] GIERING, O.; SEYBOLD, H.: Konstruktive Ingenieurgeometrie. 3. Aufl. München/Wien: Carl Hanser Verlag 1987.

[11] HOHENBERG, F.: Konstruktive Geometrie in der Technik. 3. Aufl. Wien/New York: Springer 1966.

[12] HOSCHEK, J.; LASSER, D.: Grundlagen der geometrischen Datenverarbeitung. 2. Aufl. Stuttgart: Teubner-Verlag 1992.

[13] KLIX, W.-D.; NICKEL, H.: Darstellende Geometrie. 2. Aufl. Leipzig/Köln: Fachbuchverlag 1991.

[14] KOECHER, M.: Lineare Algebra und analytische Geometrie. 2. Aufl. Berlin/ Heidelberg/New York/Tokyo: Springer 1985.

[16] NEF, W.: Beiträge zur Theorie der Polyeder.
Bern: Herbert Lang 1978.

[17] SCHAAL, H.: Lineare Algebra und analytische Geometrie.
Bd. 1 u. 2. Braunschweig/Wiesbaden: Vieweg 1976.

[18] SCHIROTZEK, W.; SCHOLZ, S.: Starthilfe Mathematik.
Leipzig: Teubner-Verlag 1999.

[19] STRUBECKER, K.: Differentialgeometrie. Teile I, II, III.
Berlin: Walter de Gruyter 1964, 1969, 1969.

[20] ZEIDLER, E. (Hrsg.): TEUBNER-TASCHENBUCH der Mathematik.
Leipzig: Teubner-Verlag 1996.

Sachregister

Bezeichnungen

Allgemeines

$\mathbb{R}$, $\mathbb{C}$, $\mathbb{Z}$	Menge der reellen, komplexen bzw. ganzen Zahlen
$\alpha, \delta, \sigma, \ldots$	Abbildungen
$\mathbb{R}^d$	*d*-dimensionaler Koordinatenvektorraum
V^d	*d*-dimensionaler Vektorraum
$\vec{x} \in V^d$	Vektor
$\boldsymbol{x} \in \mathbb{R}^d$	(Koordinaten-)Vektor
$\boldsymbol{o}$	Nullvektor
$\boldsymbol{M}$	Matrix
E^d	*d*-dimensionaler euklidischer (Punkt-)Raum
$\overline{E^d}$	projektiv erweiterter E^d
$\cdot$	Skalarprodukt
$\times$	Vektorprodukt
$\langle .,.,. \rangle$	Spatprodukt
$\lvert . \rvert$	absoluter Betrag
$\lVert . \rVert$	Norm

Objekte

$A, B, X, \ldots$	Punkte
$a, b, \ldots, g, h, \ldots$	Geraden
$\Sigma, \Pi, \ldots$	Ebenen
$\overline{PQ}$	Strecke (bzw. deren Länge)
$H_\Sigma^{+/-}$	positiver bzw. negativer Halbraum mit Randebene Σ
$\alpha, \beta, \ldots, \sphericalangle(.,.)$	Winkel (bzw. dessen Maß)
k, c	Kreis, Kegelschnitt, Kurve
$k(\Sigma, M, r)$	Kreis in Σ mit Mittelpunkt M und Radius r
Φ, Ψ	Kugel, Quadrik, Fläche
$\Phi(M, r)$	Kugel mit Mittelpunkt M und Radius r
KS(...)	Koordinatensystem
PKS(...)	Polarkoordinatensystem

Relationen / Aussagen

$X \in g$	X inzidiert mit g (X liegt auf g bzw. g geht durch X)
$h \subset \Sigma$	h inzidiert mit Σ (h liegt in Σ bzw. Σ geht durch h)
$g \parallel h,\ g \parallel \Sigma$	g ist parallel zu h bzw. zu Σ
$g \perp h,\ g \perp \Sigma, \ldots$	g ist orthogonal zu h bzw. zu Σ
$g = XY$	g ist die Verbindungsgerade von X und Y
$\Sigma = ABC$	Σ ist Verbindungsebene von A, B und C
$S = \Sigma \cap g, \ldots$	S ist Schnittpunkt von Σ und g
$s = \Sigma \cap \Pi$	s ist die Schnittgerade von Σ und Π
$g = X \parallel h, \ldots$	g ist Parallele zu h durch X ($g \parallel h$ und $X \in g$)
$g = X \perp h$	g ist Orthogonale zu Σ durch X ($g \perp h$ und $X \in \Sigma$)
$X := Y$	X ist per Definition oder Konstruktion gleich Y
$\mathrm{TV}(X,Y;Z)$	Teilverhältnis von 3 Punkten
$\mathrm{DV}(X,Y;U,V)$	Doppelverhältnis von 4 Punkten
$\overline{AB},\ \overline{Ag},\ \overline{A\Sigma}$	Abstand von A zu B, g bzw. Σ

Teubner